U0214230

清华
开发者书库

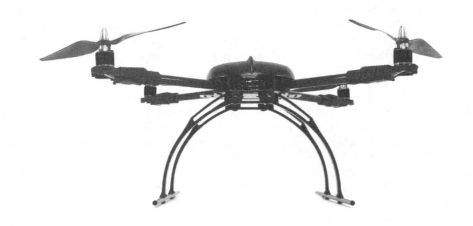

PID控制系统设计

使用MATLAB和Simulink仿真与分析

[澳] 王六平（Liuping Wang）◎著

于春梅　王顺利◎译

清华大学出版社

北京

PID Control System Design and Automatic Tuning Using MATLAB/Simulink
Liuping Wang
ISBN：9781119469346
Copyright © 2020 by John Wiley & Sons Limited. All right reserved.
Translated by Tsinghua University Press from the original English language version. Responsibility of the accuracy of the translation rests solely with Tsinghua University Press and is not the responsibility of John Wiley & Sons Limited.

北京市版权局著作权合同登记号　图字：01-2021-4870

　　本书内容涵盖了工况约束下 PID 控制系统的设计、实现和自整定等相关内容，为学生、研究人员和相关从业人员全面提供关于 PID 控制系统的知识——从经典的整定规则和基于模型的设计，到约束、自整定、串级控制、增益调度控制。

　　本书介绍 PID 控制系统结构、灵敏度分析、约束条件下 PID 控制器设计与实现、基于扰动观测器的 PID 控制、增益调度 PID 控制系统、串级 PID 控制系统、复杂系统的 PID 控制设计，以及 PID 控制的自整定和无人机应用；还介绍了与众多工程应用相关的谐振控制系统。PID 控制和谐振控制的实现突出了如何处理工况约束。

- 独特覆盖无人机 PID 控制，包括多旋翼无人机的数学模型、无人机控制策略，以及无人机 PID 控制器的自整定。
- 提供了 PID 控制系统自整定的详细说明，包括继电反馈控制系统、频率响应估计、蒙特卡罗仿真研究、使用频域信息的 PID 控制器设计，以及 MATLAB/Simulink 仿真和自整定实现程序。
- 包括 15 个 MATLAB/Simulink 教程，一步一步地说明 PID 控制系统的设计、仿真、实现和自整定。
- 帮助讲师、助教、学生和其他读者学习带约束的 PID 控制，并将控制理论应用到各个领域。

　　本书适用于电气、化学、机械和航空航天工程等专业的本科生，也可为从事控制系统及其应用工作的研究生、研究人员、从业人员提供有益参考。

本书封面贴有 Wiley 公司防伪标签，无标签者不得销售。

图书在版编目（CIP）数据

　　PID 控制系统设计：使用 MATLAB 和 Simulink 仿真与分析/(澳)王六平著；于春梅，王顺利译.—北京：清华大学出版社，2023.1(2024.11重印)
　　(清华开发者书库)
　　ISBN 978-7-302-61201-8

　　Ⅰ.①P… Ⅱ.①王… ②于… ③王… Ⅲ.①PID 控制－系统设计 Ⅳ.①TP273

中国版本图书馆 CIP 数据核字(2022)第 113865 号

责任编辑：曾　珊
封面设计：李召霞
责任校对：韩天竹
责任印制：刘　菲

出版发行：清华大学出版社
　　　网　　　址：https://www.tup.com.cn,https://www.wqxuetang.com
　　　地　　　址：北京清华大学学研大厦 A 座　　　邮　　编：100084
　　　社 总 机：010-83470000　　　　　　　　　　邮　　购：010-62786544
　　　投稿与读者服务：010-62776969，c-service@tup.tsinghua.edu.cn
　　　质量反馈：010-62772015，zhiliang@tup.tsinghua.edu.cn
　　　课件下载：https://www.tup.com.cn,010-83470236
印 装 者：三河市天利华印刷装订有限公司
经　　销：全国新华书店
开　　本：185mm×260mm　　印　张：17.75　　字　数：432 千字
版　　次：2023 年 1 月第 1 版　　　　　　　印　次：2024 年 11 月第 5 次印刷
印　　数：5001～6200
定　　价：89.00 元

产品编号：089113-01

译者序
TRANSLATOR

作为工业自动化的核心，自动控制理论的发展经历了经典控制理论、现代控制理论、智能控制理论三个阶段。这并不是说现代控制理论和智能控制理论可以取代经典控制理论，相反，经典控制理论中的 PID 调节器仍然是工程实际中应用最为广泛的控制器，也通常是现代控制理论和智能控制理论的基础。但是，市面上系统介绍 PID 调节器的参考书并不多见。我们希望为广大从事控制系统设计和研究的科研工作者、技术开发人员、高年级本科生和研究生提供关于 PID 调节器的百科全书式的案头书，这是我们翻译本书的主要原因。

本书系统论述 PID 控制系统的设计、实现和自整定。书中介绍了 PID 控制系统结构、灵敏度分析、约束条件下 PID 控制器设计与实现、基于扰动观测器的 PID 控制、增益调度 PID 控制系统、串级 PID 控制系统、复杂系统的 PID 控制设计，以及 PID 控制的自整定和无人机应用；还介绍了与众多工程应用相关的谐振控制系统。PID 控制和谐振控制的实现突出了如何处理工况约束。本书具有以下鲜明特点：

- 提供了 PID 控制系统自整定的详细说明，包括继电反馈控制系统、频率响应估计、蒙特卡罗仿真研究、使用频域信息的 PID 控制器设计、MATLAB/Simulink 仿真和自整定实现程序；
- 包括 15 个 MATLAB/Simulink 教程，一步一步地说明如何进行 PID 控制系统的设计、仿真、实现和自整定；
- 给出了多旋翼无人机 PID 控制系统实例，包括多旋翼无人机的数学模型、无人机控制策略、无人机 PID 控制器的自整定等具体实施过程；
- 帮助读者学习带约束的 PID 控制，并将控制理论应用到各领域。

本书第 1～6 章由西南科技大学于春梅教授翻译，第 7～10 章由王顺利教授翻译，研究生徐文华、夏黎黎、余鹏、乔家璐、谢滟馨参与了译稿的整理和校对工作。全书由于春梅统稿。

由于水平有限，难免存在翻译不妥和错误之处，敬请广大读者批评指正。

在本书的翻译过程中得到作者王六平教授的倾力支持、帮助和指教，在此致以谢意！同时感谢清华大学出版社曾珊编辑为本书付出的努力。

前 言
PREFACE

    PID控制系统是经典控制系统和现代控制系统的基本组成部分。从化工过程控制、机械过程控制、机电过程控制、航空飞行器控制到电气传动控制和功率变换器控制,PID控制已广泛应用于大多数工业场景中。对于控制工程师来说,理解这些控制系统并具备设计和实现它们的能力至关重要。

    PID控制器能够持续应用有以下几个关键原因。

    (1)设计和分析简单。控制系统中有3个参数需要选择,工程师很容易理解和调整这些参数。

    (2)实现简单。虽然PID控制系统在连续时间内进行设计和分析,但只在离散时间实施,并对控制信号施加限值。

    (3)电气、机械、航空航天、土木工程等领域的大多数物理系统都可以分解为一阶或二阶系统的组成部分。对于这些一阶和二阶系统,PID控制器以其设计和实现简单而自然成为候选控制器。在化工过程控制中,通常采用一阶延迟模型(delay model)来近似表示复杂系统,并采用PID控制器对其进行控制。

    本书适用于各领域希望学习PID控制系统的设计、实施、自整定的学生、教师、工程师。本书从PID控制系统的基础知识开始(见第1章),介绍各种PID控制结构和PID控制器整定规则。第2章介绍闭环稳定性和性能分析的必要工具,并解释了灵敏度函数在扰动抑制、给定值跟踪和测量噪声衰减方面的作用。第3章介绍PID控制器和谐振控制器的极点配置设计方法,这些控制器可以跟踪正弦给定信号并抑制正弦扰动;同时介绍前馈补偿,给出大量分析实例和两个MATLAB教程来说明设计细节。第4章讨论如何实时实现PID控制器,包括离散化、积分器饱和问题、抗饱和机制和其他实现问题;给出一种基于MATLAB的实时PID控制器实现机制。第5章以与前几章不同的角度研究PID控制器和谐振控制器的设计,通过扰动估计介绍积分模式和谐振模式;对于控制系统的实现,当控制信号达到限值时,基于扰动观测器的方法自然包含了抗饱和机制;利用MATLAB提供的实时函数实现PID控制器和具有抗饱和机制的谐振控制器。第6章讨论非线性系统的PID控制,包括线性化、板球平衡系统的实例分析和实验验证、增益调度PID控制系统和基于扰动观测器的增益调度控制系统。第7章介绍串级PID控制系统,包括串级控制系统的设计,以及它在抑制扰动和克服执行器非线性方面的作用。第8章由频率响应数据设计复杂系统的PID控制器,其中包括由增益和相位裕度设计PID控制器、由两个频率点及期望的灵敏度函数设计PID控制器;对于具有性能指标和相应的增益、相位裕度测量的情况推导了积分延迟模型PID控制的经验规则;给出由两个频率响应点计算PID控制器参数的MATLAB函数。第9章介绍利用继电反馈控制的PID控制器自整定,建立继电反馈控制的

MATLAB实时函数,并用于Simulink仿真;采用傅里叶分析和频率采样滤波器模型这两种不同的方法估计控制对象的频率响应,其中数据由继电反馈控制产生;如第8章所述,自动调谐器将估计值与频域设计的PID控制器相联系;MATLAB函数给出了估计算法和自动调谐器具体步骤。作为案例研究,第10章将PID控制系统设计和自整定器应用于多旋翼无人机,并进行了实验验证。

　　本书包含MATLAB/Simulink教程,并支持仿真和实验结果。本书着重介绍控制系统的仿真和实验实现,为Simulink仿真编写的MATLAB实时函数可以转换为C程序代码,用于微控制器,以实现控制系统。每小节给出了一些思考题,其中一些很简单,另一些则需要思考。在每章的最后还给出了一系列问题,可以用来实践控制系统的设计和仿真。

王六平(Liuping Wang)

于澳大利亚墨尔本

致 谢
THANKS

感谢 Mathworks 公司学术基金对于"带约束的 PID 控制系统：使用 MATLAB/Simulink 进行设计和自动调节"项目的资助，特别感谢 Mathworks 公司 Bradley Horton 先生的帮助和支持。感谢中国东南大学 Shihua Li 教授、Xisong Chen 教授、Jun Yang 教授、Zhenhua Zhao 博士，在我于 2014 年和 2015 年访问东南大学期间，我们就扰动观测器进行了有趣的讨论。感谢澳大利亚皇家墨尔本理工大学的 Xi Chen 博士和 Pakorn Poksawat 博士在无人驾驶飞行器自动控制方面所做的贡献。

感谢同仁对本书提出了宝贵意见。感谢意大利布雷西亚大学 Antonio Visioli 教授、历任美国 Measurex 公司过程控制工程师和美国圣何塞州立大学兼职教授 John Qing 博士、加拿大安大略省萨尼亚(Sarnia)N. Leonard Segall 博士、澳大利亚皇家墨尔本理工大学 Chow Yin Lai 博士、Lasantha Meegahopola 博士、Arash Vahidnia 博士、Nuwantha Fernando 博士；感谢 Wiley and Sons 有限公司的 Michelle Dunkley、Louis Vasanth Manoharan、Tessa Edmunds 在本书撰写期间给予的帮助和支持；感谢 Dipta Maitra 为本书设计封面。

感谢我的教学团队 Robin Guan 博士、Long Tran Quang 先生、Junaid Saeed 先生、Luke McNabb 先生、Yifeng Sun 先生，感谢他们在实验室发展和教学方面的贡献。在澳大利亚皇家墨尔本理工大学，他们努力工作，使学生们在先进控制系统方面的学习经验得以提升。

目 录
CONTENTS

常用变量及缩略词列表

$A_{cl}(s)$	闭环多项式
$A_{cl}(s)^d$	期望闭环多项式
Δt	采样间隔
$D_o(S)$	输出扰动的拉普拉斯变换(简称拉氏变换)
$D_i(S)$	输入扰动的拉普拉斯变换(简称拉氏变换)
$D_m(S)$	测量噪声的拉普拉斯变换(简称拉氏变换)
$G(s)$	传递函数模型
j	虚数单位,$j=\sqrt{-1}$
K_c	比例控制增益
$\lambda^l, \lambda^m, \lambda^h$	调度参数
q^{-i}	后移算子,$q^{-i}[f(k)]=f(k-i)$
$S(s)$	灵敏度函数
$S_i(s)$	输入灵敏度函数
$T(s)$	补灵敏度函数
$T_d(s)$	期望补灵敏度函数
τ_D	微分控制增益
τ_f	微分控制滤波器时间常数
τ_I	积分控制时间常数
τ_{cl}	闭环时间常数
$u(t)$	控制信号
u_{min}, u_{max}	u 的最小限值和最大限值
U_{ss}	控制信号的稳态值
$u_{act}(t)$	实际控制信号,$u_{act}(t)=U_{ss}+u(t)$
u^0	工作点 u^0
ω_n	PID 控制器设计中的带宽或自然频率(rad/s)
x^0	x 的工作点
ξ	PID 控制器设计中的阻尼系数
$y(t)$	输出信号
Y_{ss}	输出信号稳态值
$y_{act}(t)$	实际输出信号,$y_{act}(t)=Y_{ss}+y(t)$
FFT	快速傅里叶变换
FSF	频率采样滤波器
IPD	仅将比例控制和微分控制作用于输出的替代 PID 控制器结构
PID	比例-积分-微分
PWM	脉宽调制

第 1 章

PID 控制基础

1.1 引言

本章将介绍 PID 控制系统的基本思想。首先介绍比例控制、积分控制和微分控制的作用,然后介绍过去几十年中出现的各种整定规则。这些整定规则主要针对一阶延迟系统,使用简单,但一般来说,不能保证控制系统获得满意的性能。本章最后将用仿真实例说明闭环系统性能。

本章适合想了解 PID 控制系统基本知识的读者。通过使用这些整定规则,无须进一步研究,就可以应用于 PID 控制系统。

1.2 PID 控制器的结构

PID 控制器有四种类型:比例(P)控制器、比例-积分(PI)控制器、比例-微分(PD)控制器、比例-积分-微分(PID)控制器。为了了解控制器的作用,本节将讨论每种控制器的结构和 PID 控制器参数。通过讨论,读者对如何在各种应用中使用这些控制器有基本了解。

1.2.1 比例控制器

最简单的控制器是比例控制器。在比例项的作用下,反馈控制信号 $u(t)$ 与反馈误差 $e(t)$ 成比例,计算公式为:

$$u(t) = K_c e(t) \qquad (1.1)$$

其中,K_c 为比例增益,反馈误差为给定信号 $r(t)$ 与输出信号 $y(t)$ 之差[即 $e(t)=r(t)-y(t)$]。比例控制系统的结构框图如图 1.1 所示,其中 $R(s)$、$E(s)$、$U(s)$、$Y(s)$ 分别为给定信号、反馈误差、控制信号、输出信号的拉普拉斯变换,简称拉氏变换,$G(s)$ 代表控制对象的传递函数。

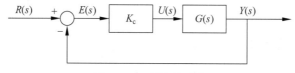

图 1.1 比例控制系统

比例控制器由于结构简单,通常用于系统已知信息少、对控制性能要求不高的场合。由于控制器只有一个待定参数,因此不需要控制对象的详细信息就可以选择 K_c。

简单的比例控制器局限之一是不能完全消除闭环控制系统的稳态误差。下例可说明这一点。

【例 1.1】 设控制对象为一阶系统，传递函数为：

$$G(s) = \frac{0.3}{s+1} \tag{1.2}$$

对于比例控制器，$K_c > 0$。设给定信号为单位阶跃信号，拉氏变换为 $R(s) = 1/s$，求给定信号作用下输出的稳态值。

解 由图 1.1 可知，闭环控制系统从给定信号到控制对象输出信号的传递函数为：

$$\frac{Y(s)}{R(s)} = \frac{K_c G(s)}{1 + K_c G(s)} = \frac{0.3 K_c}{s + 1 + 0.3 K_c} \tag{1.3}$$

K_c 取任意正值时，闭环系统稳定，其极点由多项式方程[①]的解确定：

$$s + 1 + 0.3 K_c = 0 \tag{1.4}$$

极点为 $-1 - 0.3 K_c$。

输出信号的拉氏变换 $Y(s)$ 为：

$$Y(s) = \frac{K_c G(s)}{1 + K_c G(s)} R(s) = \frac{0.3 K_c}{s(s + 1 + 0.3 K_c)} \tag{1.5}$$

这里，$R(s) = 1/s$，对稳定的闭环系统应用终值定理：

$$\lim_{t \to \infty} y(t) = \lim_{s \to 0} s Y(s) = \lim_{s \to 0} s \times \frac{0.3 K_c}{s(s + 1 + 0.3 K_c)} = \frac{0.3 K_c}{1 + 0.3 K_c} \tag{1.6}$$

对任意 $0 < K_c < \infty$，$\lim_{t \to \infty} y(t) \neq 1$，即稳态响应不等于期望输入。图 1.2 给出了比例控制器 K_c 分别为 8 和 80 时的阶跃响应曲线。可以看出，随着比例增益 K_c 增大，闭环系统响应速度变快，稳态值也更接近期望值 1。

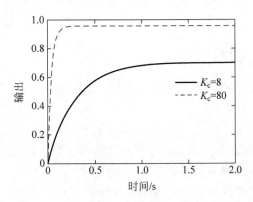

图 1.2　比例控制系统的阶跃响应（例 1.1）

1.2.2　比例-微分控制器

在许多应用中，要实现特定的控制目标，如使系统稳定或使闭环系统产生足够的阻尼，仅使用比例控制器 K_c 还不够。以双积分系统为例，其传递函数为：

---

① 这个多项式方程称为闭环特征方程。

$$G(s) = \frac{K}{s^2} \tag{1.7}$$

带比例控制器 K_c 的闭环系统传递函数为：

$$\frac{Y(s)}{R(s)} = \frac{K_c K}{s^2 + K_c K}$$

特征方程为：

$$s^2 + K_c K = 0$$

以一对极点为特征方程的根：

$$\pm j\sqrt{K_c K} = 0$$

可见，无论 K_c 取何值，系统的根都位于复平面的虚轴，系统表现为持续振荡的模式。

现在，在控制信号中增加误差的微分项：

$$u(t) = K_c e(t) + K_c \tau_D \dot{e}(t) \tag{1.8}$$

这里，τ_D 为微分增益。

对式(1.8)进行拉氏变换，得传递函数：

$$\frac{U(s)}{E(s)} = K_c + K_c \tau_D s$$

这就是我们所说的比例-微分(PD)控制器。

PD控制器的闭环反馈系统结构图如图1.3所示。对于双积分系统即式(1.7)，因控制器中增加了微分项，系统的传递函数变成：

$$\frac{Y(s)}{R(s)} = \frac{(K_c + K_c \tau_D s)G(s)}{1 + (K_c + K_c \tau_D s)G(s)} \tag{1.9}$$

$$= \frac{K_c K(1 + \tau_D s)}{s^2 + K_c K \tau_D s + K_c K} \tag{1.10}$$

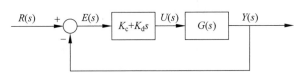

图 1.3　比例-微分控制系统($K_d = K_c \tau_D$)

特征方程为：

$$s^2 + K_c K \tau_D s + K_c K = 0$$

闭环极点由特征方程决定，为：

$$s_{1,2} = \frac{-K_c K \tau_D \pm \sqrt{(K_c K \tau_D)^2 - 4K_c K}}{2}$$

显然，可以选择 K_c 和 τ_D，使闭环系统获得期望的性能。

值得强调的是，微分项的实现几乎无一例外地与原形式 $K_c \tau_D s$ 不同。一方面是因为微分项 $K_c \tau_D s \left(\frac{\mathrm{d}r(t)}{\mathrm{d}t} - \frac{\mathrm{d}y(t)}{\mathrm{d}t} \right)$ 在物理上不可实现，另一方面是因为输出信号 $y(t)$ 的微分会导致测量噪声的放大。因此，对微分项作一点修改。首先，为了避免给定轨迹的阶跃变化引起的问题,即微分反冲问题[Hägglund(2012)],仅对输出信号 $y(t)$ 进行微分操作;其次,为了避免测量噪声的放大,微分项 $K_c\tau_D s$ 总是与微分滤波器同时使用。

常用的微分滤波器是一阶滤波器,其时间常数是实际微分增益的百分比,关系为:

$$F_D(s) = \frac{1}{\beta\tau_D s + 1} \tag{1.11}$$

这里,β 通常取 0.1(即 10%);如果测量噪声严重,β 可以取大些。

加入微分滤波器 $F_D(s)$ 之后,PD 控制器的输出为:

$$u(t) = K_c(r(t) - y(t)) - K_c\tau_D \frac{dy_f(t)}{dt} \tag{1.12}$$

其中,$y_f(t)$ 为滤波器的输出响应。控制信号的拉氏变换为:

$$U(s) = K_c(R(s) - Y(s)) - \frac{K_c\tau_D s}{\beta\tau_D s + 1}Y(s) \tag{1.13}$$

图 1.4 为带滤波器的 PD 控制器实现结构框图。

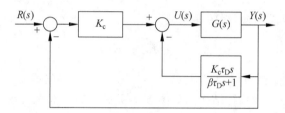

图 1.4　带滤波器的 PD 控制器实现结构框图

如果设计时未考虑微分滤波器的影响,一定程度上可能存在性能不确定性,这对许多应用来说可能并不完美。3.4.1 节将讨论带滤波器的 PD 控制器的设计。

1.2.3　比例-积分控制器

比例-积分(PI)控制器在 PID 控制器中的应用最为广泛。在积分作用下,比例控制器单独作用时存在的稳态误差可完全消除(见例 1.1)。控制器的输出 $u(t)$ 是比例和积分两项作用之和,为:

$$u(t) = K_c e(t) + \frac{K_c}{\tau_I}\int_0^t e(\tau)d\tau \tag{1.14}$$

这里,$e(t) = r(t) - y(t)$ 为给定信号 $r(t)$ 和输出 $y(t)$ 之间的误差信号,K_c 为比例增益,τ_I 为积分时间常数。参数 τ_I 始终为正,其值与 PI 控制器中积分作用的影响成反比。τ_I 越小,积分作用越强。

控制器输出的拉氏变换为:

$$U(s) = K_c E(s) + \frac{K_c}{\tau_I s}E(s) \tag{1.15}$$

其中,$E(s)$ 为误差信号 $e(t)$ 的拉氏变换。由此,PI 控制器的传递函数表示为:

$$C(s) = \frac{U(s)}{E(s)} = \frac{K_c(\tau_I s + 1)}{\tau_I s} \tag{1.16}$$

图 1.5 给出了 PI 控制系统的框图。

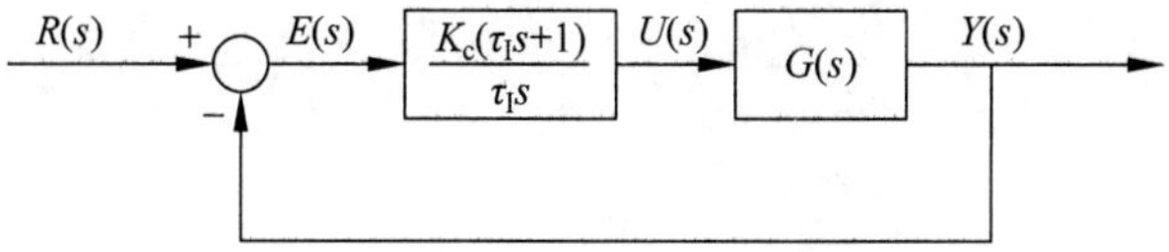

图 1.5 PI 控制系统框图

下面用例子说明带 PI 控制器的闭环控制。为比较起见,与例 1.1 使用相同的控制对象。

【例 1.2】 假设控制对象为一阶系统,传递函数为:

$$G(s) = \frac{0.3}{s+1} \tag{1.17}$$

PI 控制器的比例增益 $K_c = 8$,积分时间常数 τ_I 分别为 3 和 0.5。分析闭环极点的位置;求给定信号 $r(t)$ 为单位阶跃信号时,闭环输出 $y(t)$ 的稳态值。

解 计算给定信号和输出信号之间的闭环传递函数:

$$\frac{Y(s)}{R(s)} = \frac{C(s)G(s)}{1 + C(s)G(s)} \tag{1.18}$$

将式(1.16)和式(1.17)代入上式,得:

$$\frac{Y(s)}{R(s)} = \frac{0.3K_c\tau_I s + 0.3K_c}{\tau_I s^2 + \tau_I(1 + 0.3K_c)s + 0.3K_c} \tag{1.19}$$

系统闭环特性方程为:

$$\tau_I s^2 + \tau_I(1 + 0.3K_c)s + 0.3K_c = 0 \tag{1.20}$$

闭环极点为闭环特性方程的解:

$$s_{1,2} = -\frac{1 + 0.3K_c}{2} \pm \frac{1}{2}\sqrt{(1 + 0.3K_c)^2 - \frac{1.2K_c}{\tau_I}} \tag{1.21}$$

如果:

$$(1 + 0.3K_c)^2 - \frac{1.2K_c}{\tau_I} = 0$$

那么系统有两个完全相同的实极点:

$$s_{1,2} = -\frac{1 + 0.3K_c}{2}$$

如果:

$$(1 + 0.3K_c)^2 - \frac{1.2K_c}{\tau_I} > 0$$

那么系统有两个不相同的实极点:

$$s_{1,2} = -\frac{1 + 0.3K_c}{2} \pm \frac{1}{2}\sqrt{(1 + 0.3K_c)^2 - \frac{1.2K_c}{\tau_I}}$$

如果:

$$(1 + 0.3K_c)^2 - \frac{1.2K_c}{\tau_I} < 0$$

那么有两个共轭复根:

$$s_{1,2} = -\frac{1+0.3K_c}{2} \pm j\frac{1}{2}\sqrt{\frac{1.2K_c}{\tau_I}-(1+0.3K_c)^2}$$

只要 $K_c>0$ 且 $0<\tau_I<\infty$，那么系统稳定。

应用终值定理，有：

$$\lim_{t\to\infty}y(t) = \lim_{s\to0}sY(s) = \lim_{s\to0}s\times\frac{0.3K_c\tau_I s+0.3K_c}{\tau_I s^2+\tau_I(1+0.3K_c)s+0.3K_c}\frac{1}{s}$$

$$= \frac{0.3K_c}{0.3K_c} = 1$$

(1.22)

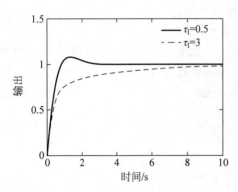

图 1.6　PI 控制系统闭环阶跃响应

其中，稳态值等于给定信号，且与积分时间常数 τ_I 的值无关。图 1.6 给出了闭环系统阶跃响应，其中比例系数 $K_c=8$，与例 1.1 相同；微分系数分别为 $\tau_I=3$ 和 $\tau_I=0.5$。可以看出，随着微分系数减小，闭环响应速度变快。这两种情况下的稳态响应都等于 1。

通常情况下，在阶跃信号作用下，PI 控制系统的响应会出现超调。超调量随着快速性要求的提高而增加，这会导致 PI 控制性能指标的冲突。一方面，控制系统响应速度要快；另一方面，当给定信号阶跃变化时，并不希望系统出现超调。给定信号变化时的超调量问题可以通过稍微改变 PI 控制器的结构得到缓解，即对输出信号 $y(t)$ 而不是对反馈误差 $e(t)=r(t)-y(t)$ 进行比例操作。具体地说，控制信号 $u(t)$ 的计算关系为：

$$u(t) = -K_c y(t) + \frac{K_c}{\tau_I}\int_0^t (r(t)-y(\tau))\mathrm{d}\tau$$

(1.23)

对式(1.23)进行拉氏变换，得到控制器输出与给定和输出之间的拉氏变换关系式：

$$U(s) = -K_c Y(s) + \frac{K_c}{\tau_I s}(R(s)-Y(s))$$

(1.24)

图 1.7 为 PI 闭环控制结构框图。这种实现形式在文献中称为 IP 控制器，它是 PI 控制器的另一种结构。2.4 节将以两自由度控制系统为例，研究带滤波器的 PI 控制器，以下将以例子说明简单修改 PI 控制器的结构如何减少超调效应。

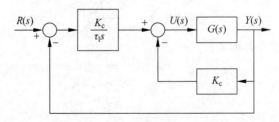

图 1.7　PI 控制器结构框图

【例 1.3】　假设控制对象的传递函数为：

$$G(s) = \frac{1}{s(s+1)^3} \tag{1.25}$$

PI 控制器的参数为 $K_c = 0.56$，$\tau_I = 8^2$，分别求原 PI 控制器结构(见图 1.5)和 IP 控制器结构(见图 1.7)两种情况下给定信号 $R(s)$ 和输出信号 $Y(s)$ 之间的闭环传递函数，并比较它们的闭环阶跃响应。

解　采用原 PI 控制器结构，计算给定信号 $R(s)$ 与输出信号 $Y(s)$ 之间的闭环传递函数为：

$$\frac{Y(s)}{R(s)} = \frac{C(s)G(s)}{1 + C(s)G(s)} \tag{1.26}$$

将对象传递函数式(1.25)和 PI 控制器传递函数式(1.16)代入，得闭环传递函数为：

$$\frac{Y(s)}{R(s)} = \frac{K_c(\tau_I s + 1)}{\tau_I s^2 (s+1)^3 + K_c(\tau_I s + 1)} \tag{1.27}$$

采用 IP 结构的 PI 控制器，控制信号的拉氏变换 $U(s)$ 由式(1.24)定义。将控制信号代入输出的拉氏变换 $Y(s)$ 为：

$$Y(s) = \frac{1}{s(s+1)^3} U(s) \tag{1.28}$$

重新整理简化，得到闭环传递函数：

$$\frac{Y(s)}{R(s)} = \frac{K_c}{\tau_I s^2 (s+1)^3 + K_c(\tau_I s + 1)} \tag{1.29}$$

比较原 PI 控制器结构的闭环传递函数式(1.27)和 IP 结构的闭环传递函数式(1.29)，我们注意到，两个传递函数具有相同的分母，不同的是原结构的传递函数在 $-1/\tau_I$ 处有一个零点。这个零点使得原结构闭环阶跃响应可能出现超调。

实际上，两种结构的闭环阶跃响应在图 1.8 中进行了仿真和比较，图 1.8 表明原始 PI 闭环控制系统具有较大的超调；相比之下，PI 闭环控制系统减少了这种超调，超调量减小的代价是降低了响应速度。

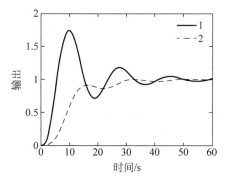

图 1.8　PI 控制系统的闭环阶跃响应(例 1.3)
其中，1 线表示原始结构的响应；2 线表示 IP 结构的响应

用 PI 控制结构得到的闭环传递函数也可以理解为一个带滤波器 $H(s) = \frac{1}{\tau_I s + 1}$ 的两自由度控制系统，这个主题将在 2.4.2 节中进一步讨论。

还有另一种形式的 PI 控制器,它可能对基于模型的控制器设计(见第 3 章)更为方便,描述如下:

$$C(s) = \frac{c_1 s + c_0}{s_c} \tag{1.30}$$

当 K_c 和 τ_I 参数选择为:

$$K_c = c_1; \quad \tau_I = \frac{c_1}{c_0} \tag{1.31}$$

这种形式的 PI 控制器与原 PI 控制器结构相同。

1.2.4　PID 控制器

PID 控制器由三项组成:比例(P)项、积分(I)项、微分(D)项。理想情况下,PID 控制器的输出 $u(t)$ 是三项的总和:

$$u(t) = K_c e(t) + \frac{K_c}{\tau_I} \int_0^t e(\tau) \mathrm{d}\tau + K_c \tau_D \frac{\mathrm{d}e(t)}{\mathrm{d}t} \tag{1.32}$$

其中,$e(t) = r(t) - y(t)$ 为给定信号 $r(t)$ 和输出 $y(t)$ 之间的反馈误差信号,τ_D 为微分控制增益。PID 控制器的传递函数为:

$$\frac{U(s)}{E(s)} = K_c \left(1 + \frac{1}{\tau_I s} + \tau_D s\right) \tag{1.33}$$

如果设计合理,则 τ_I 为正。如果 τ_I 为负,则应忽略微分控制项,而选择使用 PI 控制器。与 1.2.2 节所述的比例微分控制器类似,对于大多数应用,微分控制仅在输出上应用微分滤波器。因此,控制信号 $U(s)$ 用以下形式表示:

$$U(s) = K_c \left(1 + \frac{1}{\tau_I s}\right)(R(s) - Y(s)) - \frac{K_c \tau_D s}{\beta \tau_D s + 1} Y(s) \tag{1.34}$$

图 1.9 给出了 PID 控制器的结构框图。

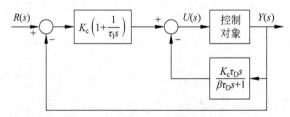

$$图 1.9 \quad PID 控制器结构框图$$

为了减少给定信号阶跃变化时输出响应的超调量,PID 控制器中比例项也可以仅作用在对象的输出上。这种情况下,控制信号为:

$$u(t) = -K_c y(t) + \frac{K_c}{\tau_I} \int_0^t (r(\tau) - y(\tau)) \mathrm{d}\tau - K_c \tau_D \frac{\mathrm{d}y_f(t)}{\mathrm{d}t} \tag{1.35}$$

相应地,控制信号的拉氏变换为:

$$U(s) = -K_c Y(s) + \frac{K_c}{\tau_I s} \left(R(s) - Y(s) - \frac{K_c \tau_D s}{\beta \tau_D s + 1} Y(s)\right)$$

$$= \frac{K_c}{\tau_I s} \left(R(s) - Y(s) - \frac{K_c(\tau_D(\beta + 1)s + 1)}{\beta \tau_D s + 1} Y(s)\right) \tag{1.36}$$

图 1.10 给出了另一种 PID 控制器(称为 IPD 控制器)的结构框图。

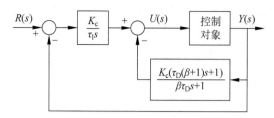

图 1.10　IPD 控制器结构框图

下面用例子说明微分项在闭环控制中的作用。首先在例 1.3 中 PI 控制器的基础上引入一个微分项。

【例 1.4】 设被控对象传递函数为:

$$G(s) = \frac{1}{s(s+1)^3} \tag{1.37}$$

控制器的 PI 部分参数 $K_c = 0.56$,$\tau_I = 8$,分别选择 $\tau_D = 0.1$ 和 $\tau_D = 1$,求出如图 1.9 所示 PID 控制系统的闭环传递函数,并对其性能进行仿真;求出如图 1.10 所示 IPD 控制系统的闭环传递函数,并对其阶跃响应进行仿真。

解 控制信号的拉氏变换如式(1.34)所示,将 $U(s)$ 代入下式:

$$Y(s) = \frac{1}{s(s+1)^3} U(s) \tag{1.38}$$

整理,得:

$$\frac{Y(s)}{R(s)} = \frac{K_c(\tau_I s + 1)(\beta\tau_D s + 1)}{\tau_I s^2 (s+1)^3 (\beta\tau_D s + 1) + K_c(\tau_I s + 1)(\beta\tau_D s + 1) + K_c \tau_I \tau_D s^2} \tag{1.39}$$

闭环传递函数有两个零点,由积分控制产生的 $-\dfrac{1}{\tau_I}$ 和由微分控制产生的 $-\dfrac{1}{\beta\tau_D}$。图 1.11(a) 分别给出了 $\tau_D = 0.1$ 和 $\tau_D = 1$ 的闭环阶跃响应。随着 τ_D 的增大,响应的振荡减弱,但是超调还是比较大。

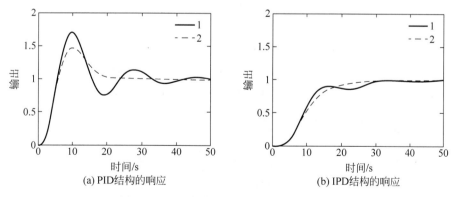

(a) PID结构的响应　　　　　　　　　(b) IPD结构的响应

图 1.11　PID 控制系统的阶跃响应(例 1.4)

其中,1 线代表 $\tau_D = 0.1$;2 线代表 $\tau_D = 1(K_c = 0.56, \tau_I = 8)$

采用如图 1.10 所示的 PID 结构,将式(1.36)控制器输出的拉氏变换代入控制对象的输出[即式(1.38)],求出闭环传递函数为:

$$\frac{Y(s)}{R(s)} = \frac{K_c(\beta\tau_D s + 1)}{\tau_I s^2 (s+1)^3 (\beta\tau_D s + 1) + K_c(\tau_I s + 1)(\beta\tau_D s + 1) + K_c \tau_I \tau_D s^2} \quad (1.40)$$

这种实现下闭环传递函数的分母与前面相同,但仅有一个由微分控制产生的零点。图 1.11(b)给出了 IPD 结构控制系统的阶跃响应。与前一种情形相比,闭环响应的超调消除了,但是响应速度变慢了。

1.2.5　商用 PID 控制器结构

PID 控制器设计常用以下结构确定参数 K_c、τ_I、τ_D,控制器的传递函数 $C(s)$ 为:

$$C(s) = K_c \left(1 + \frac{1}{\tau_I s} + \tau_D s \right) \quad (1.41)$$

本节已说明,实现控制系统有一些不同的 PID 控制器形式,在控制器参数相同的情况下,不同形式控制系统的性能不同。

为了使用户有更多弹性,ABB 公司、西门子公司、美国国家仪器公司等制造商通常采用以下商用 PID 控制器[见 Alfaro 和 Vilanova(2016)],其控制信号的拉氏变换为:

$$U(s) = K_c \left(\gamma_1 R(s) - Y(s) + \frac{1}{\tau_I s}(R(s) - Y(s)) - \frac{\tau_D s}{\beta\tau_D s + 1}(\gamma_2 R(s) - Y(s)) \right) \quad (1.42)$$

这里,系数 $0 \leqslant \gamma_1 \leqslant 1$,$0 \leqslant \gamma_2 \leqslant 1$ 为给定输入信号的权重,与前面一样,参数 $0 \leqslant \beta \leqslant 1$ 决定了合适的微分滤波器作用。有几种常见的参数 γ_1、γ_2、β 的特殊组合如下:

(1) 当 $\gamma_1 = 1$、$\gamma_2 = 0$、$0 \leqslant \beta \leqslant 1$ 时,PID 控制器与如图 1.9 所示的情况相同,其中带滤波器的微分控制仅在输出端实现。

(2) 当 $\gamma_1 = 0$、$\gamma_2 = 0$ 时,PID 控制器变成如图 1.10 所示的 IPD 控制器,其中比例控制和微分控制仅在输出上实现。

(3) 当 $\gamma_1 = 1$、$\gamma_2 = 1$、$0 \leqslant \beta \leqslant 1$ 时,PID 控制器的实现对反馈误差进行比例控制、积分控制和带滤波器的微分控制。

(4) 当 $\gamma_1 = 1$、$\gamma_2 = 1$、$\beta = 0$ 时,PID 控制器在实现时将不使用微分滤波器,这将严重放大测量噪声。

值得强调的是,参数 γ_1 和 γ_2 仅影响对给定信号的闭环响应,而不影响闭环系统稳定性。已经检查了 γ_1 和 γ_2 为 0 或 1 的情况,还可以将结果扩展到参数为 0~1 的情况,并得出折中的结果。在了解它们的作用后,可以根据实际应用情况选择合适的系数。

1.2.6　进一步思考

(1) PID 控制器用参数 K_c、τ_I、τ_D 来表示,K_c、τ_I、τ_D 可能是什么符号?

(2) 当 K_c 值增大时,比例控制的作用是减小还是增加? 当 τ_I 增大时,积分控制的作用是变小还是增强? 当 τ_D 增大时,微分控制的作用是变小还是增强?

(3) 积分器在 PID 控制器中的作用是什么?

(4) 能否只对输出实施积分控制? 如果不能,请解释原因。

（5）在许多应用中，将比例控制作用在反馈误差上，这是原始的 PI 控制器。能否在响应初期使用斜坡信号作为给定信号来减小超调？

1.3　PID 控制器的经典整定规则

本节将讨论过去几十年已有的并已经受了时间考验的经典整定规则。虽然所有整定规则都是基于规则的，但对要控制的系统还是有一些前提条件。

1.3.1　基于 Ziegler-Nichols 振荡的整定规则

基于 Ziegler-Nichols 振荡的整定规则用闭环测试来获得临界点信息，这些信息为确定 PID 控制器参数所需要。

在闭环控制测试时，控制器设为比例模式，没有积分和微分作用。因为控制系统为负反馈，所以 K_c 的符号必须与被控对象的稳态增益相同。对比例闭环控制系统，开始实验时，将 K_c 设为很小的值，然后逐渐增大 K_c 直到控制信号 $u(t)$ 持续振荡（见图 1.12）。通过这个实验得到两个参数：引起振荡的 K_c 值和振荡周期。记此时的 K_c 为 K_o，振荡周期为 P_o。对 Ziegler-Nichols 整定规则，PID 参数可根据这两个参数由表 1.1 计算。

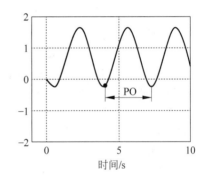

图 1.12　闭环控制系统持续振荡（控制信号）

表 1.1　利用振荡测试数据的 Ziegler-Nichols 整定规则

	K_c	τ_I	τ_D
P	$0.5K_o$		
PI	$0.45K_o$	$\dfrac{P_o}{1.2}$	
PID	$0.60K_o$	$\dfrac{P_o}{2}$	$\dfrac{P_o}{8}$

对于一阶和有一个稳定零点的二阶控制对象，比例控制不会产生持续振荡；因此，这种整定规则对于这两类稳定对象不适用。下面用例子说明整定规则的应用。

【例 1.5】　设连续时间控制对象传递函数为：

$$G(s) = \frac{s-2}{(s+1)(s+2)(s+3)} \tag{1.43}$$

用 Ziegler-Nichols 整定规则找出 PI 和 PID 控制器参数，并对闭环控制系统进行仿真。

解　如图 1.1 所示，对比例控制建立 Simulink 仿真程序。因系统的稳态增益为 $-1/3$，是负值，所以反馈控制增益也应为负。设置初始增益为 $K_c = -1$，逐渐减小到 -7.5 时，闭环控制系统持续振荡如图 1.12 所示，由图看出振荡周期为 3.35。根据表 1.1，PI 控制器的比例增益为 $K_c = 0.45 \times (-7.5) = -3.38$，积分时间常数为 $\tau_I = \dfrac{3.35}{1.2} = 2.79$。PID 控制器

的各参数分别为 $K_c = 0.6 \times (-7.5) = -4.5, \tau_I = \dfrac{3.35}{2} = 1.68, \tau_D = \dfrac{3.35}{8} = 4.2$。给定信号为单位阶跃信号,对 PI 和 PID 控制系统进行仿真,图 1.13 比较了 PI 和 PID 控制器结构的闭环输出响应。这里微分控制仅在输出端实现,输出滤波器时间常数为 $0.1\tau_D$。可以看出,带微分项时,PI 控制器的振荡减弱了。

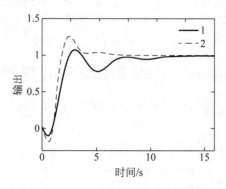

图 1.13　采用 Ziegler-Nichols 整定规则的闭环输出响应比较

其中,1 线为 PI 控制;2 线为 PID 控制

一般来说,对于 Ziegler-Nichols 整定规则,由于采用振荡法,导致有振荡的、更激进的响应,这在许多应用中并不希望出现。Tyreus and Luyben(1992)指出更小的 K_c 和更大的 τ_I 可以减小振荡,推荐以下值:

$$K_c = 0.313K_o; \ \tau_I = 2.2P_o$$

需要特别指出,通过增大增益来产生持续振荡并不安全,因为整定过程的微小误差可能导致闭环系统不稳定。这个不安全的过程由继电反馈控制(详见第 9 章)替代,但仍然会产生闭环持续振荡。

1.3.2　基于一阶延迟模型的整定

大多数整定基于一阶延迟模型,传递函数为:

$$G(s) = \frac{K_{ss}e^{-ds}}{\tau_M s + 1} \tag{1.44}$$

这里,K_{ss} 为系统的稳态增益,d 为时延参数,τ_M 为时间常数。使用一阶延迟模型的主要原因是整定规则最初应用于过程控制,而典型的过程是稳定而有时延的。得到一阶延迟模型的方法很多,其中最简单的是拟合响应曲线,即所说的阶跃响应测试。

通过对控制对象产生开环阶跃响应可获得响应曲线,因此假设对象是稳定的,同时应谨慎应用于有积分的对象。该测试中,控制对象的输入信号 $u(t)$ 从初始常值信号 U_0 变化到正常工作值 U_s,输入信号阶跃变化产生的响应,即控制对象的输出信号 $y(t)$,提供了控制对象的阶跃响应测试数据或响应曲线。当输出信号达到常值,或者信号由于噪声和扰动在常值附近波动时,响应测试完成。图 1.14 给出了一组典型的阶跃响应测试数据,阶跃变化发生在 $t = 0$ 时刻。图 1.14(a)为输入从初始值 U_0 到终值 U_s 的变化,图 1.14(b)为实际输出响应从稳态输出 Y_0 到稳态输出 Y_s 的变化。

测试获得的控制对象的信息包括稳态增益,定义为:

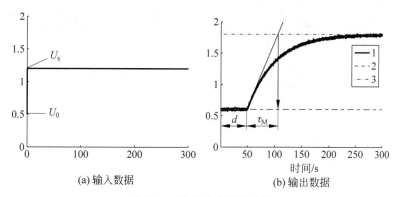

图 1.14 阶跃响应测试数据

其中,1 线为输出响应;2 线为响应前稳态输出位置 Y_0;3 线为响应完成后的稳态输出位置 Y_s

$$K_{ss} = \frac{Y_s - Y_0}{U_s - U_0} \tag{1.45}$$

时延参数 d 如图 1.14 所示,为输入发生变化到输出开始响应的延迟时间。它反映了输入信号已经加入而输出响应还没有发生变化的时间。也就是说,时延用给定信号变化发生时刻(图中 $t=0$)和输出响应稳态值变化时刻的差来估计(见图 1.14(b)中第一组箭头标识的时间间隔)。图 1.14(b)中绘出的斜率最大的直线与对应 Y_s 垂直线的交点决定了 τ_M 的值,τ_M 是动态响应时间的测度。

或者,因为一阶系统$\left(G(s) = \dfrac{K_{ss}\mathrm{e}^{-ds}}{\tau_M s + 1}\right)$对单位阶跃信号的阶跃响应为:

$$g(t) = K_{ss}(1 - \mathrm{e}^{\frac{-t}{\tau_M}})$$

当 $t = \tau_M$ 时,有

$$g(\tau_M) = K_{ss}(1 - \mathrm{e}^{-1}) = 0.632 K_{ss}$$

可以用阶跃响应上升时间的 63.2% 决定时间常数 τ_M,采用这种方法估计的时间常数与采用最大斜率法得出的结果不同。对于大多数应用,这样得到的时间常数 τ_M 要小一些。根据本节后面部分讲述的经验整定规则,这将产生一个更小的比例增益 K_c,大家可以用本章最后部分的问题 1.2 作为练习来评估该方法。

实质上,阶跃响应测试给出了式(1.44)描述的一阶延迟系统的参数。

还有第二种基于对象阶跃响应测试数据的 Ziegler-Nichols 整定规则,也叫作采用响应曲线的 Ziegler-Nichols 整定规则。对于这些参数,采用基于响应曲线的 Ziegler-Nichols 整定规则,见表 1.2。根据测试流程的性质(开环测试),整定规则用于稳定系统。

表 1.2 基于响应曲线的 Ziegler-Nichols 整定规则

	K_c	τ_I	τ_D
P	$\dfrac{\tau_M}{K_{ss}d}$		
PI	$0.9\dfrac{\tau_M}{K_{ss}d}$	$3d$	
PID	$1.2\dfrac{\tau_M}{K_{ss}d}$	$2d$	$0.5d$

还有另一种基于响应曲线的整定规则,叫作 Cohen-Coon 整定规则,表 1.3 示意了如何由 Cohen-Coon 整定规则计算 PID 参数。

表 1.3　基于响应曲线的 Cohen-Coon 整定规则

	K_c	τ_I	τ_D
P	$\dfrac{\tau_M}{K_{ss}d}\left(1+\dfrac{d}{3\tau_M}\right)$		
PI	$\dfrac{\tau_M}{K_{ss}d}\left(0.9+\dfrac{d}{12\tau_M}\right)$	$\dfrac{d(30\tau_M+3d)}{9\tau_M+20d}$	
PID	$\dfrac{\tau_M}{K_{ss}d}\left(\dfrac{4}{3}+\dfrac{d}{4\tau_M}\right)$	$\dfrac{d(32\tau_M+6d)}{13\tau_M+8d}$	$\dfrac{4d\tau_M}{11\tau_M+2d}$

当采用 MATLAB 估计时延 d、τ_M、K_{ss} 时,绘制直线并精确定位数据点是一个非常直接的过程,在图上寻找点的 MATLAB 命令为 ginput。例如,输入代码:

$$[a,b]=\text{ginput}(1)$$

MATLAB 图形上将出现十字线,双击图中我们感兴趣的点,将得到需要的值。这个图形程序将在示例部分演示(见 1.5 节)。

1.3.3　进一步思考

(1) 可以将 Ziegler-Nichols 振荡整定规则应用于一阶系统吗? 为什么?

(2) 可以将基于响应曲线的规则用于不稳定系统吗? 为什么?

(3) 使用 Ziegler-Nichols 振荡整定规则时,如何确定比例反馈控制器增益的符号?

(4) 使用 Ziegler-Nichols 振荡整定规则时,你能否预见潜在的风险?

(5) 如何设计阶跃响应实验?

(6) 阶跃响应实验可以提供什么信息?

(7) 如何从响应曲线确定稳态增益、参数 τ_M、时延 d?

(8) 根据 K_c、τ_I、τ_D 的符号和数值,比较 Ziegler-Nichols 和 Cohen-Coon 整定规则。

(9) 在整定规则中,是否有期望的闭环性能指标?

1.4　基于模型的 PID 控制器的整定规则

本节将讨论基于一阶延迟模型导出的 PID 控制器整定规则,这些整定规则在应用中运行良好。

1.4.1　IMC-PID 控制器整定规则

基于一阶延迟模型,提出了内模控制-PID 整定规则[Rivera 等(1986)]。模型为:

$$G_M(s)=\frac{K_{ss}\mathrm{e}^{-ds}}{\tau_M s+1}$$

当使用 IMC-PID 整定规则时,由给定信号到输出的传递函数得出期望的闭环响应。传递函数为:

$$\frac{Y(s)}{R(s)} = \frac{K_{ss} e^{-ds}}{\tau_{cl} s + 1}$$

这里 τ_{cl} 为由用户选择的时间常数。PI 控制器参数与一阶延迟模型和期望的闭环时间常数 τ_{cl} 有直接关系：

$$K_c = \frac{1}{K_{ss}} \frac{\tau_M}{\tau_{cl} + d} \tag{1.46}$$

$$\tau_I = \tau_M$$

如果系统传递函数为二阶延迟，形为：

$$G_M(s) = \frac{K_{ss} e^{-ds}}{(\tau_1 s + 1)(\tau_2 s + 1)}$$

则建议采用 PID 控制器。假设 $\tau_2 = \tau_1$，则 PID 控制器参数计算式如下：

$$K_c = \frac{1}{K_{ss}} \frac{\tau_1}{\tau_{cl} + d}$$

$$\tau_I = \tau_1 \tag{1.47}$$

$$\tau_D = \tau_2$$

后来，人们意识到，选择 τ_I 基本会导致控制系统中的零极点对消。第 2 章将说明，这种零极点对消将限制控制系统在扰动抑制方面的性能，尤其在 τ_I 比较大时。Skogestad (2003) 修改了 IMC-PID 整定规则，使积分时间常数减小为：

$$\tau_I = \min[\tau_1, 4(\tau_{cl} + d)] \tag{1.48}$$

其中，K_c 和 τ_D 与式 (1.47) 中一致。

Skogestad (2003) 将 IMC-PID 控制器的整定规则扩展到有积分系统，虽然系统动态包含一个积分环节，仍需要积分控制来抑制扰动（见第 2 章）。

假设系统模型为带延迟的积分形式为：

$$G_M(s) = K_{ss} \frac{e^{-ds}}{s} \tag{1.49}$$

则建议使用具有以下参数的 PI 控制器：

$$K_c = \frac{1}{K_{ss}(\tau_{cl} + 1)}$$

$$\tau_I = 4(\tau_{cl} + d) \tag{1.50}$$

如果积分系统的传递函数为：

$$G_M(s) = K_{ss} \frac{e^{-ds}}{s(\tau_1 s + 1)} \tag{1.51}$$

则建议 PID 控制器参数如下：

$$K_c = \frac{1}{K_{ss}(\tau_{cl} + d)}$$

$$\tau_I = 4(\tau_{cl} + d) \tag{1.52}$$

$$\tau_D = \tau_1$$

如果系统传递函数包含双积分：

$$G_M(s) = K_{ss} \frac{e^{-ds}}{s^2} \tag{1.53}$$

则建议使用具有以下参数的 PID 控制器：

$$K_c = \frac{1}{K_{ss}(\tau_{c1} + d)^2}$$

$$\tau_I = 4(\tau_{c1} + d) \tag{1.54}$$

$$\tau_D = 4(\tau_{c1} + d)$$

例 2.1 和例 2.2 将研究 IMC-PID 控制器的整定规则。

1.4.2 Padula-Visioli 整定规则

Padula 和 Visioli(2011)以及 Padula 和 Visioli(2012)引入了多组整定规则，这些整定规则基于一阶延迟模型：

$$G_M(s) = \frac{K_{ss}e^{-ds}}{\tau_M s + 1}$$

采用优化方法最小化误差函数和频域中的灵敏度峰值来得到这些参数（见第 2 章）。

这里，我们只包括了这两位学者在论文中引入的两组用于扰动抑制的整定规则。表 1.4 和表 1.5 分别给出了 PI 和 PID 控制器的整定规则，每个表包含两组规则。与 $M_s = 2$ 相比，对于 $M_s = 1.4[M_s$ 对应于灵敏度峰值（见第 2 章）]，整定规则将产生较慢的闭环响应。值得提出的是，由表 1.4 和表 1.5，PI 和 PID 控制器参数对于时延 $d = 0$ 无效，因为 $d \to 0$ 时，比例控制增益 $K_c \to \infty$。

表 1.4　Padula-Visioli 整定规则（PI 控制器）

	$M_s = 1.4$	$M_s = 2$
K_c	$\dfrac{1}{K_{ss}}\left(0.2958\left(\dfrac{d}{d+\tau_M}\right)^{-1.014} - 0.2021\right)$	$\dfrac{1}{K_{ss}}\left(0.5327\left(\dfrac{d}{d+\tau_M}\right)^{-1.029} - 0.2428\right)$
τ_I	$\tau_M\left(1.624\left(\dfrac{d}{\tau_M}\right)^{0.2269} - 0.5556\right)$	$\tau_M\left(1.44\left(\dfrac{d}{\tau_M}\right)^{0.4825} - 0.1019\right)$

表 1.5　Padula-Visioli 整定规则（PID 控制器）

	$M_s = 1.4$	$M_s = 2$
K_c	$\dfrac{1}{K_{ss}}\left(0.1724\left(\dfrac{d}{d+\tau_M}\right)^{-1.259} - 0.05052\right)$	$\dfrac{1}{K_{ss}}\left(0.2002\left(\dfrac{d}{d+\tau_M}\right)^{-1.414} + 0.06139\right)$
τ_I	$\tau_M\left(0.5968\left(\dfrac{d}{\tau_M}\right)^{0.6388} + 0.07886\right)$	$\tau_M\left(0.446\left(\dfrac{d}{\tau_M}\right)^{0.9541} + 0.1804\right)$
τ_D	$\tau_M\left(0.5856\left(\dfrac{d}{\tau_M}\right)^{0.5004} - 0.1109\right)$	$\tau_M\left(0.6777\left(\dfrac{d}{\tau_M}\right)^{0.4968} - 0.1499\right)$

第 2 章将介绍基于 Padula-Visioli 整定规则的控制系统频率响应分析，其中将由见例 2.4 给出灵敏度函数及其奈奎斯特图。

1.4.3 Wang-Cluett 整定规则

Wang 和 Cluett(2000)采用一阶延迟模型推导 PID 控制器的若干整定规则，根据时间常数 τ_M 与时延 d 之比，$L = \tau_M/d$，使用频率响应分析来计算规则。取一个期望的闭环时间

常数作为时延 d 的范围,其中一个特定的选择在应用中的效果很好,即,使期望的闭环时间常数等于时延 d。对于这种选择,PID 控制器参数如表 1.6 所示。

表 1.6　Wang-Cluett 响应曲线整定规则($L = \tau_M/d$)

	K_c	τ_I	τ_D
P	$\dfrac{0.13 + 0.51L}{K_{ss}}$		
PI	$\dfrac{0.13 + 0.51L}{K_{ss}}$	$\dfrac{d(0.25 + 0.96L)}{0.93 + 0.03L}$	
PID	$\dfrac{0.13 + 0.51L}{K_{ss}}$	$\dfrac{d(0.25 + 0.96L)}{0.93 + 0.03L}$	$\dfrac{d(-0.03 + 0.28L)}{0.25 + L}$

1.4.4　进一步思考

(1) 在 IMC-PID 控制器整定规则中,如果需要更快的闭环响应,你会增加还是减小期望的闭环时间常数 τ_{cl}?

(2) Padula 和 Visioli 推导的整定规则,是否包含由用户选择的闭环性能参数?

(3) 在使用 Padula-Visioli 整定规则时,如果 PID 控制系统不稳定,直观地说,你会增加比例控制器增益 K_c 吗?

(4) 在使用 Padula-Visioli 的整定规则时,如果 PID 控制系统是振荡的,你会增加积分时间常数吗?

1.5　整定规则评估示例

本节提供几个示例,用于评估基于一阶延迟模型的整定规则。

1.5.1　评估整定规则的示例

第一个例子基于一阶延迟对象,第二个例子基于高阶对象,因而在绘图过程中需要进行近似处理。

【例 1.6】 连续时间传递函数模型为:

$$G(s) = \frac{0.5\mathrm{e}^{-20s}}{30s + 1} \tag{1.55}$$

单位阶跃响应如图 1.15 所示。与直接使用一阶延迟模型不同,我们将使用 τ_M、K_{ss}、时延 d 的值来确定 PI 控制器参数。

解　建立 Simulink 仿真以获取阶跃响应测试数据,并生成阶跃响应曲线。在响应曲线上绘一条直线反映响应曲线的最大斜率;图中两个箭头标出了兴趣点。使用 MATLAB 命令 ginput(2),单击底部点,找到坐标 $t_1 = 21$,$Y_0 = -0.02$;点击顶部点,得到 $t_2 = 58$,$Y_s = 0.5$。

从这两点的读数求出:

$$K_{ss} = \frac{Y_s - Y_0}{U_s - U_0} \approx 0.5 \tag{1.56}$$

因为输入为单位阶跃信号,所以 $U_s - U_0$ 为 1,时延 $d = t_1 = 21$,参数 $\tau_M = t_2 - t_1 = 58 - 21 = 37$。利用这些参数,使用基于响应曲线的方法计算 PI 控制器参数(见表 1.2、表 1.3、表 1.6)。PI 控制器参数汇总在表 1.7 中。图 1.16 比较了它们的闭环阶跃响应。

表 1.7　基于响应曲线的 PI 控制器参数

	K_c	τ_I
Ziegler-Nichols	3.1714	63
Cohen-Coon	3.3381	32.7131
Wang-Cluett	2.0571	41.4811

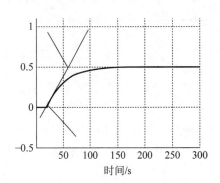

图 1.15　单位阶跃响应(例 1.6)

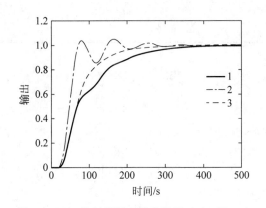

图 1.16　PI 控制器闭环单位阶跃响应(例 1.6)
其中,1 线表示 Ziegler-Nichols 整定规则;
2 线表示 Cohen-Coon 整定规则;3 线表示 Wang-Cluett 整定规则

实际上,系统不是单纯的一阶延迟,或多或少存在附加动态,而整定规则适用于更复杂的系统。我们用下面的例子说明如何应用整定规则。这个例子还说明了这样一个事实——在应用整定规则时,我们需要谨慎,并注意它们的局限性。

【例 1.7】　连续时间控制对象的传递函数为:

$$G(s) = \frac{0.5\mathrm{e}^{-20s}}{(30s + 1)^3} \tag{1.57}$$

该传递函数模型的单位阶跃响应如图 1.17 所示,在该图中绘一条直线来反映响应曲线的最大斜率,用两个箭头标记兴趣点。

使用 MATLAB 命令 ginput(2),单击底部点,找到坐标 $t_1 = 36$,$Y_0 = -0.0022 \approx 0$;单击顶部点,找到 $t_2 = 164$,$Y_s = 0.4981 \approx 0.5$。利用基于响应曲线的整定规则求出 PI 和 PID 控制器。

解　稳态增益 $K_{ss} = \dfrac{Y_s - Y_0}{1} = 0.5$,时延为 $d = t_1 = 36$,参数 $\tau_M = t_2 - t_1 = 164 - 36 = 128$。使用基于响应曲线的方法(见表 1.2、表 1.3 和表 1.6)计算 PI 控制器参数,并汇总于表 1.8。采用对象模型式(1.57)对具有 PI 控制器的闭环控制系统进行仿真。闭环阶跃响应如图 1.18 所示。从图中可以看到,基于 Ziegler-Nichols 和 Cohen-Coon 整定规则的 PI 控制器都未能产生稳定的闭环系统,而采用 Wang-Cluett 整定规则的 PI 控制器可以得到稳定的闭环系统。

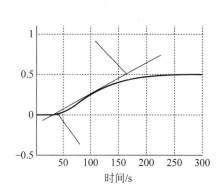

图 1.17　单位阶跃响应（例 1.7）

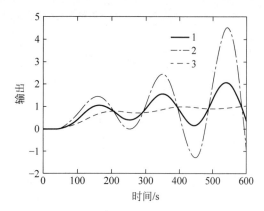

图 1.18　带 PI 控制器的闭环单位阶跃响应（例 1.7）
其中,1 线表示 Ziegler-Nichols 整定规则;2 线表示
Cohen-Coon 整定规则;3 线表示 Wang-Cluett 整定规则

表 1.8　基于响应曲线的 PI 控制器参数

	K_c	τ_I
Ziegler-Nichols	6.4	108
Cohen-Coon	6.5667	75.9231
Wang-Cluett	3.8867	127.2154

后面将以 PI 控制系统为例进行闭环稳定性分析。本例中使用的 PI 控制器的奈奎斯特图将在第 2 章的例 2.3 中进行分析。

下例说明 Padula-Visioli 整定规则的应用。

【例 1.8】　使用与例 1.7 相同的三阶延迟系统,利用 Padula-Visioli 整定规则求出 PI 和 PID 控制器参数,并对闭环阶跃响应进行仿真。

解　整定规则中使用的参数为 $K_{ss}=0.5, d=36, \tau_M=128$。为了评估 PI 控制器的性能,使用表 1.4 中的公式计算控制器参数。对于 $M_s=1.4$,得到 $K_c=2.3487$ 和 $\tau_M=84.7649$。对于 $M_s=2$,有 $K_c=4.5861$ 和 $\tau_I=86.9015$。

图 1.19 在采样间隔 $\Delta t=1s$ 的情况下,比较了闭环阶跃响应,其中 IP 控制器结构用于减少给定信号为阶跃信号时响应的超调。很明显,$M_s=1.4$ 时,闭环系统稳定;而 $M_s=2$ 时,闭环系统不稳定。

接下来评估带滤波器的 PID 控制器的闭环性能,其中滤波器时间常数取 $0.1\tau_D$。根据表 1.5,PID 控制器参数计算如下:对 $M_s=1.4, K_c=2.2253, \tau_I=41.8298, \tau_D=25.5365$;对 $M_s=2, K_c=3.54, \tau_I=40.1098, \tau_D=27.0037$。

在相同的采样间隔 $\Delta t=1$、比例控制和微分控制作用于输出(IPD结构)时,取微分滤波器时间常数为 $0.1\tau_D$,对闭环响应进行仿真。图 1.20 比较了闭环响应,两种整定规则都能使闭环控制系统稳定。可以看出,两次响应都存在超调,这是由于较大的微分增益引起的。

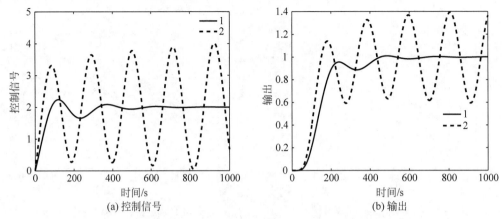

(a) 控制信号   (b) 输出

图 1.19 使用 Padula 和 Visioli PI 控制器的闭环响应比较(例 1.8)

其中,1 线对应 $M_s = 1.4$ 时整定规则;2 线对应 $M_s = 2$ 时整定规则

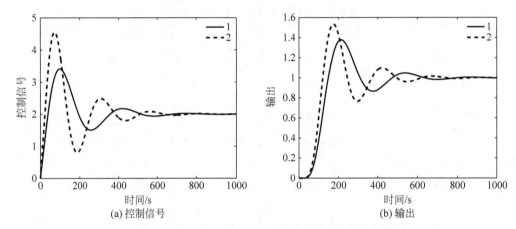

(a) 控制信号   (b) 输出

图 1.20 使用 Padula 和 Visioli PID 控制器的闭环响应比较(例 1.8)

其中,1 线对应 $M_s = 1.4$ 时整定规则;2 线对应 $M_s = 2$ 时整定规则

1.5.2 火焰加热器控制示例

使用气体燃料的火焰加热器是一种加热炉,通常在冬季用于家庭供暖。在本案例研究中,加热炉的输入是供给的气体燃料,输出是加热器出口或房间的室温。由于温度传感器远离热源,因此输入进给速率变化时,温度测量有时间延迟。另外,根据输入进给率的工作条件,温度的动态响应是不同的。Ralhan 和 Badgwell(2000)给出了两种传递函数模型,用于描述火焰加热器在低燃料和高燃料工况时的运行情况。在低燃料工况下,传递函数描述为:

$$G_L(s) = \frac{3e^{-10s}}{(4s+1)^3} \frac{\text{deg}C}{sm^3/s} \tag{1.58}$$

高燃料工况下,传递函数为:

$$G_H(s) = \frac{e^{-5s}}{(5s+1)^3} \frac{\text{deg}C}{sm^3/s} \tag{1.59}$$

其中,时间常数以分钟(min)为单位。注意,传递函数模型的时间延迟和稳态增益有显著差异。

本研究在闭环仿真中对控制信号加入一个幅值为负的阶跃信号来模拟输入扰动的影响。这个输入扰动代表过程中导致输出温度下降的突然变化。第2章将进一步讨论这种扰动的影响。

【例1.9】　本例将说明如何使用整定规则,基于传递函数式(1.58)来寻找低燃料工况下燃烧加热器的PID控制器参数,使用采样间隔 $\Delta t = 5\text{min}$ 的阶跃参考信号,负的阶跃扰动在到达仿真时间的一半时加入。以高燃料工况作为练习。

解　图1.21给出了单位阶跃响应,绘直线以确定近似一阶系统的时间延迟和时间常数。从图中可以看出,时延为9.54min,时间常数 $\tau_{M} = 23 - 9.54 = 13.48\text{min}$,稳态增益等于3,使用一阶正模型近似,得到以下传递函数:

$$G(s) = \frac{3\mathrm{e}^{-9.54s}}{(13.48s + 1)^3} \tag{1.60}$$

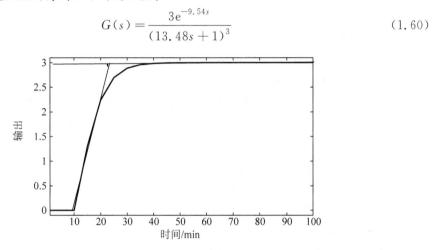

图1.21　火焰加热器过程的单位阶跃响应

现在,应用 Ziegler-Nichols 整定规则(见表1.2)、Cohen-Coon 整定规则(见表1.3)、Wang-Cluett 整定规则(见表1.6),得到如表1.9所示的火焰加热器过程的 PI 控制器参数,求出的 PI 控制器参数完全不同。对火焰加热器过程 PI 控制器采用 Ziegler-Nichols 和 Wang-Cluett 整定规则产生稳定的闭环系统。但是,使用 Cohen-Coon 整定规则的 PI 控制器不会得到稳定的闭环系统,这可以由闭环仿真来验证。为了评估闭环控制性能,以单位阶跃输入信号作为参考信号,并在闭环仿真时间进行到一半时加入幅度为 −0.5 的阶跃输入扰动。图1.22(a)为由 PI 控制器产生的控制信号,图1.22(b)为对参考变化和对干扰信号的响应。两个闭环系统都有振荡,但相比之下,使用 Wang-Cluett 整定规则的控制器闭环性能稍微好一点——其振荡比较小。

表1.9　基于响应曲线的 PI 控制器参数

	K_c	τ_I
Ziegler-Nichols	0.4239	28.6200
Cohen-Coon	0.4517	13.2353
Wang-Cluett	0.2835	15.7610

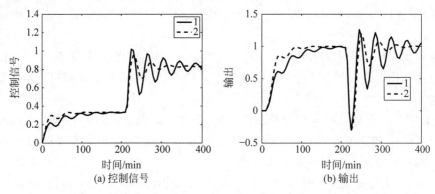

图 1.22　使用 Ziegler-Nichols 和 Wang-Cluett 整定规则的闭环响应比较(例 1.9)
其中 1 线表示 Ziegler-Nichols 整定规则; 2 线表示 Wang-Cluett 整定规则

1.6　小结

本章介绍了 PID 控制系统的基本知识。了解比例控制、积分控制、微分控制的作用很重要。对 PID 控制器的实现作简单改动,仅将比例控制作用于输出端可降低阶跃响应的超调量。在某些应用中,避免超调是很重要的,因为这个要求与系统的工况约束相关;而对于其他应用,若 PID 控制器用于内环,则宁可选择允许超调(见第 7 章)。另外,微分控制应该用微分滤波器来实现,以避免测量噪声的放大;仅对输出实施微分控制,以避免微分"过冲"的情况。

本章介绍了几种整定规则。如果系统可以用一阶延迟模型来近似,那么整定规则非常简单易用。然而,并不能保证仿真例子所表现的闭环性能。本章中的一些例子,将在第 2 章用 Nyquist 稳定性判据和灵敏度函数进行分析。

1.7　进一步阅读

(1) 控制工程教科书:包括 Franklin 等(1998),Franklin 等(1991)、Ogata(2002)、Golnaraghi 和 Kuo(2010)、Goodwin 等(2000),以及 Astrom 和 Murray(2008)。

(2) 过程控制图书:包括 Marlin(1995)、Ogunnaike 和 Ray(1994)、Seborg 等(2010)。

(3) 有很多关于 PID 控制的书已出版,包括 Astrom 和 Hagglund(1995)、Astrom 和 Hagglund(2006)、Yu(2006)、Johnson 和 Moradi(2005)、Visioli(2006)、Tan 等(2012); Wang 等(2008)讨论了多变量系统的 PID 控制。

(4) 整定规则被编成一本书(O'Dwyer(2009)),Wang 和 Cluett(2000)介绍 PID 控制器整定规则,基于频率响应分析得到性能指标。

(5) 有关 PID 控制的综述和指导性论文包括 Åström 和 Hägglund(2001)、Ang 等(2005)、Li 等(2006)、Knospe(2006)、Cominos 和 Munro(2002),以及 Visioli(2012),Blevins(2012)。

(6) 一个基于网络的实验室介绍了 PID 控制教学,Ko 等(2001)、Yeung 和 Huang (2003)[1]。

---

① 本书中的格式与英文原书保持一致,给出了作者及其著作诞生的年份。

（7）介绍与 PID 控制器相关的微分滤波器问题，参见 Luyben（2001）、Hägglund（2012）、Hägglund（2013）、Isaksson 和 Graebe（2002）、Larsson 和 Hägglund（2011）。

（8）针对工业环境讨论已有控制器提高跟踪能力和减少超调的问题，参见 Visioli 和 Piazzi（2003）。

（9）Hang 等（1991）对 Ziegler-Nichols 整定公式进行改进，De Paor 和 O'Malley（1989）针对具有时延的不稳定系统；从鲁棒回路成形的角度，重新讨论 Ziegler-Nichols 阶跃响应法［Åström 和 Hägglund（2004）］，针对积分延迟模型的一组整定规则［Tyreus 和 Luyben（1992）］、Luyben（1996）扩展到 PID 控制器。

问题

1.1 对以下系统练习 Ziegler-Nichols 整定规则，请根据振荡测试数据确定 PID 控制器参数：

$$G(s) = \frac{10}{s+1}$$

（1）使用控制器为 K 的闭环比例控制构建 Simulink 仿真，采样间隔 Δt 取 0.1s。

（2）使用表 1.1 求 PI 和 PID 控制器参数。

（3）在 Simulink 中实现 PI 和 PID 控制器，给定为阶跃信号，仅对输出进行比例和微分控制。

（4）你对于 PI 和 PID 控制系统的闭环性能有什么看法？

1.2 在大多数整定规则中，关键步骤是找到一阶延迟近似模型，以得到阶跃响应测试数据。因为一阶系统对单位阶跃输入信号的阶跃响应可以表示为

$$g(t) = K_{ss}(1 - e^{\frac{-t}{\tau_M}})$$

可以利用阶跃响应上升时间的 63.2% 来确定时间常数 τ_M。

（1）为什么上升时间的 6.32% 对应于时间常数 τ_M？

（2）构造一种图解法，以求出下列系统的一阶延迟模型：

$$G(s) = \frac{0.5e^{-20s}}{(30s+1)^3}$$

（3）将该一阶延迟模型与例 1.7 中的模型进行比较。

（4）由表 1.2 求出 PID 控制器参数，并将闭环仿真结果与例 1.7 给出的结果进行比较，你有什么看法？

（5）如果阶跃响应数据包含严重测量噪声，确定上升时间会更困难吗？

1.3 1.5.2 节介绍的高燃料工况下火焰加热器系统的传递函数如下：

$$G_H(s) = \frac{e^{-5s}}{(5s+1)^3} \frac{degC}{sm^3/s} \tag{1.61}$$

（1）使用 1.3.2 节中的图解法找到该传递函数的一阶延迟近似模型，采样间隔 Δt 取 1。

（2）使用表 1.2～表 1.6 确定 PID 控制器。

（3）通过对闭环单位阶跃响应的仿真评估它们的闭环性能；对于整定规则，你在闭环性能方面怎么看？

1.4 1.5.2节介绍的低燃料工况下的火焰加热器系统的传递函数如下：

$$G_L(s) = \frac{3e^{-10s}}{(4s+1)^3} \frac{degC}{sm^3/s} \tag{1.62}$$

（1）对该系统用如式（1.47）所示的 IMC-PID 设计公式，分别设计 3 个 PID 控制器，期望的闭环时间常数 τ_{c1} 分别为 20、20、40。

（2）通过仿真闭环单位阶跃响应评估 3 个 PID 控制器的闭环控制系统性能，取采样间隔 $\Delta t = 0.1s$。

（3）当期望的闭环时间常数 τ_{c1} 增大时，闭环性能如何变化？

1.5 火焰加热器系统在两种工况下得到的两个传递函数完全不同［见式（1.61）和式（1.62）］，因此，两种工况下的 PID 控制器也不同。假设在两种工况下只使用一个 PID 控制器：

（1）设计高燃料工况下火焰加热器系统的 IMC-PID 控制器［$C_H(s)$］，采用 $G_H(s)$，τ_{c1} 选为 30。

（2）通过仿真两个 PID 控制系统，分别评估以下闭环性能：①$C_H(s)$和$G_H(s)$；②$C_H(s)$和 $G_L(s)$。

（3）设 $C_L(s)$ 表示问题 1.4 中求出的 PID 控制器，其中 $\tau_{c1} = 30$。通过对两个 PID 控制系统的仿真，评价闭环性能：①$C_L(s)$和$G_L(s)$；②$C_L(s)$和$G_H(s)$。

（4）根据仿真研究，应该推荐哪种控制器？

（5）将要求的时间常数 τ_{c1} 增加到 40，然后重新评估，你对 τ_{c1} 的选择有何建议？

闭环性能和稳定性

2.1 简介

由于反馈控制会使闭环系统变得不稳定,因此在控制系统设计中,保证闭环稳定性至关重要。2.2 节将通过闭环极点的位置和劳斯-赫尔维茨(Routh-Hurwitz)稳定性判据的应用来讨论闭环稳定性。在 2.3 节,基于频率响应分析提出了奈奎斯特(Nyquist)稳定性判据,由回路传递函数的频率响应,得出闭环稳定性的结论,特别便于分析具有时间延迟的系统。

为了了解外部信号在反馈控制系统中的作用,2.4 节介绍了不同自由度的控制系统结构,这些结构与第 1 章讨论的减少给定信号作用下响应超调量的主题有关。2.4 节介绍与闭环系统各种外部信号有关的灵敏度函数。2.5 节和 2.6 节将从灵敏度分析的角度研究反馈控制系统中存在的与给定值跟踪、扰动抑制、噪声衰减相关的关键问题。本章最后一节将使用频率响应分析讨论鲁棒稳定性。本章中介绍的许多例子使用根据第 1 章给出的整定规则设计的 PID 控制器。

2.2 Routh-Hurwitz 稳定性判据

反馈控制会导致系统变得不稳定。保证闭环系统的稳定性是控制系统设计中最重要的主题。因此,对于所设计的每一个控制系统,闭环稳定性都是首要考虑的问题。

对于线性时不变系统,主要采用两种主要的方法判断闭环稳定性。第一种是直接计算闭环传递函数的极点,即所谓的闭环极点。如果所有闭环极点都具有负实部,即所有极点严格位于复平面的左半部分,则闭环系统稳定。如果有一个或多个极点位于复平面的右半部分,即具有正的实部,则闭环系统不稳定。如果有一个或多个实部为零的极点,即位于复平面的虚轴上,这种系统被界定为"临界稳定"。第二种方法基于开环传递函数,包括控制对象传递函数、传感器和执行器传递函数以及控制器传递函数。Nyquist 稳定性判据基于开环频率响应分析,是应用最广泛的方法之一。

2.2.1 闭环极点的确定

计算闭环极点的第一步是计算闭环传递函数。一旦确定了闭环传递函数,则可利用 MATLAB 函数 roots.m 求闭环传递函数分母多项式的根,即闭环传递函数的极点。

注意,在计算闭环传递函数时,除了考虑控制器传递函数外,还要考虑传感器和执行器的动态模型。

【例2.1】 设过程传递函数为:

$$G(s) = \frac{1}{(s+1)(0.2s+1)} \tag{2.1}$$

其中,假设传感器和执行器动态已包含在传递函数中。利用 IMC-PI 控制器整定规则确定 PI 控制器参数,求出闭环极点。

解 根据 Skogestad(2003),二阶系统[见式(2.1)]由一阶延迟模型近似为:

$$G_A(s) = \frac{\mathrm{e}^{-ds}}{\tau_1 s + 1} = \frac{\mathrm{e}^{-0.1s}}{1.1s + 1}$$

根据 IMC-PID 控制器整定规则,比例增益和积分时间常数计算如下:

$$K_c = \frac{\tau_1}{\tau_1 + d} = 0.9167, \quad \tau_1 = \min[\tau_1, 4(\tau_{c1} + d)] = 1.1$$

其中,闭环时间常数满足 $\tau_{c1} > 0.25\tau_1$。

现在,为了计算闭环极点,将原始传递函数写成:

$$G(s) = \frac{B(s)}{A(s)}$$

控制器传递函数为:

$$C(s) = \frac{P(s)}{L(s)} = \frac{K_c s + \dfrac{K_c}{\tau_1}}{s} \tag{2.2}$$

$$= \frac{0.9167s + 0.8333}{s} \tag{2.3}$$

注意,在计算闭环极点时,需要使用原过程模型[见式(2.1)],而不是一阶延迟模型。闭环控制系统框图如图 2.1 所示。

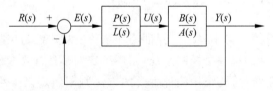

图 2.1 传递函数形式的闭环控制系统框图

从给定信号 $R(s)$ 到输出 $Y(s)$ 的闭环传递函数计算如下:

$$\frac{Y(s)}{R(s)} = \frac{P(s)B(s)}{L(s)A(s) + P(s)B(s)} \tag{2.4}$$

显然,闭环系统的分母为 $L(s)A(s) + P(s)B(s)$,闭环极点为以下多项式方程的解:

$$L(s)A(s) + P(s)B(s) = 0 \tag{2.5}$$

该多项式方程称为闭环特性方程。这里:

$$L(s)A(s) + P(s)B(s) = s(s+1)(0.2s+1) + 0.9167s + 0.8333$$

$$= 0.2s^3 + 1.2s^2 + 1.9167s + 0.8333$$

在 MATLAB 中使用 roots.m 函数

```
den = [0.2000 1.2000 1.9167 0.8333];
roots(den)
```

得到 3 个闭环极点，分别为 -3.7304、-1.5482、-0.7214。显然，所有极点都位于复平面的左半部分，闭环 IMC-PI 控制系统是稳定的。闭环系统有三个闭环时间常数，主导时间常数是时间常数的最大值，由闭环极点的最小值计算得出：

$$\tau = \frac{1}{0.7214} = 1.3862$$

之所以关注最大时间常数，是因为它决定了闭环响应的速度。例如，该例中闭环主导时间常数大于过程的主导时间常数 1。可以得出结论：由于闭环主导时间常数较大，因此闭环系统的响应速度比开环过程的响应速度慢。

2.2.2 稳定性判据

手动计算三阶及三阶以上系统的闭环极点比较困难。在控制系统设计早期引入了 Routh-hurwitz 稳定性判据，可以手工确定闭环稳定性。Routh-Hurwitz 稳定性判据不涉及复杂计算，利用它可以确定复平面的右半部分是否存在闭环极点，以及有多少个闭环极点。这个简单的计算利用闭环传递函数分母多项式的系数进行。

一般情况下，闭环传递函数的分母多项式为：

$$A(s) = a_n s^n + a_{n-1} s^{n-1} + \cdots + a_0$$

该多项式系数构成 Routh-Hurwitz 表的前两行（见表 2.1），并以前两行为基础，完成表格中其他元素。第三行的第一个元素为：

$$r_{2,1} = -\frac{1}{a_{n-1}} \det \begin{bmatrix} a_n & a_{n-2} \\ a_{n-1} & a_{n-3} \end{bmatrix}$$

表 2.1 Routh-Hurwitz 表

s^n	a_n	a_{n-2}	a_{n-4}	$\cdots$
s^{n-1}	a_{n-1}	a_{n-3}	a_{n-5}	$\cdots$
s^{n-2}	$r_{2,1}$	$r_{2,2}$	$r_{2,3}$	$\cdots$
s^{n-3}	$r_{3,1}$	$r_{3,2}$	$r_{3,3}$	$\cdots$
$\vdots$	$\vdots$			
s^2	$r_{n-2,1}$	$r_{n-2,2}$		
s	$r_{n-1,1}$			
s^0	$r_{n,1}$			

这里，用前两行元素组成行列式，再乘以比例因子 $-\dfrac{1}{a_{n-1}}$，从而进行缩放。第三行的第二个元素为：

$$r_{2,2} = -\frac{1}{a_{n-1}} \det \begin{bmatrix} a_n & a_{n-4} \\ a_{n-1} & a_{n-5} \end{bmatrix}$$

它与第一个元素具有相同的缩放比例，只是在行列式中替换了下一列。第三行第三个元素

的计算模式相同,为:

$$r_{2,3} = -\frac{1}{a_{n-1}}\det\begin{bmatrix} a_n & a_{n-6} \\ a_{n-1} & a_{n-7} \end{bmatrix}$$

对于第四行,使用最近两行(第二行和第三行)的元素,计算模式相同:

$$r_{3,1} = -\frac{1}{r_{2,1}}\det\begin{bmatrix} a_{n-1} & a_{n-3} \\ r_{2,1} & r_{2,2} \end{bmatrix}$$

$$r_{3,2} = -\frac{1}{r_{2,1}}\det\begin{bmatrix} a_{n-1} & a_{n-5} \\ r_{2,1} & r_{2,3} \end{bmatrix}$$

其余元素的一般表示形式为:

$$r_{k,j} = -\frac{1}{r_{k-1,1}}\det\begin{bmatrix} r_{k-2,1} & r_{k-2,j+1} \\ r_{k-1,1} & r_{k-2,j+1} \end{bmatrix}$$

这里,$j=1,2,\cdots$。

Routh-Hurwitz 表中第一列元素决定了闭环系统是否稳定。Routh-Hurwitz 表第一列中符号变化的次数即为实部大于零的多项式根的数量。简单地说,若 $A(s)$ 第一个系数 a_n 为正,那么如果表中第一列所有元素都为正值,闭环系统稳定。

注意,在表的计算中,如果第一列中的一个元素为 0,则用变量 $|\delta|$ 替换零元素继续计算,剩余的其他元素用 $|\delta|$ 的函数表示。令 $|\delta| \to 0$,检查第一列[①]系数的符号来确定闭环稳定性。

如果闭环传递函数的系数为常数且已知,则可以使用 MATLAB 函数 roots.m 简单地计算闭环极点,如例 2.1 所示。但是,当控制器或过程参数具有某些不确定性时,Routh-Hurwitz 稳定性判据对于确定闭环稳定性非常有效。

【例 2.2】 在例 2.1 的基础上,确定 IMC-PID 整定规则中 τ_I 的最小值,以产生稳定的闭环系统。

解 根据控制器传递函数式(2.3),可以将控制器参数中的 τ_I 变化表示为:

$$C(s) = \frac{0.9167s + 0.9167k_I}{s}$$

式中,$k_I = \frac{1}{\tau_1}$。因此,闭环多项式变为:

$$L(s)A(s) + P(s)B(s) = 0.2s^3 + 1.2s^2 + 1.9167s + 0.9167k_I$$

根据闭环多项式,得到 Routh-Hurwitz 表中前两行(见表 2.2)。

由以下公式计算参数 x_1:

$$x_1 = -\frac{1}{1.2}\det\left(\begin{bmatrix} 0.2 & 1.9167 \\ 1.2 & 0.9167k_I \end{bmatrix}\right) = -\frac{1}{1.2}(0.2 \times 0.9167k_I - 1.2 \times 1.9167)$$

为了保证闭环稳定性,需要使 $x_1 > 0$,这意味着:

$$k_I < \frac{1.2 \times 1.9167}{0.2 \times 0.9167} = 12.545$$

---

① 原文中的表述为"第一行"。

因此,$\tau_I > 1/12.545 = 0.07971$。参数 x_2 计算如下:

$$x_2 = -\frac{1}{x_1}\det\left(\begin{bmatrix} 1.2 & 0.9167k_I \\ x_1 & 0 \end{bmatrix}\right) = 0.9167k_I$$

其中,$x_2 > 0$ 意味着 $k_I > 0$。

表 2.2　三阶系统的 Routh-Hurwitz 表

s^3	0.2	1.9167
s^2	1.2	$0.9167k_I$
s^1	x_1	0
s^0	x_2	0

结合 x_1 和 x_2 的附加条件,可得出以下结论:当 $\tau_I > 0.07971$ 时,可以保证闭环稳定。在 MATLAB 中使用 roots.m 函数验证,当 $\tau_I = 0.07971$ 时,3 个闭环极点为: $-6, \pm j3.0957$,由于闭环系统的一对极点在复平面的虚轴上,因此,此时闭环系统临界稳定。对于任何大于 0.07971 的 τ_I 值,闭环系统将变得不稳定。

这个例子也说明,在 IMC-PID 控制器整定规则中,参数 τ_{cl} 的取值是有限制的。

2.2.3　进一步思考

(1) 对于给定系统,当闭环极点分别为 -1、-2、-3 时,闭环输出响应的形式是怎样的?

(2) 当闭环极点为 $-0.1\pm j5$ 时,闭环输出响应的形式是怎样的?

(3) 为什么复极点总是以共轭复数的形式出现?

(4) 如果 Routh-Hurwitz 稳定性判据的第一列有一个系数为零,能否确定闭环系统稳定性?

(5) 能否将 Routh-Hurwitz 稳定性判据应用于延迟系统?

2.3　奈奎斯特稳定性判据

奈奎斯特(Nyquist)稳定性判据是分析闭环稳定性最常用的工具之一。利用 MATLAB 图形工具,通过计算回路传递函数的频率响应,很容易生成奈奎斯特图。增益裕度、相位裕度、延迟裕度对于理解参数变化情况下的闭环稳定性非常有帮助。

2.3.1　奈奎斯特图

Nyquist 稳定性判据利用开环系统的频率响应来确定闭环系统稳定性,这里的开环系统包括控制对象、传感器、执行器。开环系统 $M(s)$ 表示为:

$$M(s) = G(s)C(s)$$

这里 $G(s)$ 表示系统动态模型,包括对象动态、执行器动态、传感器动态;$C(s)$ 表示控制器传递函数。更具体地说,Nyquist 稳定性判据是一种使用频率响应 $M(j\omega)$ 的实部和虚部值作图的方法,其中 $M(j\omega)$ 是回路传递函数。图形化方法的优点在于直观,而且既是定量又是定性的测度。

具有稳定开环传递函数的 PI 控制系统的 Nyquist 轨线如图 2.2 所示,其中使用了以下回路传递函数:

$$M(s) = \frac{3187.4}{s+3355.2} \frac{594.9}{s+1.956} \frac{0.0271s+0.2737}{s} e^{-0.03s} \tag{2.6}$$

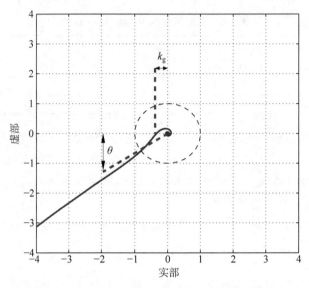

图 2.2　用单位圆表示增益裕度和相位裕度的奈奎斯特(Nyquist)图

其中,实线表示 Nyquist 轨线;虚线表示增益裕度和相位裕度

可以指定频率向量 ω,并使用 MATLAB 函数 freqs.m 计算开环传递函数的频率响应。首先使用 MATLAB 指数函数计算延迟分量 $e^{-j\omega d}$,然后乘以开环传递函数中其余部分的频率响应。教程 2.1 给出了绘制奈奎斯特图的 MATLAB 程序。

Nyquist 判据指出,当且仅当回路传递函数 $M(s)$ 的频率响应,绕点(−1,0)逆时针包围的圈数等于该回路传递函数具有正实部极点的数目,单输入单输出的反馈控制系统是稳定的。需要注意的是,该判据给出了利用开环传递函数得到闭环稳定的充分必要条件。

(1) 对于大多数 PID 控制系统,回路传递函数不包含任何具有正实部的极点。因此,对于这类系统的闭环稳定性,Nyquist 稳定性判据简单地变成频率响应不包围复平面上的点(−1,0)。

(2) 由于使用了频率响应,因此不需要近似就可以检验延迟系统的闭环稳定性。这是利用 Nyquist 轨线分析控制系统最重要的优点之一。

有几个定量但直观的测度可以由 Nyquist 轨线得出,包括增益裕度、相位裕度、延迟裕度,在利用频率信息设计控制系统时,它们经常被用来分析系统性能,并使闭环系统不受未来模型不确定性的影响。

1. 增益裕度

增益裕度用来测量反馈控制系统在变得不稳定之前所能承受的增益变化量。如图 2.2 所示,增益裕度定义为 $GM = \dfrac{1}{k_g}$,其中 k_g 是复平面原点到 $M(j\omega)$ 和实轴交点之间的距离

（见图 2.2 中的垂直虚线）。这意味着如果回路增益超过 $\frac{1}{k_g}$，那么闭环系统将变得不稳定。参数 k_g 可以简单地由 Nyquist 轨线确定。使用以下 MATLAB 命令：

    [x, y] = ginput(1)

奈奎斯特图上出现"＋"字。将"＋"字的中心置于 Nyquist 轨线与实轴的交点，得到坐标 $x=-0.3226$，$y=8.8818\mathrm{e}-016$，距离为 $k_g=0.3226$。因此，确定增益裕度为 $\frac{1}{k_g}=3.1$。这意味着，如果将回路增益增加到原来的 3 倍，闭环系统将变得不稳定。可以将增益裕度与控制对象、传感器、执行器的稳态增益，或者控制器增益 K_c 的变化关联起来，这是所有增益共同作用的效果。

2. 相位裕度

为了确定相位裕度，首先绘制一个单位圆以及一条虚直线，如图 2.2 所示，单位圆原点位于复平面的原点，虚直线连接复平面原点与单位圆和 Nyquist 轨线的交点，相位裕度 θ 为负实轴与虚线之间的夹角。显然，正是这个额外的相角滞后将闭环系统变得不稳定之前的 $M(\mathrm{j}\omega)$ 关联起来。相位裕度 θ 可由以下 MATLAB 函数 ginput.m 计算：

    [x, y] = ginput(1)

此时，会出现"＋"字线。将"＋"字的中心置于单位圆与 Nyquist 轨迹的交点，就可以得到 x 和 y 的坐标。由图 2.2 知，坐标 $x=-0.8018$，$y=-0.5664$。这样相位裕度 θ 计算为：

$$\theta = \tan^{-1}\left(\frac{y}{x}\right) = \arctan\left(\frac{-0.5664}{-0.8018}\right) = 0.6150(\mathrm{rad})$$

3. 延迟裕度

虽然相位裕度 θ 表示在反馈控制系统变得不稳定之前，可以向反馈控制系统增加多少额外的相位滞后，但并不表示可以直接增加到系统中最大时延的大小。为了确定可承受的最大时延，使：

$$\mathrm{e}^{-\mathrm{j}\theta} = \mathrm{e}^{-\mathrm{j}d_m\omega_p}$$

式中，d_m 为延迟裕度或允许的最大时延，ω_p 为单位圆与 Nyquist 轨迹交点处的频率。有：

$$d_m = \frac{\theta}{\omega_p}$$

显然，如果相位裕度相同，较大的 ω_p 将导致较小的延迟裕度。因此，频率 ω_p 是一个重要参数。为确定频率 ω_p，绘制 $|M(\mathrm{j}\omega)|$ 如图 2.3 所示。使用函数 ginput.m，将图 2.3 中虚线与实线的交点标识出来，实线的坐标为 $x=19.58$，$y=0.9998$。因此，$\omega_p=19.58\mathrm{rad}\cdot\mathrm{s}^{-1}$。根据参数 ω_p 和相位裕度 θ，计算延迟裕度为：

$$d_m = \frac{\theta}{\omega_p} = \frac{0.6150}{19.58} = 0.0314(\mathrm{s})$$

这意味着，在系统变得不稳定之前，系统的相关时延为 0.0314 s。

【教程 2.1】 本教程旨在说明如何用 MATLAB 函数生成奈奎斯特图。图中使用的开环传递函数由式(2.6)给出。

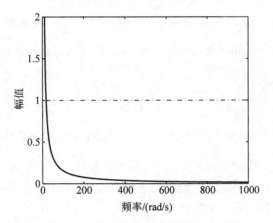

图 2.3 $M(\mathrm{j}\omega)$的幅值(实线)和虚线一起确定 ω_{p}

步骤

(1) 建立一个新文件 NyquistPlot. m。

(2) 由三个具有时滞的一阶传递函数得到传递函数 $M(s)$。在文件中输入以下程序：

```
num1 = 3187.4;
den1 = [1 3355.2];
num2 = 594.9;
den2 = [1 1.956];
num3 = [0.0271 0.2737];
den3 = [1 0];
delay = 0.03;
```

(3) 定义频率向量并计算 3 个一阶系统的频率响应。输入以下程序：

```
w = logspace( - 1,3,1000);
G1 = freqs(num1,den1,w);
G2 = freqs(num2,den2,w);
G3 = freqs(num3,den3,w);
G12 = G1. * G2;G123 = G12. * G3;
```

(4) 在频率响应中加入时延分量。在文件中输入以下程序：

```
j = sqrt( - 1);
Ny = G123. * exp( - j * w * delay);
```

(5) 以复平面原点为中心绘制一个单位圆,生成二维图。在文件中输入以下程序：

```
plot(real(Ny),imag(Ny),'b','linewidth',2)
hold on
th = [0:2 * pi/60:(60) * 2 * pi/60];
R = exp(j * th);
plot(R)
axis([ - 4 4  - 4 4])
xlabel('Real')
ylabel('Imag')
```

2.3.2 基于整定规则的 PID 控制器修改

【例 2.3】 观察例 1.7 中给出的 PI 控制器,其中连续时间控制对象具有传递函数:

$$G(s) = \frac{0.5\mathrm{e}^{-20s}}{(30s+1)^3} \qquad (2.7)$$

采用 Ziegler-Nichols、Cohen-Coon、Wang-Cluett 整定规则,得到了 3 组 PI 控制器参数,如表 1.8 所示。由 Nyquist 稳定判据分析这 3 个系统的闭环稳定性,并修改控制器参数以实现闭环稳定性。

解 由表 1.8 中列出的 PI 控制器参数,计算回路频率响应 $M(\mathrm{j}\omega)$,并将 3 个 PI 控制系统的奈奎斯特图与图 2.4 进行比较。图 2.4 表明前两个整定规则产生的 Nyquist 轨线在复平面上包围 $(-1,0)$ 点,因此,将导致闭环系统不稳定,这一点在例 1.7 中的 Simulink 仿真中得到了证实。而第 3 个整定规则的 Nyquist 轨线没有包围 $(-1,0)$ 点,因此闭环系统稳定,这也由例 1.7 中的仿真得到了证实。利用 MATLAB ginput 函数和"+"字线,可以确定第 3 个 Nyquist 轨线的增益裕度为:

$$GM = \frac{1}{k_g} = \frac{1}{0.8203} = 1.2191$$

相位裕度为:

$$\theta = \arctan\left(\frac{-0.3068}{-0.9309}\right) = 0.3184(\mathrm{rad})$$

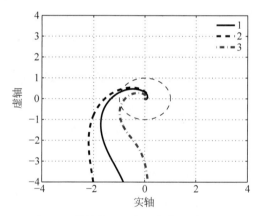

图 2.4 带单位圆的奈奎斯特图(例 2.3)

其中,1 线表示 $M(\mathrm{j}\omega)$ 采用 Ziegler-Nichols 整定规则;

2 线表示 Cohen-Coon 整定规则;3 线表示 Wang-Cluett 整定规则

从奈奎斯特图中得到的信息不仅决定了闭环系统是否稳定,而且提供了修改控制器参数以实现闭环稳定的一种直观方法。如果将前两个整定规则(即 $K_c = 3.2$ 和 $K_c = 3.26$)中比例控制器增益取 50%,则所有三个 PI 控制器将产生一个稳定的闭环系统,因为所有奈奎斯特图将不再包围复平面上的 $(-1,0)$ 点(见图 2.5)。表 2.3 总结了本例中 PI 控制器参数和相关的增益裕度、相位裕度、延迟裕度,图 2.6 用于确定延迟裕度。

最后用 $\Delta t = 1s$ 计算 3 个 PI 控制系统的闭环单位阶跃响应。图 2.7 比较了 3 种闭环阶跃响应。在这组闭环仿真研究中,比例控制仅在输出端实现。

表 2.3　带增益裕度、相位裕度、延迟裕度的修改后 PI 控制器参数

	K_c	τ_I	增益	相位	延迟
Ziegler-Nichols	3.2	108	1.4914	0.5305	23.5778
Cohen-Coon	3.26	75.9231	1.258	0.2879	11.9461
Wang-Cluett	3.8867	127.2154	1.2191	0.3184	12.585

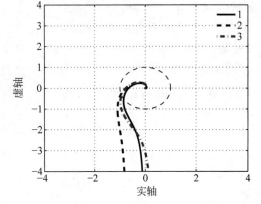

图 2.5　带单位圆的修改控制器后的奈奎斯特图(例 2.3)

其中,1 线 $M(j\omega)$ 采用 Ziegler-Nichols
整定规则;2 线采用 Cohen-Coon 整定规则;
3 线采用 Wang-Cluett 整定规则

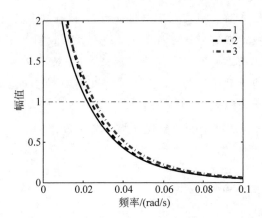

图 2.6　$M(j\omega)$ 的幅值(实线)和虚线确定 ω_p

其中,1 线表示 $|M(j\omega)|$ 对减小的 K_c 使用 Ziegler-Nichols
整定规则;2 线表示对减小的 K_c 使用 Cohen-Coon
整定规则;3 线表示使用 Wang-Cluett 整定规则

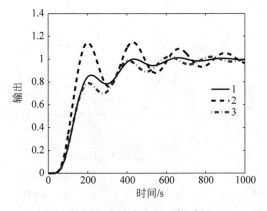

图 2.7　闭环阶跃响应的比较(例 2.3)

其中,1 线表示 $|M(j\omega)|$ 对减小的 K_c 使用 Ziegler-Nichols 整定规则;
2 线表示对减小的 K_c 使用 Cohen-Coon 整定规则;3 线表示使用 Wang-Cluett 整定规则

总体来说,通过奈奎斯特图和对闭环阶跃响应的分析,Ziegler-Nichols 整定规则随着 K_c 的减小产生了一个稍好一些的控制系统。而 Wang-Cluett 整定规则是直接应用,没有经过修改。

2.3.3　进一步思考

（1）如果闭环系统的增益裕度等于1,会怎么样?

（2）奈奎斯特图是检验PID控制器性能的有效方法吗?

（3）如果所设计的控制系统的增益裕度太小,应该怎么做?

（4）怎样才能增加控制系统的相位裕度?

2.4　控制系统结构和灵敏度函数

本节介绍一自由度和二自由度控制系统结构,这些结构与第1章为了减少给定信号下的响应超调量而讨论的PID控制器的实现有关。外部信号（如给定信号、扰动信号、测量噪声）是控制系统性能分析的重要部分,本节讨论这些信号与灵敏度函数的关系。

2.4.1　一自由度控制系统结构

反馈控制系统的一自由度控制系统结构由如图2.8所示框图表示,其中$R(s)$为给定信号,$Y(s)$为输出,$U(s)$为控制信号。系统还存在输出扰动,记为$D_o(s)$。为简单起见,传递函数$G(s)$包括控制对象动态、执行器动态和传感器动态。

误差信号$E(s)$的拉氏变换为:

$$E(s) = R(s) - Y(s) = R(s) - G(s)U(s) - D_o(s)$$
$$= R(s) - G(s)C(s)E(s) - D_o(s) \tag{2.8}$$

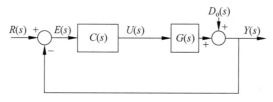

图2.8　一自由度控制系统结构

因此,误差信号为:

$$E(s) = \frac{R(s)}{1 + G(s)C(s)} - \frac{D_o(s)}{1 + G(s)C(s)} \tag{2.9}$$

这样,控制系统输出为:

$$Y(s) = R(s) - E(s) = \left(1 - \frac{1}{1 + G(s)C(s)}\right)R(s) + \frac{D_o(s)}{1 + G(s)C(s)}$$
$$= \frac{G(s)C(s)}{1 + G(s)C(s)}R(s) + \frac{D_o(s)}{1 + G(s)C(s)} \tag{2.10}$$

控制信号为:

$$U(s) = C(s)E(s) = \frac{C(s)}{1 + G(s)C(s)}R(s) - \frac{C(s)}{1 + G(s)C(s)}D_o(s) \tag{2.11}$$

假设$D_o(s)$为0,则给定输入与控制对象输出之间的传递函数为:

$$\frac{Y(s)}{R(s)} = \frac{G(s)C(s)}{1+G(s)C(s)} \tag{2.12}$$

给定输入与控制信号之间的传递函数为:

$$\frac{U(s)}{R(s)} = \frac{C(s)}{1+G(s)C(s)} \tag{2.13}$$

相似地,假设 $R(s)$ 为 0,可以得到输出扰动与输出之间的传递函数以及输出扰动与控制信号之间的传递函数:

$$\frac{Y(s)}{D_o(s)} = \frac{1}{1+G(s)C(s)} \tag{2.14}$$

$$\frac{U(s)}{D_o(s)} = -\frac{C(s)}{1+G(s)C(s)} \tag{2.15}$$

这些闭环传递函数的性质与闭环性能直接相关,决定了输出信号和控制信号在给定信号 $R(s)$ 和输出扰动 $D_o(s)$ 作用下的响应形式。在这种控制器结构中,一旦选择了控制器,所有 4 个闭环传递函数都是固定的。只有一个自由度影响给定信号 $R(s)$ 和扰动 $D_o(s)$ 作用下的输出响应,这就是所谓的一自由度设计。

2.4.2 二自由度设计

二自由度控制系统结构如图 2.9 所示。在这种结构中,给定信号 $R(s)$ 后面增加了额外的信号 $H(s)$,它将用于设计。$D_o(s)$ 表示输出扰动,D_i 表示输入扰动,$D_m(s)$ 表示测量噪声。这种结构如何在设计中提供两个自由度呢? 假设 $D_i(s)=0$,$D_m(s)=0$,计算在给定信号 $R(s)$ 和输出扰动 $D_o(s)$ 作用下的输出响应 $Y(s)$:

$$Y(s) = \frac{G(s)C(s)H(s)}{1+G(s)C(s)}R(s) + \frac{D_o(s)}{1+G(s)C(s)} \tag{2.16}$$

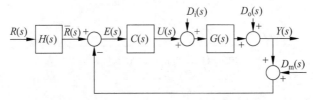

图 2.9　二自由度控制系统结构

这里,有两个传递函数:

$$\frac{Y(s)}{R(s)} = \frac{G(s)C(s)H(s)}{1+G(s)C(s)} \tag{2.17}$$

$$\frac{Y(s)}{D_o(s)} = \frac{1}{1+G(s)C(s)} \tag{2.18}$$

对于给定信号下的输出响应,传递函数 $H(s)$ 又提供了一个自由度。这个额外的自由度加上原来的自由度,使得设计有两个自由度。如果控制系统被配置为 a,那么可以分别独立地生成对给定信号和对扰动的输出响应。

PI 控制器的二自由度实现

例 1.3 中,如图 1.7 所示的 IP 控制器结构实际上是带给定滤波器的 PI 控制器的二自由度实现,其中给定滤波器为 $H(s)=\dfrac{1}{\tau_1 s+1}$,如图 2.10 所示。对比例控制器 K_c 和积分时间常数 τ_1 的选择加强了扰动抑制性能——这种说法可能有争议;然而,τ_1 的值对给定作用下响应的影响提供了额外的自由度。使用 IP 控制器的优点是实现过程更简单,这是因为不需要实现给定信号滤波器。在二自由度控制器实现的一般框架中,还应该精心设计 $H(s)$,以达到期望的响应效果。

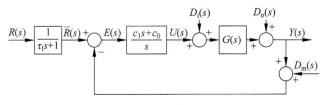

图 2.10　二自由度 PI 控制系统结构 $\left(K_c=c_1,\tau_1=\dfrac{c_1}{c_0}\right)$

2.4.3　反馈控制中的灵敏度函数

为了了解灵敏度函数及其在反馈控制中的作用,不妨来看图 2.9 所示的闭环反馈控制系统的框图。

以方框图为基础,首先计算闭环系统的反馈误差为:

$$
\begin{aligned}
E(s) &= H(s)R(s)-(Y(s)+D_m(s)) \\
&= H(s)R(s)-\left[G(s)(U(s)+D_i(s))+D_o(s)+D_m(s)\right] \\
&= H(s)R(s)-G(s)C(s)E(s)-G(s)D_i(s)-D_o(s)-D_m(s)
\end{aligned}
\tag{2.19}
$$

重新整理式(2.19),闭环反馈误差为:

$$
\begin{aligned}
E(s) &= \frac{H(s)}{1+G(s)C(s)}R(s)-\frac{G(s)}{1+G(s)C(s)}D_i(s)- \\
&\quad \frac{D_o(s)}{1+G(s)C(s)}-\frac{D_m(s)}{1+G(s)C(s)}
\end{aligned}
\tag{2.20}
$$

注意到反馈误差与输出的关系:

$$
E(s)=H(s)R(s)-D_m(s)-Y(s)
\tag{2.21}
$$

将式(2.21)代入式(2.20),得到闭环输出 $Y(s)$ 的表达式:

$$
\begin{aligned}
Y(s) &= \frac{G(s)C(s)H(s)}{1+G(s)C(s)}R(s)+\frac{D_o(s)}{1+G(s)C(s)}+\frac{G(s)}{1+G(s)C(s)}D_i(s)- \\
&\quad \frac{G(s)C(s)}{1+G(s)C(s)}D_m(s)
\end{aligned}
\tag{2.22}
$$

而且,由反馈误差(即式(2.20)),可以计算出闭环控制信号为:

$$
\begin{aligned}
U(s)=C(s)E(s) &= \frac{C(s)H(s)}{1+G(s)C(s)}R(s)-\frac{C(s)G(s)}{1+G(s)C(s)}D_i(s)- \\
&\quad \frac{C(s)}{1+G(s)C(s)}D_o(s)-\frac{C(s)}{1+G(s)C(s)}D_m(s)
\end{aligned}
\tag{2.23}
$$

基于这些关系,定义灵敏度函数如下。

- 灵敏度函数：

$$S(s) = \frac{1}{1 + G(s)C(s)}$$

- 补灵敏度函数：

$$T(s) = \frac{G(s)C(s)}{1 + G(s)C(s)}$$

- 输入扰动灵敏度函数：

$$S_i(s) = \frac{G(s)}{1 + G(s)C(s)}$$

- 控制灵敏度函数：

$$S_u(s) = \frac{C(s)}{1 + G(s)C(s)}$$

各灵敏度函数之间的关系如下。

- 灵敏度和补灵敏度之和为1，即

$$S(s) + T(s) = \frac{1}{1 + G(s)C(s)} + \frac{G(s)C(s)}{1 + G(s)C(s)} = 1 \tag{2.24}$$

- 输入扰动灵敏度与灵敏度的关系：

$$S_i(s) = \frac{G(s)}{1 + G(s)C(s)} = S(s)G(s) \tag{2.25}$$

- 控制灵敏度与灵敏度的关系：

$$S_u(s) = \frac{C(s)}{1 + G(s)C(s)} = S(s)C(s) \tag{2.26}$$

利用灵敏度函数，重新整理闭环系统的输出式(2.22)，有：

$$\begin{aligned} Y(s) &= H(s)T(s)R(s) + S(s)D_o(s) + S_i(s)D_i(s) - T(s)D_m(s) \\ &= H(s)T(s)R(s) + S(s)(D_o(s) + G(s)D_i(s)) - T(s)D_m(s) \end{aligned} \tag{2.27}$$

控制信号为：

$$U(s) = H(s)S_u(s)R(s) - S_u(s)D_o(s) - S_u(s)G(s)D_i(s) - D_m(s) \tag{2.28}$$

由这些关系，可以看出：

(1) 补灵敏度函数 $T(s)$ 表示给定信号和测量噪声对输出的影响。

(2) 灵敏度函数 $S(s)$ 表示输出扰动对输出的影响。

(3) 输入扰动灵敏度函数 $S_i(s)$ 表示输入扰动对输出的影响。

2.4.4　进一步思考

(1) 在二自由度控制系统结构中，给定滤波器是否必须稳定？

(2) 与设计给定滤波器不同，在许多应用中，通过施加两个常值之间的斜坡信号来设计给定信号更简单。假设在 $t_0 = 0$ 时刻，给定信号 $r(t_0) = 1$，希望给定信号在持续 10s 的时间内增大到 3。请在纸上画出给定信号的形式。如果你想使用给定滤波器 $H(s)$ 复制此信号，你会怎么做？

(3) 当需要抑制 PID 控制系统给定信号下的超调时，为什么要用 IP 控制器而不是用二自由度方法？

（4）如果你设计的 IP 控制器仍然使给定信号下的响应超调，你会怎么做？

（5）对例 1.4 中闭环传递函数式(1.40)进行 PID 控制，你将使用什么给定滤波器来减少由微分控制引起的闭环阶跃响应的超调。

2.5 给定值跟踪和扰动抑制

除了使不稳定系统变得稳定外，反馈控制系统的两个最重要的目的是给定值跟踪和扰动抑制。这里将讨论与补灵敏度函数 $T(s)$ 和灵敏度函数 $S(s)$ 相关的两个主题。将测量它们对输出的影响并在频域进行分析。需要注意的是，闭环稳定是灵敏度分析有效的先决条件。

2.5.1 闭环带宽

简单起见，假设 $H(s)=1$。由式(2.27)知，补灵敏度函数 $T(s)$ 代表输出跟踪给定值的效果，灵敏度函数 $S(s)$ 代表扰动抑制的效果。直观地说，要设计具有良好给定值跟踪性能的控制系统，希望补灵敏度 $|T(j\omega)|=1$，以使某些指定频率下的输出为 $|Y(j\omega)|=|R(j\omega)|$，其中 $R(j\omega)$ 是给定信号的频率响应。相反地，对于扰动抑制，直觉上希望灵敏度函数 $|S(j\omega)|=0$，以使输出扰动信号 $D_o(j\omega)$ 或输入扰动信号 $D_i(j\omega)$ 中含有的某些频率信号作用下的输出 $|Y(j\omega)|=0$。由式(2.24)知，$T(s)$ 和 $S(s)$ 之和等于 1，容易得出两个结论：

（1）对给定频率 $\omega=\omega_0$，若 $|T(j\omega)|=1$，则 $|S(j\omega)|=0$；

（2）同样地，如果 $|T(j\omega)|$ 很大，那么 $|S(j\omega)|$ 会很小。

这基本上说明：因为 $S(j\omega)+T(j\omega)=1$，可以采用补灵敏度函数 $T(j\omega)$ 或灵敏度函数 $S(j\omega)$，利用反馈实现给定值跟踪或扰动抑制的控制目标，$T(j\omega)$ 和 $S(j\omega)$ 的定性和定量度量一致。这意味着：如果反馈控制系统对给定信号具有良好的跟踪性能，那么它对于具有相同频率特性的扰动信号也会有很好的抑制效果。换言之，反馈控制中的给定值跟踪和扰动抑制在设计上是一致的，没有冲突。

也可以通过反馈误差分析来检验给定值跟踪性能，从而得出与上述相同的结论。考虑给定预补偿 $H(s)=1$ 的单位负反馈控制系统。反馈误差信号可简单计算为：

$$\begin{aligned}E(s)&=R(s)-Y(s)=R(s)-T(s)R(s)\\&=(1-T(s))R(s)=S(s)R(s)\end{aligned} \tag{2.29}$$

可以看出，对于给定值跟踪，反馈误差与灵敏度函数直接相关。因此，如果 $|S(j\omega)|$ 在某个频带上较小，则反馈控制系统在同一频带上具有更好的给定值跟踪和扰动抑制性能。这再次说明：对于控制系统的给定值跟踪和扰动抑制这两个设计目标，要求的补灵敏度或灵敏度函数特性相同。

灵敏度分析的一个定性指标是闭环带宽 ω_b。带宽 ω_b 是一个频率参数，单位为赫兹（Hz）或 $\text{rad} \cdot \text{s}^{-1}$，对应于基本灵敏度函数为以下值时的频率：

$$|T(j\omega)|=\frac{|T(j0)|}{\sqrt{2}}$$

如图 2.11 所示，补灵敏度函数 $T(j\omega)$ 的幅值与值为 $\dfrac{1}{\sqrt{2}}(\approx0.707)$ 的垂直虚线相交，由

垂直虚线得到 ω_b 的带宽。如 2.3 节所述,可以利用 MATLAB ginput. m 函数很容易地从补灵敏度函数图求出带宽,方法是将"+"字置于虚线与补灵敏幅值的交点上。对于给定值跟踪,带宽 ω_b 可以解释为,如果给定信号的频率在 0 和 ω_b 之间,则输出信号几乎可以复制给定信号。对于扰动抑制,由于 $|S(j\omega)|$ 在 0 和 ω_b 之间很小,如果扰动信号的频率在此范围,输出将具有抑制扰动的能力。

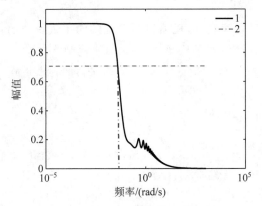

图 2.11   有带宽图示的补灵敏度函数
其中,1 线表示 $|T(j\omega)|$;2 线为带宽图示

最小化扰动影响必然会使同类给定信号的跟踪性能最大化,但在工程应用中,可能会对给定值跟踪有额外的约束,如给定信号下输出超调。二自由度控制系统提供了一种在开环方式下获得给定值跟踪性能的方法,该方法通过选择稳定的给定滤波器来实现。

扰动抑制和给定值跟踪有很多一致之处,但有一个例外,即控制器结构中存在零极点相消的情况。由于可以简化控制器参数的求解,零极点对消是控制系统设计常用的技术。假设控制器传递函数为 $C(s)=\dfrac{P(s)}{L(s)}$,模型传递函数为 $G(s)=\dfrac{B(s)}{A(s)}$(如图 2.9 所示),对于 $H(s)=1$,给定信号下的输出响应为:

$$Y(s) = \frac{\dfrac{P(s)}{L(s)}\dfrac{B(s)}{A(s)}}{1+\dfrac{P(s)}{L(s)}\dfrac{B(s)}{A(s)}}R(s) = T(s)R(s) \tag{2.30}$$

输入扰动下输出响应为:

$$Y(s) = \frac{\dfrac{B(s)}{A(s)}}{1+\dfrac{P(s)}{L(s)}\dfrac{B(s)}{A(s)}}D_i(s) = S_i(s)D_i(s) \tag{2.31}$$

注意,在补灵敏度函数 $T(s)$ 中,$\dfrac{P(s)}{L(s)}$ 和 $\dfrac{B(s)}{A(s)}$ 成对出现。所以在设计中,对消的零极点将从补灵敏度函数中消失,这意味着它们不会影响闭环系统给定值跟踪性能。然而,在输入扰动灵敏度函数 $S_i(s)$ 中,$\dfrac{P(s)}{L(s)}$ 和 $\dfrac{B(s)}{A(s)}$ 仅在分母中成对出现。因此,如果在控制器设计中消掉了系统传递函数 $G(s)$ 的极点,则由于分子中没有出现 $\dfrac{P(s)}{L(s)}$,相同极点将重新出现在输入扰动灵敏度函数中。这意味着,如果控制器结构中的系统极点被"消"掉,快速给定值跟踪响应不会自动形成快速输入扰动抑制,这取决于被对消极点的位置。第3章的例3.7详细研究了零极点相消对扰动抑制效果的影响。

2.5.2　PID控制器的给定值跟踪与扰动抑制

PID控制器是工程中应用最广泛的控制器,它们的成功应用与最常见的给定信号和扰动信号有关。PID控制器应用的给定信号是一个或一系列阶跃信号。例如,如果想将室温从当前的15℃调到20℃,那么给定信号就是振幅为5℃的阶跃信号,换句话说,PID控制系统的输出被调节到一个恒定值。注意,单位阶跃信号的拉氏变换为$R(s) = \dfrac{1}{s}$,频率响应的幅值$|R(j\omega)| = \dfrac{1}{|\omega|}$,在$\omega = 0$时,其值为无穷大。因此,为了使输出完全跟踪给定的阶跃信号,零频率下的补灵敏度函数$T(j0) = 1$,这也意味着灵敏度函数$S(j0) = 0$,这是跟踪阶跃给定信号和抑制频率为零附近的扰动所需要的。

粗略计算一下,如果控制对象模型在$s = 0$没有零点,由于控制器中的积分器在$\omega = 0$时使回路传递函数$|C(j\omega)G(j\omega)|$增益无穷大,所以PID控制器中包含的积分器将使得同时有$T(j0) = 1$和$S(j0) = 0$。只要控制对象的模型在$s = 0$时不包含零点,那么灵敏度函数在$s = 0$时为零。

由于大多数控制系统的设计目的是跟踪恒值给定信号(或者说将输出调节为恒定值),此外,在过程控制应用中出现的大多数扰动在低频区很丰富,因此PID控制器能够胜任常见的应用。

【例2.4】　考虑一阶延迟系统,传递函数为:

$$G(s) = \frac{0.8e^{-20s}}{10s + 1}$$

考虑两种情况,$M_S = 1.4$和$M_S = 2$,采用Padula-Visioli整定规则[Padula和Visioli(2011)]确定PID控制器参数(见图2.12),并使用补灵敏度$T(j\omega)$和灵敏度函数$S(j\omega)$分析它们的给定值跟踪和扰动抑制性能。

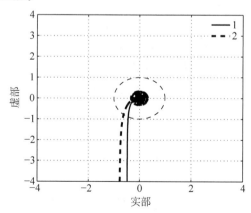

图2.12　采用Padula-Visioli整定规则的PID控制器奈奎斯特图(例2.4)

其中,1线表示$M_S = 1.4$;2线表示$M_S = 2$

解 使用表 1.5 中给出的 Padula-Visioli 整定规则,求出两组 PID 控制器参数。对 $M_S=1.4$,有:

$$K_c=0.2959;\quad \tau_I=9.9063;\quad \tau_D=7.1749$$

对 $M_S=2$,有:

$$K_c=0.5207;\quad \tau_I=10.4447;\quad \tau_D=8.0639$$

由于 PID 控制器中使用了微分滤波器,因此控制器传递函数 $C(s)$ 变为:

$$C(s)=K_c\Big(1+\frac{1}{\tau_I s}+\frac{\tau_D s}{0.1\tau_D s+1}\Big)$$

这里,微分滤波器时间常数为 $0.1\tau_D$。

首先,绘制奈奎斯特图来验证两个 PID 增益裕度和相位裕度。

接下来,给出补灵敏度函数的幅值如图 2.13 所示,它们的带宽分别为 $0.0403\mathrm{rad\cdot s^{-1}}$ 和 $0.0657\mathrm{rad\cdot s^{-1}}$。在这两种情况下,使用 $M_S=2$ 整定的 PID 控制器带宽更大。灵敏度函数的幅值如图 2.14 所示。值得注意的是,$M_S=1.4$ 的情况下灵敏度峰值接近指标要求。$M_S=2$ 的情况,灵敏度峰值小于指定值 2,但高于先前情况下的值。

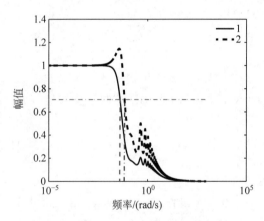
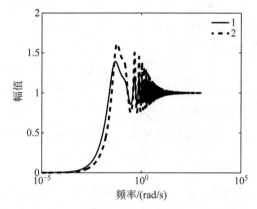

图 2.13　采用 Padula-Visioli 整定规则的 PID 控制器补灵敏度函数和带宽

其中,1 线表示 $M_S=1.4$;2 线表示 $M_S=2$

图 2.14　采用 Padula-Visioli 整定规则的 PID 控制器灵敏度函数

其中,1 线表示 $M_S=1.4$;2 线表示 $M_S=2$

为了仿真闭环响应的给定值跟踪和扰动抑制性能,采用二自由度 PID 实现,以避免给定信号为单位阶跃信号时的输出超调,其中比例控制和微分控制都只在输出上实现。取采样间隔 $\Delta t=1\mathrm{s}$,以单位阶跃信号作为给定,以幅值未知的阶跃信号作为输入扰动,在仿真进行到一半时加入系统进行闭环仿真。图 2.15(a) 为给定值跟踪和扰动抑制的闭环控制信号。可以看出,以 $M_S=2$ 整定的控制信号幅值变化较大。图 2.15(b) 为闭环输出响应,表明在两个响应中,$M_S=2$ 对应的整定规则输出速度更快。时域性能与频域分析结果一致,即宽频带的 PID 控制系统具有更快的给定值跟踪和扰动抑制能力。值得一提的是,当使用由 Padula 和 Visioli 提出的整定规则(即 Padula-Visioli 整定规则)时,二自由度的实现对于减少给定变化的超调量至关重要。作为练习,鼓励大家实现一个一自由度 PID 控制器,观察给定变化时闭环阶跃响应中出现的大量超调。

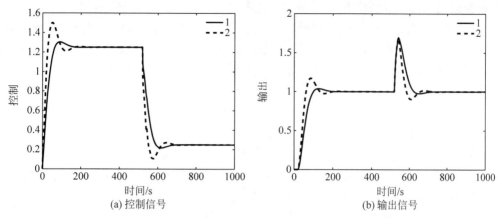

图 2.15　采用 Padula-Visioli 整定规则的 PID 控制器闭环响应比较(例 2.4)

其中,1 线表示 $M_{\rm S}=1.4$;2 线表示 $M_{\rm S}=2$

2.5.3　基于谐振控制器的给定值跟踪与扰动抑制

在电力电子、航空航天、机械工程等控制系统的应用中,要求闭环控制系统的输出跟踪给定正弦信号或抑制正弦扰动。在这些应用中,假设给定正弦信号为 $r(t)=A_{\rm m}\sin(\omega_0 t)$,其中参数已知。对于扰动抑制,扰动信号给定为 $d(t)=d_{\rm m}\sin(\omega_0 t)$,其中频率 ω_0 已知,但扰动的振幅 $d_{\rm m}$ 未知。

注意,频率为 ω_0 的给定正弦信号的拉氏变换为:

$$R(s)=\frac{A_{\rm m}\omega_0}{s^2+\omega_0^2}$$

频率响应为:

$$R(j\omega)=\frac{A_{\rm m}\omega_0}{(j\omega)^2+\omega_0^2}=\frac{A_{\rm m}\omega_0}{-\omega^2+\omega_0^2}$$

随着 $\omega\to\pm\omega_0$,$|R(j\omega)|\to\infty$。

从灵敏度分析来看,为了使反馈控制系统对正弦给定信号具有良好的跟踪性能,需要在 $\omega=\omega_0$ 处补灵敏度函数 $|T(j\omega)|=1$。同样地,为了抑制振幅未知的正弦扰动信号,需要在 $\omega=\omega_0$ 处补灵敏度函数 $|S(j\omega)|=0$。计算表明,如果控制对象不包含一对复零点 $\pm j\omega_0$,那么反馈控制器需要在结构中包含模式 $\dfrac{1}{s^2+\omega_0^2}$,以实现反馈控制系统的这些性能。由于外部信号的周期性,文献中称这种控制器为谐振控制器或重复控制器。

考虑一个多频周期信号 $r(t)$,定义为 $r(t)=A_0\sin\omega_0 t+A_1\sin\omega_1 t+\cdots+A_k\sin\omega_k t$,其中频率 $\omega_1,\omega_2,\cdots,\omega_k$ 已知。为了使反馈控制器跟踪该多频周期信号,要求补灵敏度函数在频率 $\omega=\omega_0,\omega_1,\cdots,\omega_k$ 满足 $T(j\omega)=1$。因此,灵敏度函数在频率 $\omega=\omega_0,\omega_1,\cdots,\omega_k$ 自动满足 $S(j\omega)=0$。这样,设计的跟踪多频周期给定信号的控制器也会抑制相同频率的非周期扰动。为了在频率 $\omega=\omega_0,\omega_1,\cdots,\omega_k$ 实现 $T(j\omega)=1$ 或 $S(j\omega)=0$,控制器需要包含以下环节:

$$\frac{1}{(s^2+\omega_0^2)(s^2+\omega_1^2)\cdots(s^2+\omega_k^2)}$$

这里需要假设在相应的频率上,控制对象没有复零点。

3.5节将介绍极点配置控制器的设计技术,用于谐振控制器的设计。5.4节将采用扰动估计技术和抗饱和技术设计一个谐振控制器。5.5节将基于扰动估计的设计技术扩展到多频正弦给定或扰动信号。

2.5.4　进一步思考

(1) 如果扰动抑制太慢,需要很长时间输出响应才能恢复,你会减小闭环带宽吗?

(2) 对于参数分别为 K_c、τ_I、τ_D 的 PID 控制系统,如果带宽太小,你会增加 K_c 吗?

(3) 对于IMC-PID整定规则(见1.4.1节),原整定规则[见式(1.47)]将导致对输入扰动的响应缓慢,请用输入灵敏度函数的特性来解释。

(4) 为什么二自由度 PID 控制器的实现对于给定值跟踪和扰动抑制很重要?

(5) 在许多应用中,抑制负载扰动是控制系统的主要目标。负载扰动通常模型化为一个恒定的输入扰动,在接通负载时,避免对系统造成大的破坏——这是最重要的。如何设计这样一个负荷曲线,使其能够逐渐平缓地切换?

2.6　扰动抑制和噪声衰减

噪声和扰动在物理系统中是共存的。良好的闭环性能要求将扰动和噪声的影响最小化。

2.6.1　扰动抑制与噪声衰减的矛盾

为了使输入和输出扰动的影响最小化,设输出频率响应的幅值:

$$
\begin{aligned}
\mid Y_d(j\omega) \mid &= \mid S(j\omega)(D_o(j\omega) + G(j\omega)D_i(j\omega)) \mid \\
&= \mid S(j\omega) \mid \mid (D_o(j\omega) + G(j\omega)D_i(j\omega)) \mid
\end{aligned}
\tag{2.32}
$$

尽可能小。为了使测量噪声最小化,设输出频率响应的幅值:

$$
\mid Y_m(j\omega) \mid = \mid T(j\omega)D_m(j\omega) \mid = \mid T(j\omega) \mid \mid D_m(j\omega) \mid
\tag{2.33}
$$

尽可能小。这说明扰动抑制和噪声衰减之间存在矛盾。

这些扰动和噪声无法改变,因为它们已经存在于系统中。因此,需要满足以下要求:

- 对扰动抑制,使灵敏度函数的幅值 $S(j\omega)$($\mid S(j\omega) \mid$)较小;
- 对于噪声衰减,使补灵敏度的幅值 $T(j\omega)$($\mid T(j\omega) \mid$)较小。

这两项是控制系统的基本设计原则。但是,灵敏度和补灵敏度之间的关系受下式约束:

$$
S(j\omega) + T(j\omega) = 1
\tag{2.34}
$$

也就是说,不能在同一频带上使 $\mid S(j\omega) \mid$ 和 $\mid T(j\omega) \mid$ 都变小。换言之,如果扰动在给定的频率范围内最小化,其中 $\mid S(j\omega) \mid$ 很小,由于在同一频率范围 $\mid T(j\omega) \mid$ 较大,测量噪声不可避免地没有衰减。那么,如何设计一个闭环控制系统,使扰动和测量噪声的影响最小化呢?

注意到,系统中存在的扰动对应于变量的缓慢移动或缓慢变化,因此扰动项 $\mid D_o(j\omega) + G(j\omega)D_i(j\omega) \mid$ 的频率范围集中在低频区。相比之下,测量噪声对应于变量的快速移动或变量的快速频繁变化,因此测量噪声 $\mid D_m(j\omega) \mid$ 的频率范围集中在高频区。这意味着可以通过使低频区的灵敏度函数 $S(j\omega) \approx 0$ 来实现扰动抑制,因为 $S(j\omega) + T(j\omega) = 1$,故 $T(j\omega) \approx 1$。

这对于噪声衰减来说并不太坏,因为$|D_m(j\omega)|$在低频区很小。在高频区,为了避免测量噪声的放大,取$|T(j\omega)|\approx 0$,这意味着$|S(j\omega)|\approx 1$。由于$|D_o(j\omega)+G(j\omega)D_i(j\omega)|$在高频区较小,这对于扰动抑制来说并不太坏。简言之,为了在扰动抑制和噪声衰减之间取得平衡,应小心选择闭环带宽ω_b。

2.6.2 扰动抑制与噪声衰减 PID 控制器

本节给出两个例子对于使用 PID 控制器时,扰动抑制和噪声衰减之间的关系进行说明。

【**例 2.5**】 考虑用 Ralhan 和 Badgwell(2000)给出的传递函数模型来描述火焰加热器在低燃料工况下运行:

$$G_L(s) = \frac{3e^{-10s}}{(4s+1)^2} \frac{degC}{sm^3/s} \tag{2.35}$$

该传递函数用 1.5.2 节中的一阶延迟模型近似为:

$$G(s) = \frac{3e^{-9.54s}}{13.48s+1} \tag{2.36}$$

利用 Padula-Visioli 整定规则确定火焰加热器系统的 PID 控制器参数,并对 PID 控制器的扰动抑制和噪声衰减性能进行评价。

解 对于一阶近似模型式(2.36),对应于$M_S=1.4$的 PID 控制器整定规则,由表 1.5 可得出 PID 控制器参数:

$$K_c=0.1574; \quad \tau_I=7.2783; \quad \tau_D=5.1449$$

对应于灵敏度峰值$M_S=2$的 PID 控制器参数:

$$K_c=0.2524; \quad \tau_I=6.7547; \quad \tau_D=5.6731$$

通过寻找 PID 控制器的 Nyquist 轨线来分析闭环稳定性,其中微分滤波器时间常数取为$0.1\tau_D$。如图 2.16 所示,没有包围$(-1,0)$点,因此两个 PID 控制系统都是稳定的,具有足够的增益和相位裕度。为了分析闭环扰动抑制性能,观察灵敏度函数的大小[见图 2.17(a)]。可以看出,与$M_S=2$对应的设计,在低频区$|S(j\omega)|$较小;但是,在中频区它变得非常大,峰值大于 2。这说明,与$M_S=2$相对应的 PID 控制器在低频段具有较好的扰动抑制效果,但当扰动频率增大到中高频率范围时,其性能会急剧下降。

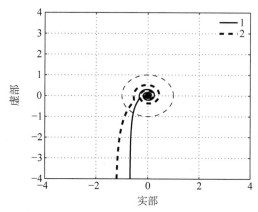

图 2.16 Padula-Visioli 整定 PID 控制器奈奎斯特图(例 2.5)

其中,1 线表示$M_S=1.4$;2 线表示$M_S=2$

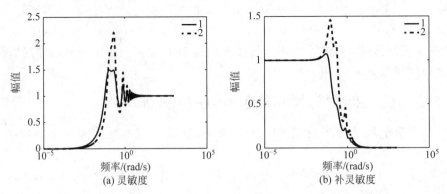

图 2.17 Padula-Visioli 整定 PID 控制器的灵敏度函数(例 2.5)

其中,1线表示 $M_S = 1.4$;2 线表示 $M_S = 2$

为了分析闭环噪声衰减性能,不妨来看补灵敏度函数的幅值(见图 2.17(b))。可以看出,对应 $M_S = 2$ 的 PID 控制器的补灵敏度在中频区有较大的峰值,在高频区幅值也较大。可以得出结论:对应 $M_S = 2$ 的 PID 控制器对噪声更敏感。为了分析扰动抑制和噪声衰减性能,对时域响应进行闭环仿真。采样间隔 Δt 取 1s,输入扰动为单位阶跃,在仿真进行到一半时加入闭环控制系统,仿真中加入的测量噪声方差为 0.01。图 2.18(a)和(b)比较了扰动和测量噪声作用下的闭环控制信号。可以看出,$M_S = 2$ 情况下的控制信号对噪声更敏感。通过比较输出响应[见图 2.18(c)、(d)],发现当 $M_S = 2$ 时,输出对输入扰动的响应更快。

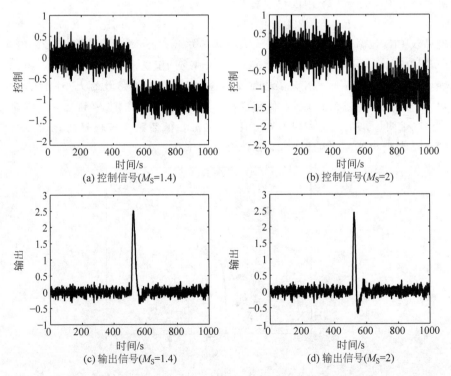

图 2.18 Padula-Visioli 整定 PID 控制器对扰动和测量噪声的闭环响应(例 2.5)

因为微分作用会放大测量噪声,微分滤波器对 PID 控制系统的噪声衰减起着重要作用。下面的例子说明在测量噪声存在的同时选择采样间隔这时微分滤波器很重要。

【例 2.6】　为了强调微分滤波器在 PID 控制器应用中的重要性,继续考虑例 2.5,研究滤波器时间常数如何影响闭环系统中的噪声衰减性能。在 PID 控制器的实现中,将滤波器时间常数从 $0.1\tau_D$ 减小到 $0.01\tau_D$,并相应地缩短采样间隔。这里将进行仿真研究,而将灵敏度函数分析作为练习。

解　随着滤波器时间常数的减小,为了避免仿真中数值不稳定问题,采样间隔需要相应减小。这里,Δt 从 1 减小到 0.1。在输入扰动和噪声幅值相同的情况下,对闭环系统进行了扰动抑制和噪声衰减仿真。从图 2.19(a)、(b)可以看出,尽管输出失真较小,但噪声控制信号完全失真。噪声放大的主要原因是微分项对滤波时间常数的减小特别敏感。因为 PID 控制器采用连续时间设计,微分滤波器的时间常数越小,所需的采样间隔越小。

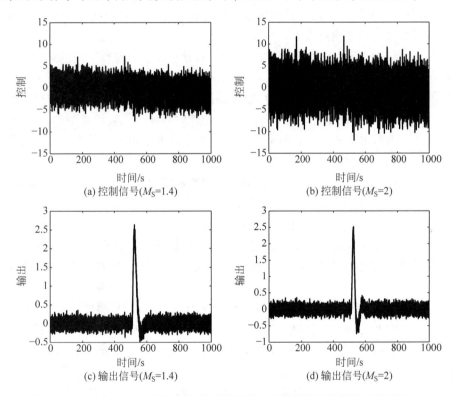

图 2.19　Padula-Visioli 整定 PID 控制器对扰动和测量噪声的闭环响应(例 2.6)

2.6.3　进一步思考

(1) 如果测量装置中使用低质量传感器,并且测量噪声很大,你是否会增加闭环控制系统的带宽?

(2) 当使用谐振控制器时,如果控制器频率 ω_0 较大,测量噪声是否比采用 PID 控制器时更大?

(3) 在 PID 控制器的实现中,如果测量噪声很大,是否可以减小微分滤波器的时间常数?

（4）如果噪声严重，你是否考虑用 PI 控制器代替 PID 控制器？

2.7　鲁棒稳定性和鲁棒性能

鲁棒稳定性和鲁棒性能是控制工程师在设计和实现反馈控制系统时要考虑的两个重要问题。"鲁棒控制"一词是指所设计的控制系统能够承受由于控制器设计所用模型与实际对象模型不一致而引起的不确定性。

2.7.1　模型误差

作为一个控制工程师，我们许多人都经历过这种事情，虽然采用了正确的方法设计反馈控制系统，闭环仿真也取得了令人满意的性能；但真正实施时，控制系统未能稳定运行。通常情况下，形成期望和现实之间差异的主要原因是控制系统设计所用模型与实际系统在特定工况下的行为之间存在模型误差。

在控制系统设计中，数学模型的推导方式不同，导致模型误差存在的因素很多。在电气工程应用中，如电机控制和功率变换器控制，数学模型是根据电流和电压满足的物理定律推导出来的[见 Wang 等（2015）]。同样地，物理定律也用于推导机电系统的数学模型，如无人机（见第 10 章）和板球平衡系统（见第 6 章）。用物理定律导出的数学模型称为机理模型，通常以非线性微分方程的形式出现（见第 6 章）。电气系统和机电系统的模型误差往往是由物理参数测量不准确和工况变化引起的。

在化工过程控制应用中，由于缺乏明确定义的物理定律或由于物理系统的复杂性，数学模型通常由辨识实验获得。辨识实验直接对控制对象进行，基于输入输出测量数据估计传递函数模型[见 1.5.2 节的火焰加热器系统（Ralhan 和 Badgwell（2000）)]。利用辨识实验（见第 9 章）得出的数学模型称为实验模型。化工过程控制应用中的模型误差常常由辨识实验条件所导致，包括输入信号幅值小、测量噪声大、扰动污染、模型估计误差，以及工况的变化等。

此外，当使用的控制器结构（如 PID 控制器）受限时，数学模型可能过于复杂，无法设计简单的控制器。因此，需要进行模型降阶，这是另一个导致模型误差的原因。在控制系统设计中，存在一个用 $G(s)^{\text{true}}$ 表示的未知传递函数，它准确描述了给定工况的线性定常系统。然而，基于以上各种原因，$G(s)^{\text{true}}$ 很难获得。相反地，传递函数模型是从线性化（见第 6 章）或辨识实验中获得，并用于控制系统的设计。这使得文献中对模型误差的概念性描述包括以下形式：

$$\Delta G(s) = G(s)^{\text{true}} - G(s) \tag{2.37}$$

$$\Delta G_{\text{m}}(s) = \frac{G(s)^{\text{true}} - G(s)}{G(s)} \tag{2.38}$$

其中，$\Delta G(s)$ 称为加性模型误差，$\Delta G_{\text{m}}(s)$ 称为乘性模型误差；假设模型误差是稳定的。

除了在 PID 控制器设计中的模型降阶情况，$G(s)^{\text{true}}$ 都是未知的，因此得不到 $\Delta G(s)$ 和 $\Delta G_{\text{m}}(s)$ 的精确描述。但是，在鲁棒控制中，通常使用频率响应的界来量化模型误差的影响，对于 $\omega \geqslant 0$，有：

$$|\Delta G(s)| \leqslant \delta(\omega) \tag{2.39}$$

$$|\Delta G_m(j\omega)| \leqslant \delta_m(\omega) \tag{2.40}$$

简化起见,可以取模型误差的界为常数,这为模型误差提供了一个保守的度量。

2.7.2 鲁棒稳定性

根据定义的加性和乘性模型误差,在频域内对控制系统的鲁棒稳定性进行了量化和分析,这种方法源于 2.3 节介绍的 Nyquist 稳定性判据,目的是分析控制器应用于未知系统时的闭环稳定性。

首先,考虑稳定的开环系统 $G(s)^{true}$,并假设满足以下条件:

- 控制器 $C(s)$ 的设计使模型 $G(s)$ 稳定,所有闭环极点严格位于左半复平面。
- 加性和乘性模型误差都是稳定的。

然后,根据 Nyquist 稳定判据,当控制器应用于未知系统时,闭环稳定的充要条件是回路传递函数 $G(j\omega)^{true}C(j\omega)$ 的频率响应不会围绕复平面上的 $(-1,0)$ 点。这可以转化为以下不等式:

$$|1 + G(j\omega)^{true}C(j\omega)| > 0 \tag{2.41}$$

对任意 $\omega \geqslant 0$,由于 $G(s)^{true}$ 未知,在式(2.41)中用模型 $G(j\omega)$ 和加性误差 $\Delta G(j\omega)$ 来代替,得到:

$$|1 + (G(j\omega) + \Delta G(j\omega))C(j\omega)| > 0 \tag{2.42}$$

有:

$$
\begin{aligned}
0 < &\left|(1 + G(j\omega)C(j\omega))\left(1 + \frac{\Delta G(j\omega)C(j\omega)}{1 + G(j\omega)C(j\omega)}\right)\right| \\
\leqslant &\left|(1 + G(j\omega)C(j\omega))\right|\left|\left(1 + \frac{\Delta G(j\omega)C(j\omega)}{1 + G(j\omega)C(j\omega)}\right)\right|
\end{aligned}
\tag{2.43}
$$

既然控制器 $C(s)$ 的设计使模型 $G(s)$ 稳定,那么 $G(j\omega)C(j\omega)$ 的 Nyquist 轨线不会包围 $(-1,0)$ 点,即对任意 $\omega \geqslant 0$,有:

$$|1 + G(j\omega)C(j\omega)| > 0$$

因此,如果

$$\left|1 + \frac{\Delta G(j\omega)C(j\omega)}{1 + G(j\omega)C(j\omega)}\right| > 0$$

则不等式(2.41)成立。

或者,更保守一些,对于任意 $\omega \geqslant 0$:

$$1 - \left|\frac{\Delta G(j\omega)C(j\omega)}{1 + G(j\omega)C(j\omega)}\right| > 0$$

这就得到鲁棒稳定性条件的频域表示:

$$\left|\frac{\Delta G(j\omega)C(j\omega)}{1 + G(j\omega)C(j\omega)}\right| < 1 \tag{2.44}$$

对于任意 $\omega \geqslant 0$,这个鲁棒稳定性条件是充分条件,它保证了由加性模型误差描述的 $G(j\omega)^{true}C(j\omega)$ 的 Nyquist 轨线不会包围 $(-1,0)$ 点。

鲁棒稳定性条件[式(2.44)]也可以用乘性误差模型 ΔG_m 表示,记:

$$\Delta G(j\omega) = \Delta G_m(j\omega)G(j\omega)$$

得到:

$$\left| \frac{\Delta G_m(j\omega)G(j\omega)C(j\omega)}{1+G(j\omega)C(j\omega)} \right| = |\Delta G_m(j\omega)T(j\omega)| < 1 \tag{2.45}$$

对乘性模型误差用补灵敏度函数 $T(j\omega)$ 表示鲁棒稳定性条件。

当频率响应的界以式(2.39)中 $\delta(\omega)$ 定义,鲁棒稳定性条件变为:

$$\left| \frac{C(j\omega)}{1+G(j\omega)C(j\omega)} \right| \delta(\omega) < 1 \tag{2.46}$$

或者,对于任意 $\omega \geq 0$,利用式(2.40)中定义的乘性模型误差的界 $\delta_m(\omega)$,得到以下表示形式:

$$|T(j\omega)|\delta_m(\omega) < 1 \tag{2.47}$$

第一个鲁棒稳定条件[式(2.46)]用控制灵敏度函数表示,第二个稳定条件[式(2.47)]用补灵敏度函数表示,这与闭环控制性能指标直接相关。

鲁棒稳定性条件[式(2.47)]表明,在给定频率 ω_0 下,如果乘法模型误差 $\delta_m(\omega)$ 大于1,则 $|T(j\omega_0)|$ 需要小于1才能保证闭环稳定性。反之,如果 $|T(j\omega)|$ 在某一特定频率范围内较大,则需要在同一频率范围内模型误差较小,以确保闭环稳定。显然,如果控制器包含一个积分器,那么 $|T(j0)|=1$,这说明为了保证闭环稳定性,需要 $\delta_m(0)<1$。同样地,对于在 $\omega=\omega_0$ 处包含正弦模式的谐振控制器,$|T(j\omega_0)|=1$,为了保证鲁棒闭环稳定性,需要满足 $\delta_m(\omega_0)<1$。

总之,模型误差的存在对补灵敏度函数有额外的约束。这个约束条件转化为期望闭环带宽的选择,如下面的案例研究所示。

2.7.3 案例研究:聚合物反应器的鲁棒控制

【例2.7】 共聚反应堆中第八反应器的数学模型由以下传递函数模型描述[Madhuranthakam 和 Penlidis(2016)]:

$$Y(s) = \left[\frac{Ks+1}{\tau_1^2 s^2 + 2\tau_1\tau_2 s + 1} \right]^8 U(s) \tag{2.48}$$

其中,输入为链转移剂(CTA)到反应堆中第一个反应器的流速,输出为加权平均分子质量(MWw)。反应器传递函数的参数为 $K=361.54, \tau_1=106.84, \tau_2=1.72$。

本案例将完成以下任务:

(1) 由阶跃响应数据建立一阶延迟近似模型,并计算加性和乘性模型误差。

(2) 基于IMC-PI控制器整定方法,取一阶近似模型的时滞 $\tau_{c1}=d$,计算PI控制器参数,并检验闭环系统是否鲁棒稳定。作为比较,将 τ_{c1} 增加到 $2d$,观察其对控制系统鲁棒性的影响。

解 传递函数(式(2.48))的单位阶跃响应如图2.20所示。可以清楚地看出,系统稳态增益为1,有很大的时延。

绘制一条斜率最大的直线,与图2.20所示的稳态值线相交。估计出该反应器的时延为128.5min,时间常数为168.5min。由这种图解方法得到一阶延迟模型为:

$$G(s) = \frac{e^{-ds}}{\tau_M s+1} = \frac{e^{-128.5s}}{168.5s+1} \tag{2.49}$$

加性模型误差计算为:

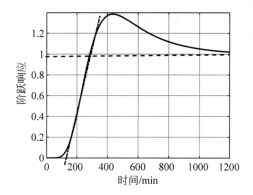

图 2.20 第八反应器单位阶跃响应,附加直线辅助求解一阶延迟模型

$$\Delta G(s) = \left[\frac{Ks+1}{\tau_1^2 s^2 + 2\tau_1 \tau_2 s + 1}\right]^8 - \frac{e^{-128.5s}}{168.5s + 1}$$

乘性模型误差为:

$$\Delta G_m(s) = \frac{\Delta G(s)}{G(s)}$$

由于反应器的传递函数模型有 8 个稳定零点,这在动态响应中成为主要元素,而一阶延迟模型忽略了这些零点,因此系统与近似模型存在较大差异。这种巨大差异反映在模型误差频率响应的幅值上,包括加性和乘法误差,如图 2.21(a)、(b)所示。特别地,当 $\omega = 0.01\text{rad} \cdot \text{min}^{-1}$ 时,$\Delta G_m(j\omega)$ 的幅度超过 3,这说明为了保证存在模型误差时的闭环稳定性,闭环控制系统的期望带宽必须很小。

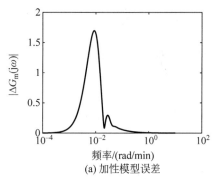

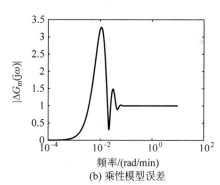

图 2.21 一阶延迟模型建模误差幅值(例 2.7)

对于大延迟系统,通常取期望的时间常数比时延大。先取期望的时间常数 $\tau_{cl} = 128\text{min}$,得到:

$$K_c = \frac{1}{K_{ss}} \frac{\tau_M}{\tau_{cl} + d} = 0.7374 \tag{2.50}$$

$$\tau_{cl} = \tau_M = 168.5$$

这里,$K_{ss} = 1$,$\tau_M = 168.5$,$d = 128.5$,由奈奎斯特图可以证明,该 PI 控制器用于一阶延迟模型[即式(2.49)]的控制时,闭环系统稳定。因此,考察鲁棒稳定性条件[即式(2.47)]对乘法模型误差的情况是否满足。图 2.22(a)给出了补灵敏度函数的幅值。当取 $\tau_{cl} = d$ 时,补灵敏度的幅值迅速衰减(如实线所示),当 $|T(j\omega)|\delta_m(\omega)$ 小于 1 时,满足鲁棒稳定条件。因

此,可以得出结论:对基于式(2.48)的聚合物反应器模型,当 $\tau_{c1} = 128\text{min}$ 时,IMC-PI 控制器将使闭环系统稳定。为了比较,将期望的闭环时间常数 τ_{c1} 增加到 $2d$。图 2.22(a)、(b) 表明补灵敏度函数幅值和 $|T(\text{j}\omega)|\delta_{\text{m}}(\omega)$ 的值进一步减小。最后,在传递函数模型[即式(2.48)]输出端实施比例控制,并对其闭环控制系统的性能进行分析。图 2.23(a)、(b) 分别为闭环系统控制信号和输出信号的阶跃响应。结果表明,当 $\tau_{c1} = d$ 时,闭环响应剧烈振荡,而当 τ_{c1} 增加到 $2d$ 时,振荡几乎消失。综上所述,当对象稳定时,增大期望的闭环时间常数(本质上减少了期望的闭环带宽)将提高控制系统的稳定性。

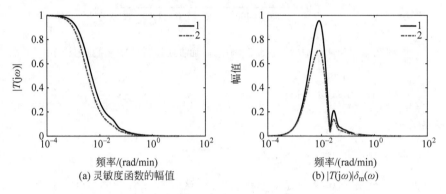

(a) 灵敏度函数的幅值　　　　　(b) $|T(\text{j}\omega)|\delta_{\text{m}}(\omega)$

图 2.22　鲁棒稳定条件的补灵敏度函数和图形表示(例 2.7)

其中,1 线表示 $\tau_{c1} = 128$;2 线表示 $\tau_{c1} = 256$

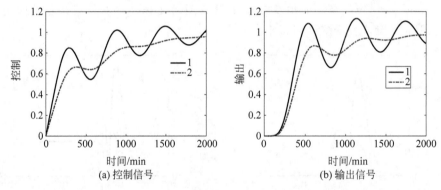

(a) 控制信号　　　　　(b) 输出信号

图 2.23　闭环阶跃响应(例 2.7)

其中,1 线表示 $\tau_{c1} = 128$;2 线表示 $\tau_{c1} = 256$

后文将这一过程作为练习再次研究(详见问题 8.3),使用第 8 章介绍的频率响应设计技术,闭环控制性能将得到改善。

需要注意的是,对于模型误差,许多 PID 控制器的经验整定规则没有性能调整参数来调整期望的闭环性能,这是经验 PID 控制器整定规则的最大局限。对于 IMC-PID 控制器,通过调节期望的时间常数选择期望的闭环带宽。

2.7.4　进一步思考

(1) 如果在设计中忽略了时延 d,乘法模型误差是怎样的?

(2) 如果 PID 控制器 Padula-Visioli 整定规则产生了不稳定的闭环系统,你是否会尝试降低比例控制增益 K_c 或增加积分时间常数 τ_{I}?

（3）"模型误差限制了闭环带宽"，这种说法正确吗？

（4）"为了提高闭环系统的扰动抑制和给定值跟踪能力，需要一个更高精度的闭环模型"，这种说法正确吗？

2.8 小结

本章介绍了闭环稳定性和性能分析的常用工具。了解闭环极点、闭环稳定性与性能之间的关系对于控制系统的设计和分析很重要。在后面的章节中，将讨论基于模型的控制器设计方法，这些方法将使用期望闭环极点的位置作为性能指标。本章讨论的主要内容包括：

- 如果闭环传递函数为常系数，则可通过求特征方程的解来简单地确定闭环极点。在数值上，对传递函数的分母用 MATLAB 函数 roots.m 来实现。
- Routh-Hurwitz 稳定性判据直接由闭环特征多项式的系数确定闭环系统是否稳定。当需要确定参数变化对闭环系统的影响时，这一点特别有用。
- Nyquist 稳定性判据基于开环传递函数（包括系统、控制器、执行器和传感器）的频率响应，利用实部和虚部图形化（注：采用二维图）表示频率响应，深入分析了增益裕度、相位裕度、延迟裕度等重要的量化指标。因为基于频域进行，所以可以很容易获得系统的时延。
- 基于频域的灵敏度分析是了解闭环控制系统性能的基础。在灵敏度分析的背景下，定义了闭环带宽这个参数。
- 根据灵敏度函数和补灵敏度函数的频率响应，从扰动抑制和给定值跟踪的角度理解闭环性能。因为灵敏度和补灵敏度之间有以下关系：

$$T(s) + S(s) = 1$$

所以，性能要求一致，即具有快速给定值跟踪的闭环系统也将具有快速的扰动抑制能力。

- 从扰动抑制（或给定值跟踪）和测量噪声衰减方面理解闭环性能，同样是基于灵敏度函数和补灵敏度的频率响应。但是，关系式：

$$T(s) + S(s) = 1$$

说明扰动抑制和测量噪声衰减之间需要权衡。这两个要求之间存在冲突，意味着在闭环控制系统中快速抑制扰动将不可避免地导致测量噪声的放大。测量噪声限制了闭环控制系统的扰动抑制和对于给定值的跟踪性能。

- PID 控制系统设计中常出现模型误差，这使得所期望的闭环性能和实际系统有差异。利用误差和补灵敏度函数，在频域内分析和量化它们对闭环性能的影响。此外，Nyquist 稳定性判据提供了获取增益裕度、相位裕度、延迟裕度的有效手段，这些信息对于分析模型误差对闭环稳定性的影响具有重要意义。

2.9 进一步阅读

（1）控制工程教材，包括 Franklin 等（1998）、Franklin 等（1991）、Ogata（2002）、Golnaraghi 和 Kuo（2010）、Goodwin 等（2000 年）、Astrom 和 Murray（2008）。

（2）Garpinger 等（2014）、Alcántara 等（2013）讨论了扰动抑制、给定值跟踪和鲁棒性；

Gorez（2003）、Yukitomo（2004）、Araki 和 Taguchi（2003）提出二自由度控制器设计；Panagopoulos 等（2002）提出考虑闭环系统鲁棒性的负载扰动抑制方法；Fertik（1975）讨论了噪声对整定控制器参数的影响。

（3）Åström 和 Hägglund（2004）从鲁棒成形的角度修改了 Ziegler-Nichols 阶跃响应法。

（4）Ho 等（1995）、Ho 和 Xu（1998）、Ho 等（2000）提出基于增益和相位裕度的 PID 控制器参数整定；Ho 等（1996）分析了优化负载扰动响应的 Ziegler-Nichols 和 Cohen-Coon 整定公式。Ho 等（1998）在考虑鲁棒性和闭环性能的情况下，采用增益裕度和相位裕度来选择 PID 控制器参数。

（5）Skogestad（2006）专门讨论了改进的 IMC 整定规则的扰动抑制问题。Morari 和 Zafiriou（1989）讨论了内模控制的鲁棒性。关于内模控制的整定规则和鲁棒性的进一步讨论可参见 Villanova（2008）。

问题

2.1 在例 2.3 中，使用整定规则求出了 3 个 PI 控制器（见表 2.3），并分析了以下连续时间系统的奈奎斯特图：

$$G(s) = \frac{0.5e^{-20s}}{(30s+1)^3} \tag{2.51}$$

（1）利用 Simulink 仿真分析 3 个一自由度 PI 控制系统的闭环阶跃响应。

（2）分析二自由度 PI 控制系统闭环阶跃响应，其中给定滤波器为 $H(s) = \dfrac{1}{\tau_1 s + 1}$，并将输出响应与图 2.7 所示的仿真结果进行比较。

2.2 在例 1.8 中，使用 Padula-Visioli 整定规则求出以下系统的 PID 控制器：

$$G(s) = \frac{0.5e^{-20s}}{(30s+1)^3}$$

其中，$K_c = 3.54, \tau_I = 40.1098, \tau_D = 27.0037$。

（1）求 $R(s)$ 和 $Y(s)$ 之间的闭环传递函数，控制信号 $U(s)$ 定义为：

$$U(s) = K_c(1 + \frac{1}{\tau_I s} + \frac{\tau_D s}{0.1\tau_D s + 1})(R(s) - Y(s))$$

取采样间隔 $\Delta t = 1s$，对一自由度控制系统的闭环阶跃响应进行仿真。

（2）求 $R(s)$ 和 $Y(s)$ 之间的闭环传递函数，控制信号 $U(s)$ 定义为：

$$U(s) = \frac{K_c}{\tau_I s}(R(s) - Y(s)) - K_c Y(s) - \frac{K_c \tau_D s}{0.1\tau_D s + 1}Y(s)$$

对该 IPD 控制系统的闭环阶跃响应进行仿真，并与一自由度控制器结构的结果进行比较。

（3）从闭环传递函数来看，要消除 IPD 实践中的超调，应该使用什么样的给定滤波器？使用选定的给定滤波器验证结果。

2.3 使用 Routh-Hurwitz 稳定性判据确定比例控制器 K_c 的范围，该控制器使具有以下传递函数的系统稳定：

(1) $G(s) = \dfrac{0.1}{(s+1)(s+3)}$

(2) $G(s) = \dfrac{(-5s+1)}{(s+2)^2(s+10)}$

(3) $G(s) = \dfrac{s+0.1}{(s-3)(s+6)(s+1)}$

(4) $G(s) = \dfrac{-s+3}{(s+3)(s^2+s+5)}$

2.4 由 Routh-Hurwitz 稳定性判据确定积分时间常数 τ_I 的范围,使得传递函数为 $G(s) = \dfrac{1}{(s^2+s+6)(s+1)}$ 的系统稳定,这里假设比例增益 $K_c = 2$。

2.5 设系统的传递函数为:

$$G(s) = \frac{(s-2)}{(s+2)^3(s+5)}$$

(1) 假设积分时间常数 $\tau_I = 0.2$,由比例控制 K_c 构成闭环特性方程,并用数值方法确定闭环极点相对于 $K_c(0 \leqslant K_c \leqslant 100)$ 如何变化。这一数值过程产生了 PI 控制系统的根轨迹分析。

(2) 也可以使用 MATLAB 函数 rlocus.m 对回路传递函数进行根轨迹分析,回路传递函数为:

$$G(s)C(s) = K_c \frac{(s-2)}{(s+2)^3(s+5)} \frac{s+5}{s}$$

(3) 通过根轨迹分析,确定使闭环系统稳定的比例增益 K_c 的范围。

(4) 根轨迹分析中,比例增益 K_c 的变化会引起闭环极点的变化,你对此有什么看法?

2.6 本问题是例 2.7 的扩展。由于反应器的传递函数模型有 8 个稳定的零点,如果不调整期望的闭环性能,很难用 PID 整定规则来设计 PID 控制器。

(1) 根据式(2.49)所示的一阶延迟模型,使用 Padula-Visioli PID 控制器整定规则,对 $M_s = 1.4$ 和 $M_s = 2$ 两种情况,找到两组 PID 控制器参数(见表 1.5)。

(2) 用原反应器模型式(2.48)绘制两个 PID 控制系统的奈奎斯特图,并验证闭环系统是否稳定。

(3) 基于奈奎斯特图,提出改善两个 PID 控制系统增益裕度和相位裕度的措施,并对 PID 控制器参数进行相应修改。

(4) 基于原反应器模型式(2.48),采用改进的 PID 控制器对两个系统的闭环阶跃响应进行仿真。

2.7 简化模型阶数的一种简单而有效的方法是忽略以下传递函数模型中的小时间常数 ε:

$$G(s) = \frac{e^{-2s}}{(10s+1)(\varepsilon s+1)}$$

以得到一阶延迟模型。

(1) 当近似模型为 $G_A(s) = \dfrac{e^{-2s}}{(10s+1)}$ 时,请确定乘性误差 $\Delta G_m(s)$。

（2）当 ε 分别为 0.1、1、10 时，计算 $\Delta G_{\mathrm{m}}(j\omega)$，并在图中比较它们的幅值，你有什么发现？

（3）基于一阶延迟模型，由 Padula-Visioli PID 控制器整定规则（$M_S = 2$）求出两组 PID 控制器参数。

（4）计算 PID 控制器的补灵敏度函数 $T(j\omega)$。

（5）利用以下关系式确定闭环鲁棒稳定性：

$$|T(j\omega)\Delta G_{\mathrm{m}}(j\omega)| < 1$$

当 ε 分别为 0.1、1、10 时，对于任意给定的 ω，闭环系统是否稳定？

（6）取采样间隔 $\Delta t = 0.01$，微分滤波时间常数取 $0.1\tau_{\mathrm{D}}$，基于原二阶延迟模型对两种情况的闭环阶跃响应进行仿真比较，你有什么发现？

2.8 给出一阶延迟系统的初始 IMC-PI 调节规则：

$$G(s) = \frac{K_{\mathrm{ss}}e^{-ds}}{\tau_{\mathrm{cl}}s + 1}$$

式中，τ_{cl} 为期望的闭环时间常数，同时：

$$K_{\mathrm{c}} = \frac{1}{K_{\mathrm{ss}}}\frac{\tau}{\tau_{\mathrm{cl}} + d};\ \tau_{\mathrm{I}} = \tau \tag{2.52}$$

（1）求出 IMC-PI 控制系统的补灵敏度函数 $T(s)$，输入扰动灵敏度函数 $S_{\mathrm{i}}(s)$。你对灵敏度函数的极点有什么观察？

（2）设系统参数为 $d = 2, \tau = 20, K_{\mathrm{ss}} = 0.5$，对于 $\tau_{\mathrm{cl}} = 5$ 和 10，计算 $|T(j\omega)|$ 和 $|S_{\mathrm{i}}(j\omega)|$。随着 τ_{cl} 变化，$T(j\omega)$ 会发生变化吗？如果是，带宽参数是什么？$S_{\mathrm{i}}(j\omega)$ 会随着 τ_{cl} 变化吗？

（3）取采样间隔 $\Delta t = 0.01$，对两个 PI 控制系统的闭环阶跃响应进行仿真研究，τ_{cl} 是否影响闭环阶跃响应速度？

（4）对两个 PI 控制系统的闭环输入扰动响应进行仿真，其中扰动是一个幅值为 3 的常数，τ_{cl} 是否影响闭环扰动抑制性能？

（5）如果扰动发生在输出端，扰动抑制有没有不同？对系统输出扰动进行闭环仿真来验证你的直觉。

第 3 章

基于模型的 PID 和谐振控制器设计

3.1 引言

用于 PID 控制器设计的模型仅限于两种特定类型——一阶模型和二阶模型。如果控制对象的动态模型是高阶模型,通常需要近似得到一阶或二阶模型,以使 PID 控制器可由基于模型的方法进行设计。

使用基于模型的设计方法时,首先需要一个期望的闭环性能指标。期望性能根据期望闭环极点的位置来选择。期望闭环极点反映闭环系统对给定输入变化和扰动抑制的响应时间;对于频域则是闭环控制系统的期望带宽。在设计人员设计出合适的闭环性能之前,通常要通过闭环仿真和实验验证对期望闭环性能进行多次调整。

3.2 PI 控制器设计

采用一阶模型设计 PI 控制器。虽然一阶动力学(the first oraler dynamics)是形成一个系统的基本单元,它也可以用来描述一些常见的物理系统,如运动控制问题中电动机转矩和角速度之间的动态关系、流体容器内的流速和液位控制问题。

3.2.1 期望闭环性能指标

在基于模型的设计中,需要给定一个期望的闭环性能。对于 PI 控制器,采用二阶传递函数:

$$T(s) = \frac{\omega_n^2}{s^2 + 2\xi\omega_n s + \omega_n^2} \tag{3.1}$$

这里 ω_n 和 ξ 是二阶传递函数的自然频率和阻尼系数。作为理想的性能指标,这些是设计人员需要选择的自由参数。

通常取参数 ξ 为 1 或 0.707。当 $\xi=1$ 时,期望闭环传递函数式(3.1)的极点是多项式方程式(3.2)的解:

$$s^2 + 2\xi\omega_n s + \omega_n^2 = 0 \tag{3.2}$$

此时 $s_1 = s_2 = -\omega_n$。也就是说,当 $\xi=1$ 时,有两个相同的极点。当 $\xi=0.707$ 时,极点是由下式确定的一对共轭复数:

$$s_{1,2} = \frac{-2\xi\omega_n \pm \sqrt{4\xi^2\omega_n^2 - 4\omega_n^2}}{2} = -0.707\omega_n \pm j0.707\omega_n \tag{3.3}$$

参数 ξ 确定后(1 或 0.707),自然频率 ω_n 成为用户根据期望闭环响应需求指定的闭环性能参数。一般来说,ω_n 越大,期望闭环响应速度越快。参数 ω_n 与闭环响应时间以及闭环系统的频带限制直接相关,这为它的选择提供了指导,对这两方面都要进行考察。

从式(3.1)的阶跃响应仿真(见图3.1)可以看出,响应时间与参数 ω_n 成反比。图 3.1(a) 表明当阻尼系数 $\xi = 0.707$ 时,阶跃响应时间约为 $\frac{3}{\omega_n}$;图 3.1(b)表明当 $\xi = 1$ 时,阶跃响应时间约为 $\frac{5}{\omega_n}$。ω_n 还有另一个估算值,可作为设计者的指导,因为参数 ω_n 与期望闭环控制系统的带宽有关。对于式(3.1)给出的期望闭环传递函数,当 $\xi = 0.707$ 时,可以证明在频率 $\omega = \omega_n$ 时,$|T(\omega)| = \frac{1}{\sqrt{2}}$。因此,当阻尼系数 $\xi = 0.707$ 时,自然频率 ω_n 即为闭环系统的带宽,这可以直接作为闭环性能指标。当取 $\xi = 1$ 时,闭环系统的带宽比 ω_n 稍小。

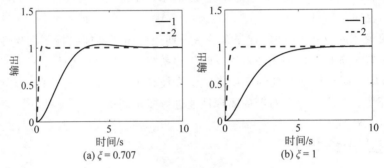

图 3.1 闭环传递函数期望的阶跃响应

其中,1线表示 $\omega_n = 1$;2线表示 $\omega_n = 10$

3.2.2 模型和控制器结构

对于一阶模型,假设一阶时间常数 τ 和稳态增益 K 已知,传递函数为:

$$G(s) = \frac{K}{\tau s + 1} \tag{3.4}$$

也可以用零极点形式表示为:

$$G(s) = \frac{b}{s + a} \tag{3.5}$$

其中,$a = 1/\tau$,且 $b = K/\tau$。

PI 控制器传递函数由下式给出,为:

$$C(s) = K_c \left(1 + \frac{1}{\tau_I s}\right) \tag{3.6}$$

写成传递函数形式为:

$$C(s) = \frac{c_1 s + c_0}{s} \tag{3.7}$$

式中，$K_c = c_1$，$\tau_I = c_1/c_0$。首先根据模型[见式(3.5)]求出系数 c_1 和 c_0，然后将这些系数转换成标准 PI 控制器参数 K_c 和 τ_I。

求解 PI 控制器参数的关键是使期望闭环极点与实际闭环极点相等。闭环极点的位置决定了闭环系统是否稳定、闭环响应时间、闭环系统的带宽限制。

最后，利用设计模型[见式(3.5)]和控制器模型[见式(3.7)]计算实际闭环系统传递函数：

$$T_{cl} = \frac{G(s)C(s)}{1+G(s)C(s)} = \frac{\dfrac{b}{s+a}\dfrac{c_1s+c_0}{s}}{1+\dfrac{b}{s+a}\dfrac{c_1s+c_0}{s}} = \frac{b(c_1s+c_0)}{s(s+a)+b(c_1s+c_0)} \tag{3.8}$$

实际系统的闭环极点是关于 s 的多项式方程的解：

$$s(s+a)+b(c_1s+c_0)=0 \tag{3.9}$$

式(3.9)称为闭环特性方程。由于模型参数 a 和 b 已知，式(3.9)中自由参数是控制器参数 c_1 和 c_0。为了求解控制器参数 c_1 和 c_0，使以下多项式相等：

$$s(s+a)+b(c_1s+c_0)=s^2+2\xi\omega_n s+\omega_n^2 \tag{3.10}$$

由方程[见式(3.10)]的左侧多项式确定实际闭环极点，右侧多项式确定期望闭环极点。使两边多项式相等，则将实际闭环极点配置给期望闭环极点。这种控制器设计技术称为极点配置控制器设计。

现在，比较多项式方程[见式(3.10)]两边的系数：

$$s^2 : 1=1 \tag{3.11}$$

$$s : a+bc_1=2\xi\omega_n \tag{3.12}$$

$$s^0 : bc_0=\omega_n^2 \tag{3.13}$$

解式(3.12)得：

$$c_1=\frac{2\xi\omega_n-a}{b} \tag{3.14}$$

解式(3.13)得：

$$c_0=\frac{\omega_n^2}{b} \tag{3.15}$$

由 c_1、c_0 与 K_c、τ_I 之间的关系[见式(3.7)]，求出 PI 控制器参数为：

$$K_c=c_1=\frac{2\xi\omega_n-a}{b} \tag{3.16}$$

$$\tau_I=\frac{c_1}{c_0}=\frac{2\xi\omega_n-a}{\omega_n^2} \tag{3.17}$$

【例 3.1】 用一阶系统描述直流电动机电压变化与速度之间的动态关系。假设某电机拉普拉斯传递函数模型为：

$$G(s)=\frac{0.1}{10s+1} \tag{3.18}$$

求速度控制的 PI 控制器参数。期望闭环性能指定为两种不同情况：①快速响应 $\omega_n=5$，②慢速响应 $\omega_n=0.5$。这两种情况下，均取 $\xi=0.707$；比例控制仅作用于输出端。对闭环阶跃响应进行仿真,并比较仿真结果。

解 PI控制器设计所需的模型参数为 $a = 1/10 = 0$ 和 $b = 0.1/10 = 0.01$。利用这些参数和闭环性能指标,基于方程[见式(3.16)和式(3.17)],对 $\omega_n = 5$ 和 $\xi = 0.707$,求出控制器参数为:

$$K_c = 697; \quad \tau_I = 0.2788$$

对于 $\omega_n = 0.5$ 且 $\xi = 0.707$,有:

$$K_c = 60.7; \quad \tau_I = 2.43$$

可以看出,当 ω_n 较大时,比例增益 K_c 较大,而积分时间常数 τ_I 较小。

用图3.2所示的结果对闭环单位阶跃响应进行仿真。与 $\omega_n = 0.5$ 的情况相比,当 $\omega_n = 5$ 时,闭环响应速度更快,控制信号的幅值也更大。

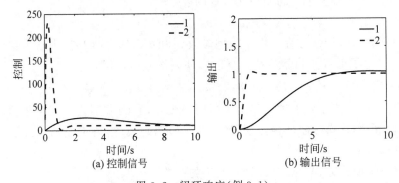

图3.2 闭环响应(例3.1)

其中,1线表示 $\omega_n = 0.5$;2线表示 $\omega_n = 5$

3.2.3 不同结构的闭环传递函数

已经设计了PI控制器,现在研究传统PI控制器结构和IP控制器结构的闭环传递函数。

对于传统的PI控制器结构(见图1.5),控制信号的拉氏变换 $U(s)$ 与反馈误差信号 $E(s)$ 的关系为:

$$U(s) = C(s)E(s) = \frac{c_1 s + c_0}{s} E(s) \tag{3.19}$$

式中,$E(s) = R(s) - Y(s)$,且 $C(s) = (c_1 s + c_0)/s$。给定输入信号 $R(s)$ 和输出信号 $Y(s)$ 之间的闭环传递函数为:

$$\frac{Y(s)}{R(s)} = \frac{G(s)C(s)}{1 + G(s)C(s)} \tag{3.20}$$

其中,$G(s)$ 是一阶传递函数 $b/(s+a)$。将控制器传递函数 $C(s)$ 和控制对象传递函数 $G(s)$ 代入式(3.20),得到传统实现时PI控制系统的闭环传递函数:

$$\frac{Y(s)}{R(s)} = \frac{b(c_1 s + c_0)}{s(s+a) + b(c_1 s + c_0)} \tag{3.21}$$

注意到式(3.21)的分母用于PI控制器的设计[见式(3.10)],它等于期望闭环特征多项式 $s^2 + 2\xi\omega_n s + \omega_n^2$。将控制器参数[见式(3.14)和式(3.15)]和期望闭环特性多项式代入式(3.21),得闭环传递函数：

$$\frac{Y(s)}{R(s)} = \frac{(2\xi\omega_n - a)s + \omega_n^2}{s^2 + 2\xi\omega_n s + \omega_n^2} \tag{3.22}$$

使用传统 PI 控制器结构,给定输入信号和输出之间的实际闭环传递函数和设计中指定的期望闭环传递函数[见式(3.8)中 $T(s)$]并不相同;此时闭环传递函数有一个零点,位置由多项式方程确定：

$$(2\xi\omega_n - a)s + \omega_n^2 = 0 \tag{3.23}$$

即,零点位于 $s = -\dfrac{\omega_n^2}{2\xi\omega_n - a}$ 处。该零点的存在可能引起阶跃响应的超调。取 $\xi = 0.707$ 时,可以验证闭环传递函数式(3.22)的带宽大于 ω_n。

对于 IP 控制器结构(见图1.7),控制信号为：

$$U(s) = -K_c Y(s) + \frac{K_c}{\tau_1 s} E(s)$$

$$= -c_1 Y(s) + \frac{c_0}{s}(R(s) - Y(s)) \tag{3.24}$$

输出信号 $Y(s)$ 为：

$$Y(s) = \frac{b}{s + a} U(s) \tag{3.25}$$

将式(3.24)代入式(3.25),得到这种替代结构的闭环传递函数为：

$$\frac{Y(s)}{R(s)} = \frac{bc_0}{s(s + a) + b(c_1 s + c_0)} \tag{3.26}$$

由设计流程,传递函数的分母为 $s^2 + 2\xi\omega_n s + \omega_n^2$,分子为 $bc_0 = \omega_n^2$,因此闭环传递函数为：

$$\frac{Y(s)}{R(s)} = \frac{\omega_n^2}{s^2 + 2\xi\omega_n s + \omega_n^2} \tag{3.27}$$

这就是在性能指标中指定的期望闭环传递函数[见式(3.1)]。

在扰动抑制和测量噪声衰减方面,两种 PI 控制系统结构具有相同的闭环传递函数,因为两种配置中的结构变化只与给定输入信号引入反馈环的方式有关。这里通过计算输入扰动与控制对象输出之间的闭环传递函数来说明这一点。

假设一个输入扰动的拉氏变换为 $D_i(s)$,它在控制对象输入的位置进入系统。在这种情况下,控制对象的输出为：

$$Y(s) = \frac{b}{s + a}(U(s) + D_i(s)) \tag{3.28}$$

为了得到输入扰动与被控对象输出之间的闭环传递函数,设给定信号 $R(s) = 0$,以集中精力抑制扰动。当给定信号 $R(s) = 0$ 时,两种结构[见式(3.19)和式(3.24)]的控制信号有相同的拉氏变换：

$$U(s) = -c_1 Y(s) - \frac{c_0}{s} Y(s) \tag{3.29}$$

将式(3.29)代入式(3.28),得到输入扰动 $D_i(s)$ 与输出 $Y(s)$ 之间的闭环传递函数为：

$$\frac{Y(s)}{D_i(s)} = \frac{bs}{s(s+a)+b(c_1 s+c_0)} = \frac{bs}{s^2+2\xi\omega_n s+\omega_n^2} \tag{3.30}$$

这里使用了设计方程式(3.10)。

注意到闭环传递函数的分子中有一个因子 s。该因子保证了闭环控制系统能够无稳态误差抑制阶跃输入扰动。这一点将通过以下例子阐明。

【例3.2】 一个连续时间系统由以下微分方程描述：

$$J\frac{d\omega(t)}{dt} + B\omega(t) = kv(t) + T_L(t) \tag{3.31}$$

式中，$v(t)$ 和 $\omega(t)$ 为控制和输出信号，$T_L(t)$ 为未知扰动，$J=0.02$，$B=0.001$，$k=0.5$ 为物理参数。控制目标是保持系统的期望输出，同时抑制扰动。期望闭环带限的值由 $\omega_n = 5(\text{rad} \cdot \text{s}^{-1})$ 指定，阻尼系数为 $\xi=0.707$。设计 PI 控制器来实现控制目标，并对这两种 PI 控制系统结构的闭环响应进行仿真。

解 为了得到输入 v 与输出 $\omega(t)$ 之间的传递函数模型，对动态模型[见式(3.31)]进行拉氏变换：

$$Js\Omega(s) + B\Omega(s) = kV(s) + T_L(s) \tag{3.32}$$

其中 $\Omega(s)$、$V(s)$ 和 $T_L(s)$ 是连续时间变量的拉氏变换。

式(3.32)也可以表示为：

$$\Omega(s) = \frac{k}{Js+B}V(s) + \frac{T_L(s)}{Js+B} = \frac{K/J}{s+\dfrac{B}{J}}V(s) + \frac{T_L(s)/J}{s+\dfrac{B}{J}} \tag{3.33}$$

计算 PI 控制器参数如下：

$$K_c = \frac{2\xi\omega_n - a}{b} = 0.2808; \quad \tau_I = \frac{2\xi\omega_n - a}{\omega_n^2} = 0.2808$$

其中，$a = B/J = 0.05$，$b = k/J = 25$，$\omega_n = 5$，$\xi = 0.707$。

利用 Simulink 对系统的闭环响应进行仿真。在闭环仿真中，给定输入为单位阶跃输入信号，在 $t=0$ 时刻加入；输入扰动是幅值为 1.5 的阶跃输入信号，在 $t=10$ 时刻加入。图 3.3(a)和(b)比较了原始 PI 控制器结构与 IP 控制器结构的闭环输出和控制信号。可以看出，IP 控制器结构避免了原结构中的超调，两个控制器结构在扰动抑制方面有相同的响应。

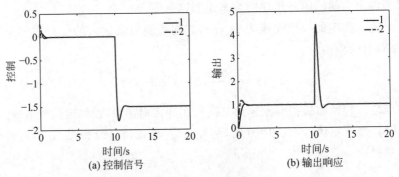

(a) 控制信号　　　　　　　　(b) 输出响应

图 3.3　PI 控制系统的闭环响应(例 3.2)

其中，1 线表示 IP 控制系统；2 线表示 PI 控制系统

3.2.4 进一步思考

（1）你会采用二阶模型来设计 PI 控制器吗？

（2）如果发现闭环响应速度太慢，是否可以减小参数 ω_n？

（3）"当闭环系统传递函数为 $\dfrac{\omega_n^2}{s^2+2\xi\omega_n s+\omega_n^2}$，阻尼系数 $\xi=0.707$ 时，闭环带宽 $\omega_b=\omega_n$"，这种说法是否正确？

（4）请列出 3 个可以用一阶模型描述的物理系统。

（5）与原来的 PI 控制器相比，IP 控制器结构是否改变了扰动抑制性能？

3.3 PID 控制器的经典整定规则

二阶模型直接用于 PD 或 PID 控制器的设计。另外，一阶延迟模型使用二阶传递函数模型近似，其中无理传递函数 e^{-ds} 用有理传递函数 $\dfrac{-ds+2}{ds+2}$ 近似（这称为一阶 Padé 近似）。如果数学模型是高阶的，则通过近似得到二阶模型，以便进行 PID 控制器的设计。

3.3.1 PD 控制器设计

比例控制和微分控制的结合（PD）对于不稳定系统或系统严重振荡的情况有用。

由于微分作用会放大测量噪声（见第 2 章），所以 PD 控制器的实现需要微分滤波器。因此，PD 控制器的一般形式如下：

$$C(s)=K_c+\frac{K_d s}{\tau_f s+1} \tag{3.34}$$

其中 K_c、K_d、τ_f 分别为比例增益、微分控制增益、滤波器时间常数。

对这类的控制器设计，假设连续时间系统为二阶系统，传递函数为：

$$G(s)=\frac{b_1 s+b_0}{s^2+a_1 s+a_0} \tag{3.35}$$

根据二阶模型式（3.35）选择参数 K_c、K_d、τ_f 并非一项简单的任务。然而，PD 控制器可转换为经典的超前-滞后补偿器，形如：

$$C(s)=\frac{p_1 s+p_0}{s+l_0} \tag{3.36}$$

其中，参数 K_c、K_d、τ_f 与 p_1、p_0、τ_f 相关，关系如下：

$$\tau_f=\frac{1}{l_0} \tag{3.37}$$

$$K_c=\frac{p_0}{l_0} \tag{3.38}$$

$$K_d=\frac{p_1}{l_0}-\frac{p_0}{l_0^2} \tag{3.39}$$

式（3.36）中超前-滞后补偿器可以通过将期望闭环极点配置在复平面的左半部分来设计。

对于超前-滞后补偿器,实际闭环特征多项式为三阶:

$$A_{cl}(s) = (s + l_0)(s^2 + a_1 s + a_0) + (p_1 s + p_0)(b_1 s + b_0)$$

$$= s^3 + (a_1 + l_0 + p_1 b_1)s^2 + (a_0 + l_0 a_1 + p_0 b_1 + b_0 p_1)s + (l_0 a_0 + b_0 p_0)$$

通过选择具有以下形式的三阶期望闭环特征多项式:

$$A_{cl}^{d}(s) = s^3 + a_2^{cl} s^2 + a_1^{cl} s + a_0^{cl}$$

并且使 $A_{cl}(s) = A_{cl}^{d}(s)$,得到以下线性方程:

$$a_1 + l_0 + p_1 b_1 = a_2^{cl}$$

$$a_0 + l_0 a_1 + p_0 b_1 + b_0 p_1 = a_1^{cl}$$

$$l_0 a_0 + b_0 p_0 = a_0^{cl}$$

参数可以通过求解线性方程组得到:

$$\begin{bmatrix} l_0 \\ p_1 \\ p_0 \end{bmatrix} = \begin{bmatrix} 1 & b_1 & 0 \\ a_1 & b_0 & b_1 \\ a_0 & 0 & b_0 \end{bmatrix}^{-1} \begin{bmatrix} a_2^{cl} - a_1 \\ a_1^{cl} - a_0 \\ a_0^{cl} \end{bmatrix} \tag{3.40}$$

多项式方程 $A_{cl}(s) = A_{cl}^{d}(s)$ 称为丢番图方程,它是极点配置控制器设计中求控制器参数的关键步骤。式(3.40)中维数为 3×3 的矩阵称为 Sylvester 矩阵,在极点配置控制器设计中要求该矩阵可逆。

下面的教程总结了求解带滤波器的 PD 控制器参数的计算过程。后文将使用此程序。

教程 3.1 本教程编写一个简单的 MATLAB 程序来计算 PD 控制器参数。期望的闭环特性多项式为:

$$A_{cl} = s^3 + a_2^{cl} s^2 + a_1^{cl} s + a_0^{cl}$$

模型是一个二阶系统,传递函数为:

$$G(s) = \frac{b_1 s + b_0}{s^2 + a_1 s + a_0}$$

步骤

(1) 为 MATLAB 函数创建一个名为 PDplace.m 的新文件。

(2) 定义 MATLAB 函数的输入和输出变量,其中 $a1$、$a0$、$b1$ 和 $b0$ 是模型参数,Acl 是期望闭环特性多项式。在文件中输入以下程序:

```
function [Kc,Kd,tauf] = PDplace(a1,a0,b1,b0,Acl);
```

(3) 求出闭环性能参数。继续在文件中输入以下程序:

```
ac_2 = Acl(2);
ac_1 = Acl(3);
ac_0 = Acl(4);
```

(4) 构建以下矩阵和向量求解 PD 控制器参数,并求解线性方程。继续在文件中输入以下程序:

```
S_matrix = [1 b1 0; a1 b0 b1; a0 0 b0];
```

```
Vec = [ac_2 - a1;ac_1 - a0;ac_0];
contr_p = inv(S_matrix) * Vec;
```

（5）将参数转换为带微分滤波器的 PD 控制器。继续在文件中输入以下程序：

```
L0 = contr_p(1);
p1 = contr_p(2);
p0 = contr_p(3);
tauf = 1/L0;
Kc = p0/L0;
Kd = p1/L0 - p0/L0   ^2;
```

（6）用例 3.3 中的双积分系统测试该程序,使用以下代码：

```
a1 = 0;
a0 = 0;
b1 = 0;
b0 = 0.1;
Ac = conv([1 1],[1 1]);
Acl = conv(Ac,[1 1]);
[Kc,Kd,tauf] = PDplace(a1,a0,b1,b0,Acl)
```

对于许多应用,二阶模型简化为：

$$G(s) = \frac{b_0}{s^2 + a_1 s + a_0} \tag{3.41}$$

PD 控制器参数的解如下：

$$l_0 = a_2^{cl} - a_1 \tag{3.42}$$

$$p_1 = \frac{a_1^{cl} - a_0 - l_0 a_1}{b_0} \tag{3.43}$$

$$p_0 = \frac{a_0^{cl} - l_0 a_0}{b_0} \tag{3.44}$$

【例 3.3】 双积分系统的拉普拉斯传递函数为：

$$G(s) = \frac{0.1}{s^2}$$

设计带滤波器的 PD 控制器,使系统稳定,且所有的期望闭环极点均位于 −1。

解　由双积分模型,有 $a_1 = a_0 = 0, b_1 = 0, b_0 = 0.1$。期望的闭环多项式为：

$$(s+1)^3 = s^3 + 3s^2 + 3s + 1$$

因此,$a_2^{cl} = 3, a_1^{cl} = 3, a_0^{cl} = 1$。控制器参数由以下方程求解：

$$\begin{bmatrix} l_0 \\ p_1 \\ p_0 \end{bmatrix} = \begin{bmatrix} 1 & 0 & 0 \\ 0 & 0.1 & 0 \\ 0 & 0 & 0.1 \end{bmatrix}^{-1} \begin{bmatrix} 3 \\ 3 \\ 1 \end{bmatrix} \tag{3.45}$$

求得 $l_0 = 3, p_1 = 30, p_0 = 10$。这样,系统的超前-滞后补偿器为：

$$C(s) = \frac{30s + 10}{s + 3}$$

对 PD 控制器的实现,可由式(3.37)~式(3.39)求出相应的比例、微分增益和滤波器时间常数为:

$$\tau_f = \frac{1}{3}; K_c = \frac{10}{3}; \ K_d = \frac{80}{9}; \ \tau_D = \frac{K_d}{K_c} = \frac{8}{3}$$

3.3.2 存在零极点对消的理想 PID 分析实例

在设计 PID 控制器时,零极点对消技术广泛应用于各种领域。主要原因是,采用零极点对消技术使控制器参数计算变得非常简单,仅用一支笔就可以进行计算。然而,零极点对消技术有两个重要的规则。首先,不应对消系统中不稳定的极点或零点,因为对消会导致系统内部不稳定,原因是对消的极点或零点仍然是期望闭环极点的一部分(见 2.5 节)。其次,不应对消系统中靠近虚轴的稳定极点(对应于大时间常数的慢极点),因为在对扰动输入作用下,闭环响应中慢极点将重新成为主导极点,从而产生慢的扰动抑制(见第 2 章中的灵敏度分析)。一般情况下,如果稳定极点或零点位于复平面上期望闭环极点的左侧,则可以被对消。也可以说,在控制对象模型中,被对消的是一定是更快的稳定极点。

假设在一个二阶模型中有两个极点,它们都是实极点、稳定极点。基于这些假设,传递函数表示为:

$$G(s) = \frac{b_0}{(s + \alpha_1)(s + \alpha_2)} \tag{3.46}$$

式中,$\alpha_2 > 0$ 为正,且 $\alpha_2 \geqslant \alpha_1$。

假设 PID 控制器具有理想结构,为:

$$C(s) = K_c \left(1 + \frac{1}{\tau_1 s} + \tau_D s\right) \tag{3.47}$$

在实施阶段增加一个实现滤波器,由设计者选择一个较小的 β(见 1.2 节),这意味着设计阶段不需要考虑参数 β。在 PID 控制器的设计中采用一种称为零极点对消的技术,将使控制器参数的求解变得非常简单。

将式(3.47)给出的 PID 控制器重新写为传递函数形式:

$$C(s) = \frac{c_2 s^2 + c_1 s + c_0}{s} \tag{3.48}$$

比较式(3.48)和式(3.47),得到以下关系:

$$K_c = c_1; \tau_1 = \frac{c_1}{c_0}; \quad \tau_D = \frac{c_2}{c_1} \tag{3.49}$$

因此,首先求出式(3.48)中的参数,然后将其转换成实现阶段所需的 PID 控制器参数。

当使用零极点对消技术时,假设对控制器 $C(s)$ 的分子进行因式分解,形为:

$$C(s) = \frac{c_2 s^2 + c_1 s + c_0}{s} = \frac{c_2(s + \gamma_1)(s + \gamma_2)}{s} \tag{3.50}$$

取控制器的零点 $-\gamma_2$ 等于模型的极点 $-\alpha_2$(即 $\gamma_2 = \alpha_2$),模型中的极点与控制器中的零点对消。这样,$G(s)C(s)$ 的关系简化为:

$$G(s)C(s) = \frac{b_0 c_2(s + \gamma_1)}{(s + \alpha_1)s} \tag{3.51}$$

给定信号 $R(s)$ 和输出 $Y(s)$ 之间的闭环传递函数为：

$$\frac{Y(s)}{R(s)} = \frac{C(s)G(s)}{1+C(s)G(s)} = \frac{b_0 c_2 (s+\gamma_1)}{s(s+\alpha_1) + b_0 c_2 (s+\gamma_1)} \tag{3.52}$$

注意到式(3.52)中的自由参数分别为 c_2 和 γ_1，分母为二阶多项式。设计过程与采用极点配置技术设计PI控制器的情况相同。因此，期望闭环特性多项式为：

$$A_{cl}(s) = s^2 + 2\xi\omega_n s + \omega_n^2 \tag{3.53}$$

对 $\xi = 0.707$ 或 $\xi = 1$，且 $\omega_n > 0$，使期望闭环特征多项式与式(3.52)中的分母相等，得到多项式方程，为：

$$s(s+\alpha_1) + b_0 c_2(s+\gamma_1) = s^2 + 2\xi\omega_n s + \omega_n^2 \tag{3.54}$$

比较式(3.54)的两边，得自由参数为：

$$c_2 = \frac{2\xi\omega_n - \alpha_1}{b_0}; \quad \gamma_1 = \frac{\omega_n^2}{c_2 b_0} \tag{3.55}$$

利用这些参数和等式 $\gamma_2 = \alpha_2$，重新整理PID控制器为：

$$C(s) = \frac{c_2(s+\gamma_1)(s+\alpha_2)}{s} \tag{3.56}$$

由式(3.49)，得实际控制器参数为：

$$K_c = c_2 \gamma_1 + c_2 \alpha_2 = \frac{\omega_n^2}{b_0} + \frac{(2\xi\omega_n - \alpha_1)\alpha_2}{b_0} \tag{3.57}$$

$$\tau_1 = \frac{c_1}{c_0} = \frac{c_2 \gamma_1 + c_2 \alpha_2}{c_2 \gamma_1 \alpha_2} = \frac{1}{\alpha_2} + \frac{2\xi\omega_n - \alpha_1}{\omega_n^2} \tag{3.58}$$

$$\tau_D = \frac{c_2}{c_1} = \frac{1}{\gamma_1 + \alpha_2} = \frac{2\xi\omega_n - \alpha_1}{\alpha_2(2\xi\omega_n - \alpha_1) + \omega_n^2} \tag{3.59}$$

【例3.4】 假设动态系统具有二阶传递函数：

$$G(s) = \frac{2}{(10s+1)(0.5s+1)} \tag{3.60}$$

采用零极点对消的极点配置控制器设计技术，设计一个PID控制器。闭环性能由 $\xi = 0.707$ 和 $\omega_n = 1$ 指定。对闭环响应进行仿真，观察扰动抑制性能和测量噪声的影响。

解 首先，将传递函数模型式(3.60)写成便于获取PID控制器参数的形式：

$$G(s) = \frac{0.4}{(s+0.1)(s+2)} \tag{3.61}$$

该式中，$b_0 = 0.4$，$\alpha_1 = 0.1$，$\alpha_2 = 2$。因此，在零极点对消设计中，将消去 $s = -2$ 处的极点。由式(3.57)～式(3.59)，计算PID控制器参数为：

$$K_c = 9.07; \quad \tau_1 = 1.814; \quad \tau_D = 0.3622$$

取参数 $\beta = 0.1$。在闭环仿真中，在 $t = 0$ 时刻引入单位阶跃信号作为给定输入信号，在 $t = 10$ 时刻引入振幅为1.5的阶跃信号作为扰动。图3.4(a)为无噪声环境下的闭环响应。为了观察PID控制器在噪声环境中的性能，在闭环仿真中加入方差为0.01的带限白噪声，闭环仿真结果如图3.4(b)所示。与无噪声情况相比，测量噪声引起了控制信号的显著波动。这一观察结果提醒我们，在噪声环境中使用PID控制器时应谨慎。

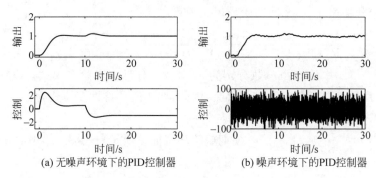

(a) 无噪声环境下的PID控制器　　　　(b) 噪声环境下的PID控制器

图 3.4　PID 控制系统的闭环响应(例 3.4)

3.3.3　带滤波器的 PID 控制器分析实例

随着系统变得越来越复杂,需要在 PID 控制器设计中使用微分滤波器,以在控制器参数的求解中提供额外的自由度。这对于消除在实现阶段选择滤波器时间常数而引入近似所产生的影响非常重要,提高了 PID 控制系统的鲁棒性。

PID 控制器传递函数的一般形式为:

$$C(s) = \frac{c_2 s^2 + c_1 s + c_0}{s(s + l_0)} \tag{3.62}$$

其中,l_0 为微分滤波器参数。然而,工业控制系统通常按 PID 控制器参数 K_c、τ_I、τ_D 和滤波器时间常数 τ_f 定义。[①]

因此,需要找到 PID 控制器参数,使式(3.62)定义的控制器 $C(s)$ 和工业 PID 控制器之间的结构完全相同。基于此选择 PID 控制器参数,使得传递函数:

$$C(s) = K_c \left(1 + \frac{1}{\tau_1 s} + \frac{\tau_D s}{\tau_f s + 1} \right) \tag{3.63}$$

与式(3.62)中 PID 控制器相同。将式(3.63)表示为:

$$C(s) = \frac{K_c(\tau_1 s(\tau_f s + 1) + (\tau_f s + 1) + \tau_1 \tau_D s^2)}{\tau_1 s(\tau_f s + 1)} \tag{3.64}$$

该式应与式(3.62)完全相同。对比两个表达式,得:

$$c_2 = \frac{K_c(\tau_1 \tau_D + \tau_I \tau_f)}{\tau_I \tau_f} \tag{3.65}$$

$$c_1 = \frac{K_c(\tau_1 + \tau_f)}{\tau_1 \tau_f} \tag{3.66}$$

$$c_0 = \frac{K_c}{\tau_I \tau_f} \tag{3.67}$$

$$l_0 = \frac{1}{\tau_f} \tag{3.68}$$

求解以上 4 个线性方程,得 PID 控制器参数:

---

① τ_f 与前面的导数增益 τ_D 相关,即 $\tau_f = \beta \tau_D$。

$$\tau_{\mathrm{f}} = \frac{1}{l_0} \tag{3.69}$$

$$\tau_{\mathrm{I}} = \frac{c_1}{c_0} - \tau_{\mathrm{f}} \tag{3.70}$$

$$K_{\mathrm{c}} = \tau_{\mathrm{I}} \tau_{\mathrm{f}} c_0 \tag{3.71}$$

$$\tau_{\mathrm{D}} = \frac{c_2 \tau_{\mathrm{f}} - K_{\mathrm{c}} \tau_{\mathrm{f}}}{K_{\mathrm{c}}} \tag{3.72}$$

【例 3.5】 考虑一阶延迟模型,其中无理传递函数 e^{-ds} 采用 Padé 近似:

$$G(s) = \frac{K_{\mathrm{p}} \mathrm{e}^{-ds}}{\tau_{\mathrm{p}} s + 1} \approx \frac{K_{\mathrm{p}}(-ds + 2)}{(\tau_{\mathrm{p}} s + 1)(ds + 2)} \tag{3.73}$$

采用零极点对消法求带滤波器的 PID 控制器的参数解析解。

解 $\tau_{\mathrm{p}} > 0$ 时,一阶延迟模型是稳定的。传递函数模型式(3.73)也可写成二阶模型的零极点形式:

$$G(s) = \frac{b_1 s + b_0}{(s + \alpha_1)(s + \alpha_2)} \tag{3.74}$$

式中,$b_1 = -\dfrac{K_{\mathrm{p}}}{\tau_{\mathrm{p}}}$,$b_0 = \dfrac{2K_{\mathrm{p}}}{\tau_{\mathrm{p}} d}$。

为了得到带滤波器 PID 控制器的解析解,采用零极点对消技术。若 $\dfrac{1}{\tau_{\mathrm{p}}} < \dfrac{2}{d}$,取 $\alpha_1 = \dfrac{1}{\tau_{\mathrm{p}}}$,$\alpha_2 = \dfrac{2}{d}$;若 $\dfrac{1}{\tau_{\mathrm{p}}} > \dfrac{2}{d}$,控制对象的时延占主导,则取 $\alpha_1 = \dfrac{2}{d}$,$\alpha_2 = \dfrac{1}{\tau_{\mathrm{p}}}$。

由于在 $s = \dfrac{2}{d}$ 处,零点不稳定,因此在控制器设计中不能消去该零点,而消去极点 $-\alpha_2$,因其动态响应更快。PID 控制器结构的传递函数形为:

$$C(s) = \frac{c_2 s^2 + c_1 s + c_0}{s(s + l_0)} \tag{3.75}$$

这是一种理想的带滤波器 PID 控制器,滤波器极点 $-l_0$ 将用于设计。假设带滤波器 PID 的零点位于 $-\gamma_1$ 和 $-\alpha_2$,其中 α_2 对应于模型中的一个极点,则开环传递函数为:

$$\begin{aligned} L(s) = G(s)C(s) &= \frac{b_1 s + b_0}{(s + \alpha_1)(s + \alpha_2)} \frac{c_2(s + \gamma_1)(s + \alpha_2)}{s(s + l_0)} \\ &= \frac{c_2(b_1 s + b_0)(s + \gamma_1)}{s(s + \alpha_1)(s + l_0)} \end{aligned} \tag{3.76}$$

闭环传递函数为:

$$T(s) = \frac{L(s)}{1 + L(s)} = \frac{c_2(b_1 s + b_0)(s + \gamma_1)}{s(s + \alpha_1)(s + l_0) + c_2(b_1 s + b_0)(s + \gamma_1)} \tag{3.77}$$

注意,式(3.77)分母为一个三阶多项式,存在三个未知控制器参数:l_0、c_2、γ_1。因此,期望闭环特性多项式 $A_{\mathrm{cl}}(s)$ 必须为三阶多项式,阶次与式(3.77)的分母匹配。为此,选择期望闭环特性多项式为:

$$A_{\mathrm{cl}}(s) = (s^2 + 2\xi\omega_{\mathrm{n}} s + \omega_{\mathrm{n}}^2)(s + \lambda_1) \tag{3.78}$$

式中，$\lambda_1 > 0$ 为正。如前所述，选择阻尼系数 $\xi = 0.707$ 和自然振荡频率 ω_n 来反映闭环响应时间和带宽等设计要求。位于 $-\lambda_1$ 的额外极点通常选择远离主导极点 $-\xi\omega_n \pm j\sqrt{1-\xi^2}\,\omega_n$（$\xi = 0.707$）的左侧。例如，可以取 $\lambda_1 > 10\omega_n$。

闭环特征多项式方程为：

$$s(s+a_1)(s+l_0) + c_2(b_1 s + b_0)(s+\gamma_1) = (s^2 + 2\xi\omega_n s + \omega_n^2)(s+\lambda_1) \quad (3.79)$$

式中，方程左边为闭环特征多项式，右边为期望特征多项式。作为练习，分别对方程两边进行整理：

$$s^3 + (\alpha_1 + l_0 + c_2 b_1)s^2 + (\alpha_1 l_0 + c_2(b_0 + b_1\gamma_1))s + c_2 b_0\gamma_1$$
$$= s^3 + (2\xi\omega_n + \lambda_1)s^2 + (\omega_n^2 + 2\lambda_1\xi\omega_n)s + \lambda_1\omega_n^2 \quad (3.80)$$

比较多项式两边系数，得到 3 个线性方程：

$$s^2 : \alpha_1 + l_0 + c_2 b_1 = 2\xi\omega_n + \lambda_1 \quad (3.81)$$

$$s : \alpha_1 l_0 + c_2 b_0 + c_2 b_1\gamma_1 = \omega_n^2 + 2\lambda_1\xi\omega_n \quad (3.82)$$

$$s^0 : c_2 b_0\gamma_1 = \lambda_1\omega_n^2 \quad (3.83)$$

基于式(3.83)求解 $c_2\gamma_1$ 为：

$$c_2\gamma_1 = \frac{\lambda_1\omega_n^2}{b_0} \quad (3.84)$$

然后，将 $c_2\gamma_1$ 的值代入式(3.82)，即：

$$\alpha_1 l_0 + c_2 b_0 = \omega_n^2 + 2\lambda_1\xi\omega_n - \frac{b_1\lambda_1\omega_n^2}{b_0} \quad (3.85)$$

注意到式(3.81)和式(3.85)都包含一对相同的未知变量 (α_1, c_2)，因此同时由这两个方程求解两个未知变量。由式(3.81)求出 l_0 的值：

$$l_0 = -c_2 b_1 + 2\xi\omega_n + \lambda_1 - \alpha_1 \quad (3.86)$$

将 l_0 代入式(3.85)并整理，求出：

$$c_2 = \frac{-2\xi\omega_n\alpha_1 - \lambda_1\alpha_1 + \alpha_1^2 + \omega_n^2 + 2\lambda_1\xi\omega_n - \dfrac{b_1\lambda_1\omega_n^2}{b_0}}{b_0 - \alpha_1 b_1} \quad (3.87)$$

其中，假设 $b_0 - \alpha_1 b_1 \neq 0$。由式(3.87)求出 c_2，再由式(3.86)可求出 l_0。由 c_2 还可求出 γ_1 为：

$$\gamma_1 = \frac{\lambda_1\omega_n^2}{b_0 c_2} \quad (3.88)$$

计算出参数 c_2、γ_1、l_0，带滤波器的 PID 控制器重新整理为：

$$C(s) = \frac{c_2(s+\gamma_1)(s+\alpha_2)}{s(s+l_0)} \quad (3.89)$$

式中，α_2 对应于模型中被消去的极点。

等价地，式(3.89)用更一般的形式表示为：

$$C(s) = \frac{c_2 s^2 + c_1 s + c_0}{s(s+l_0)} \quad (3.90)$$

式中，c_2 由式(3.87)计算，$c_1 = c_2(\gamma_1 + \alpha_2)$，$c_0 = c_2\alpha_2\gamma_1$。

【**例 3.6**】 给定一阶延迟系统,传递函数为:

$$G(s) = \frac{10e^{-5s}}{10s+1} \tag{3.91}$$

利用极点配置设计技术求出 PID 控制器参数。期望闭环性能由 $\xi = 0.707$ 和 $\lambda_1 = 1$ 指定。为了理解对传递函数模型时延的近似导致实际控制对象与设计所用模型之间的误差,对于 $\omega_n = 0.4$ 和较小的 $\omega_n = 0.2$,分别求 PID 控制器参数,给定信号为单位阶跃信号进行闭环性能仿真,扰动取幅值为 0.2 的阶跃信号进行扰动抑制性能仿真。

解 用 Padé 近似法对一阶延迟模型进行近似,有:

$$G(s) \approx \frac{-s+0.4}{(s+0.1)(s+0.4)} \tag{3.92}$$

设计时消去时延产生的极点,指定 α_1 和 α_2 的值分别为 $\alpha_1 = 0.1, \alpha_2 = 0.4$。同样由式(3.92),有 $b_1 = -1, b_0 = 0.4$。

首先取 $\omega_n = 0.4$ 进行计算。c_2 的值为:

$$c_2 = \frac{-2\xi\omega_n\alpha_1 - \lambda_1\alpha_1 + \alpha_1^2 + 2\lambda_1\xi\omega_n - \dfrac{b_1\lambda_1\omega_n^2}{b_0}}{b_0 - \alpha_1 b_1} = 1.9581 \tag{3.93}$$

l_0 为:

$$l_0 = -c_2 b_1 + 2\xi\omega_n + \lambda_1 - \alpha_1 = 3.4237 \tag{3.94}$$

$c_1 = c_2(\gamma_1 + \alpha_2) = 1.1832, c_0 = c_2\alpha_2\gamma_1 = 0.16$。根据这些参数,由式(3.69)~式(3.72)计算 PID 控制器参数:

$$K_c = 0.332; \quad \tau_I = 7.1; \quad \tau_D = 1.43; \quad \tau_f = 0.292$$

图 3.5(a)为闭环响应。结果表明,控制信号和控制对象输出信号都是振荡的,这是由于时延近似引入的建模误差造成的。为了证明减小闭环系统的期望带宽可以减少振荡,将性能参数 ω_n 从 0.4 减小到 0.2。按照同样的步骤,得到 $\omega_n = 0.2$ 时 PID 控制器参数:

$$K_c = 0.1793; \quad \tau_I = 8.0323; \quad \tau_D = 1.3375; \quad \tau_f = 0.5581$$

图 3.5(b)为 ω_n 减小后的闭环响应。可以看出,闭环系统的振荡确实消除了。

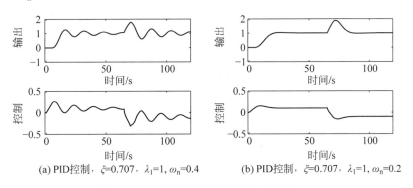

(a) PID控制, $\xi=0.707$, $\lambda_1=1$, $\omega_n=0.4$ (b) PID控制, $\xi=0.707$, $\lambda_1=1$, $\omega_n=0.2$

图 3.5 PID 控制系统的闭环响应(例 3.6)

以下例子将说明零极点对消对给定值跟踪和扰动抑制的影响。

【**例 3.7**】 在高精度机加工应用中需要对交流电机角位置进行控制。假设交流电机的拉普拉斯传递函数模型为:

$$G(s) = \frac{0.05}{s(10s+1)} \tag{3.95}$$

其中，模型的输入为转矩电流，输出为电机的角位置。采用零极点对消的极点配置设计技术设计带滤波器的 PID 控制器，所有期望闭环极点均位于 -1。验证闭环控制系统的输出将无稳态误差跟踪恒值给定输入，同时研究扰动振幅 d_m 未知时闭环系统动态响应。

解 将模型写成零极点形式：

$$G(s) = \frac{0.005}{s(s+0.1)} \tag{3.96}$$

控制器形为：

$$C(s) = \frac{c_2 s^2 + c_1 s + c_0}{s(s+l_0)} \tag{3.97}$$

由于要消去交流电机模型中的位于 -0.1 的极点，将控制器参数化为：

$$C(s) = \frac{c_2(s+\gamma_1)(s+0.1)}{s(s+l_0)} \tag{3.98}$$

这样，得到开环传递函数：

$$
\begin{aligned}
L_o(s) = C(s)G(s) &= \frac{c_2(s+\gamma_1)(s+0.1)}{s(s+l_0)} \frac{0.005}{s(s+0.1)} \\
&= \frac{0.005c_2(s+\gamma_1)}{s^2(s+l_0)}
\end{aligned} \tag{3.99}
$$

给定信号 $R(s)$ 到输出 $Y(s)$ 的闭环传递函数为：

$$
\begin{aligned}
\frac{G(s)C(s)}{1+G(s)C(s)} &= \frac{\dfrac{0.005c_2(s+\gamma_1)}{s^2(s+l_0)}}{1+\dfrac{0.005c_2(s+\gamma_1)}{s^2(s+l_0)}} \\
&= \frac{0.005c_2(s+\gamma_1)}{s^2(s+l_0) + 0.005c_2(s+\gamma_1)}
\end{aligned} \tag{3.100}
$$

式(3.100)的分母是三阶多项，它是确定闭环极点的实际系统闭环特性多项式，因此闭环极点数为 3。当所有闭环极点位于 -1 时，期望闭环多项式为：

$$A_{cl}(s) = (s+1)^3 = s^3 + 3s^2 + 3s + 1 \tag{3.101}$$

使实际闭环特征多项式与期望特征多项式相等，有：

$$s^2(s+l_0) + 0.005c_2(s+\gamma_1) = s^3 + 3s^2 + 3s + 1 \tag{3.102}$$

即

$$s^3 + l_0 s^2 + 0.005c_2 s + 0.005c_2\gamma_1 = s^3 + 3s^2 + 3s + 1 \tag{3.103}$$

比较等式两边，有：

$$s^2 : l_0 = 3 \tag{3.104}$$

$$s : 0.005c_2 = 3 \tag{3.105}$$

$$s^0 : 0.005c_2\gamma_1 = 1 \tag{3.106}$$

这些方程给出了 PID 控制器参数的解，$l_0 = 3$，$c_2 = 600$，$\gamma_1 = \dfrac{1}{3}$。由这些参数和被消去

的极点,得到控制器 $C(s)$:

$$C(s) = \frac{600\left(s+\frac{1}{3}\right)(s+0.1)}{s(s+3)} = \frac{600s^2 + 260s + 20}{s(s+3)} \tag{3.107}$$

基于 $C(s)$ 计算出 PID 控制器参数为:

$$K_c = 84.4; \quad \tau_1 = 12.7; \quad \tau_D = 0.16; \quad \tau_f = 0.33$$

给定信号 $R(s)$ 和输出信号 $Y(s)$ 之间的传递函数为:

$$\frac{Y(s)}{R(s)} = \frac{C(s)G(s)}{1+C(s)G(s)} \tag{3.108}$$

由于零极点对消,闭环传递函数为:

$$\frac{Y(s)}{R(s)} = \frac{0.005c_2(s+\gamma_1)}{s^2(s+l_0)+0.005c_2(s+\gamma_1)} = \frac{3s+1}{(s+1)^3} \tag{3.109}$$

这里用了丢番图方程(Diophantine Equation)即式(3.102)。

设给定信号为阶跃信号,拉氏变换为 $\frac{1}{s}$,则输出为:

$$Y(s) = \frac{3s+1}{(s+1)^3} \frac{1}{s} \tag{3.110}$$

应用终值定理,计算出输出的终值为:

$$\lim_{t\to\infty} y(t) = \lim_{s\to 0} sY(s) = \lim_{s\to 0} \frac{3s+1}{(s+1)^3} = 1 \tag{3.111}$$

因此,闭环控制系统的输出将无稳态误差跟踪阶跃给定信号,且所有闭环极点均按设计要求位于 -1。

图 3.6 为三个不同控制器结构在给定信号下的响应。因为控制器 $C(s)$ 包含一个滤波器,其分母的阶次等于分子的阶次,并且可以直接在前馈通路实现,即 $U(s)=C(s)(R(s)-Y(s))$。输出如图 3.6 中的线 1 所示,可以看出,输出响应中存在较大超调。比例和微分项均仅作用于输出。闭环系统输出响应如线 2 所示,这种实现没有超调,但响应速度比第一种方法慢。如果仅微分项作用于输出,闭环响应如线 3 所示,这种情况超调量较小,闭环响应速度比线 2 快。

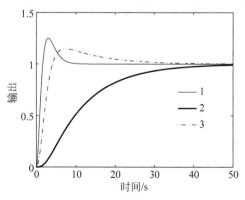

图 3.6　PID 控制系统的给定值响应(例 3.7)

其中,1 线表示直接使用 $C(s)$ 实现;2 线表示比例项和微分项都作用于输出的 PID 控制器;
3 线表示仅微分项作用于输出的 PID 控制器

为了研究输出响应对扰动输入的动态特性,将输入扰动 $D_i(s)$ 与输出 $Y(s)$ 之间的闭环传递函数写为:

$$\frac{Y(s)}{D_i(s)} = \frac{G(s)}{1+G(s)C(s)} = \frac{\dfrac{0.005}{s(s+0.1)}}{1+\dfrac{0.005c_2(s+\gamma_1)}{s^2(s+l_0)}} \tag{3.112}$$

将 c_2、γ_1、l_0 的值以及丢番图方程代入式(3.112),有:

$$\frac{Y(s)}{D_i(s)} = \frac{0.005s(s+3)}{(s+1)^3(s+0.1)} \tag{3.113}$$

式(3.113)的分母说明闭环传递函数有四个极点:其中三个位于期望位置 -1,另一个位于 -0.1,这是设计中要消去的控制对象极点。由于扰动作用下控制对象的极点会重新出现,影响闭环系统响应,并且控制对象的极点为设计中选择的期望闭环极点的十分之一,这不好;因为这意味着,尽管跟踪给定值的动态响应达到了闭环性能的设计要求,但实际的闭环扰动抑制响应速度远低于设计的闭环性能。

在稳态下,利用终值定理,可以验证:

$$\lim_{t \to \infty} y(t) = \lim_{s \to 0} s \frac{0.005s(s+3)}{(s+1)^3(s+0.1)} \frac{d_M}{s} = 0 \tag{3.114}$$

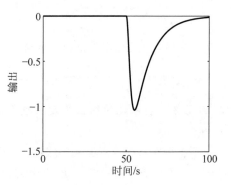

因此,PID 控制器可以无稳态误差完全抑制扰动。图 3.7 显示了对未知振幅输入扰动的动态响应。扰动发生在 50s,可以看出,对扰动的闭环响应非常慢,大约需要 50s 才能使输出响应恢复到此时的稳态值 0。

对扰动抑制来说,当控制对象为欠阻尼时,由于设计中消去的控制对象极点会重新出现在闭环系统中,因此要避免采用零极点对消技术。

图 3.7 扰动抑制(例 3.7)所有控制器结构产生相同的扰动响应

3.3.4 无零极点对消的 PID 控制器设计

假设 PID 控制器为:

$$C(s) = \frac{c_2 s^2 + c_1 s + c_0}{s(s+l_0)} \tag{3.115}$$

二阶模型为:

$$G(s) = \frac{b_1 s + b_0}{s^2 + a_1 s + a_0} \tag{3.116}$$

如果没有零极点对消,开环传递函数为:

$$L(s) = C(s)G(s) = \frac{c_2 s^2 + c_1 s + c_0}{s(s+l_0)} \frac{b_1 s + b_0}{s^2 + a_1 s + a_0} \tag{3.117}$$

闭环传递函数为:

$$T(s) = \frac{L(s)}{1+L(s)}$$

$$= \frac{(c_2 s^2 + c_1 s + c_0)(b_1 s + b_0)}{s(s+l_0)(s^2 + a_1 s + a_0) + (c_2 s^2 + c_1 s + c_0)(b_1 s + b_0)} \tag{3.118}$$

注意到,闭环传递函数的分母是一个四阶多项式,在设计中要确定四个未知控制器参数。因此,期望闭环特征多项式 $A_{cl}(s)$ 为四阶多项式,零点全部位于复平面左半部分。例如,设 $A_{cl}(s)$ 形为:

$$A_{cl}(s) = (s^2 + 2\xi\omega_n s + \omega_n^2)(s+\lambda_1)^2 \tag{3.119}$$

其中,主导极点为 $-\xi\omega_n \pm j\sqrt{1-\xi^2}\,\omega_n$,$(\xi = 0.707$ 或 $1)$,$\lambda_1 \geqslant \omega_n > 0$。为简单起见,将期望闭环特性多项式 $A_{cl}(s)$ 表示为 $s^4 + t_3 s^3 + t_2 s^2 + t_1 s + t_0$。为了将闭环极点配置到期望位置,求解丢番图方程:

$$s(s+l_0)(s^2 + a_1 s + a_0) + (c_2 s^2 + c_1 s + c_0)(b_1 s + b_0)$$
$$= s^4 + t_3 s^3 + t_2 s^2 + t_1 s + t_0 \tag{3.120}$$

通过分解合并,求出等式(3.120)左边的表达式,使其与等式右边相等:

$$s^4 + (b_1 c_2 + a_1 + l_0)s^3 + (b_1 c_1 + b_0 c_2 + a_0 + a_1 l_0)s^2 +$$
$$(b_1 c_0 + b_0 c_1 + l_0 a_0)s + b_0 c_0 \tag{3.121}$$
$$= s^4 + t_3 s^3 + t_2 s^2 + t_1 s + t_0$$

比较式(3.121)的两边,得到一组线性方程:

$$s^3: b_1 c_2 + a_1 + l_0 = t_3 \tag{3.122}$$

$$s^2: b_1 c_1 + b_0 c_2 + a_0 + a_1 l_0 = t_2 \tag{3.123}$$

$$s: b_1 c_0 + b_0 c_1 + l_0 a_0 = t_1 \tag{3.124}$$

$$s^0: b_0 c_0 = t_0 \tag{3.125}$$

为便于求解,将线性方程组以矩阵-向量的形式表示为:

$$\overbrace{\begin{bmatrix} 1 & b_1 & 0 & 0 \\ a_1 & b_0 & b_1 & 0 \\ a_0 & 0 & b_0 & b_1 \\ 0 & 0 & 0 & b_0 \end{bmatrix}}^{S_y} \begin{bmatrix} l_0 \\ c_2 \\ c_1 \\ c_0 \end{bmatrix} = \begin{bmatrix} t_3 - a_1 \\ t_2 - a_0 \\ t_1 \\ t_0 \end{bmatrix} \tag{3.126}$$

这里设方阵 S_y(称为 Sylvester 矩阵)可逆。

【例3.8】 实验室倒立摆试验台中,小车上倒立摆所受外力为输入 $f(t)$,输出为角位置 $\theta(t)$,描述该试验台动态模型的拉普拉斯传递函数为:

$$G(s) = \frac{-0.1}{(s-1)(s+1)} \tag{3.127}$$

为试验台设计一个 PID 控制器,其中闭环性能由 $\xi = 0.707$ 和 $\omega_n = \lambda_1 = 10$ 指定。对两种情况下 PID 控制器的闭环阶跃响应进行仿真:①微分项作用于输出端,比例项和积分项作用于误差信号;②微分项和比例项作用于输出端,而积分项作用于误差信号。

解 本例中,$b_1 = 0$,$b_0 = -0.1$,$a_1 = 0$,$a_0 = -1$。由式(3.126)知,基于极点配置控制

器设计技术的线性方程组为：

$$\begin{bmatrix} 1 & 0 & 0 & 0 \\ 0 & -0.1 & 0 & 0 \\ -1 & 0 & -0.1 & 0 \\ 0 & 0 & 0 & -0.1 \end{bmatrix} \begin{bmatrix} l_0 \\ c_2 \\ c_1 \\ c_0 \end{bmatrix} = \begin{bmatrix} 34 \\ 484 \\ 3414 \\ 10000 \end{bmatrix} \tag{3.128}$$

求解线性方程组得出使用极点配置技术设计的控制器：$l_0 = 34.14, c_2 = -4834,$ $c_1 = -34481, c_0 = -100000$，将这些参数转换成 PID 控制器参数：

$$\tau_f = \frac{1}{l_0} = 0.0293 \tag{3.129}$$

$$\tau_I = \frac{c_1}{c_0} - \tau_f = 0.3155 \tag{3.130}$$

$$K_c = \tau_I \tau_f c_0 = -904.2028 \tag{3.131}$$

$$\tau_D = \frac{c_2 \tau_I \tau_f - K_c \tau_I \tau_f}{K_c \tau_I} = 0.1240 \tag{3.132}$$

注意比例增益 K_c 符号为负，而不是通常情况下的正。这是因为有一个极点位于复平面右半部分，系统不稳定，比例控制器增益 K_c 不遵循由稳定系统建立的规则。

对两种结构的闭环阶跃响应进行仿真。输入信号为单位阶跃，在 $t = 0$ 时刻加入，如图 3.8 所示为控制信号和输出信号。与原 PID 控制器结构相比，比例项仅作用于输出的 IPD 控制器结构显著降低了超调。

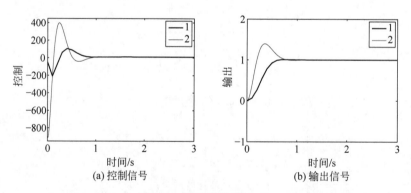

图 3.8 闭环响应（例 3.8）

其中，1 线表示 IPD 控制器结构；2 线表示原始 PID 控制器结构

3.3.5 求解带滤波器 PID 控制器的 MATLAB 教程

教程 3.2 本教程编写一个简单的 MATLAB 程序来计算 PID 控制器参数。设期望闭环特性多项式为：

$$A_{cl} = s^4 + ac_3 s^3 + ac_2 s^2 + ac_1 s + ac_0$$

模型为二阶系统，传递函数为：

$$G(s) = \frac{b_1 s + b_0}{s^2 + a_1 s + a_0}$$

步骤

（1）为 MATLAB 函数创建一个名为 PIDplace.m 的新文件。

（2）定义 MATLAB 函数的输入和输出变量，其中 $a1$、$a0$、$b1$ 和 $b0$ 是模型参数且 A_{cl} 是期望闭环特性多项式。在文件中输入以下程序：

```
function [Kc,tauI,tauD,tauf] = PIDplace(a1,a0,b1,b0,Acl);
```

（3）找出闭环性能参数。继续在文件中输入以下程序：

```
ac_3 = Acl(2);
ac_2 = Acl(3);
ac_1 = Acl(4);
ac_0 = Acl(5);
```

（4）构成以下矩阵和向量，用于求解 PID 控制器参数和线性方程。继续在文件中输入以下程序：

```
S_matrix = [1 b1 0 0; a1 b0 b1 0; a0 0 b0 b1; 0 0 0 b0];
Vec = [ac_3 − a1;ac_2 − a0;ac_1;ac_0];
contr_p = inv(S_matrix) * Vec;
```

（5）将参数转换为带微分滤波器的 PID 控制器。继续在文件中输入以下程序：

```
L0 = contr_p(1);
c2 = contr_p(2);
c1 = contr_p(3);
c0 = contr_p(4);
tauf = 1/L0;
tauI = c1/c0 − tauf;
Kc = tauI * tauf * c0;
tauD = (c2 * tauI * tauf − Kc * tauI * tauf)/(Kc * tauI);
```

（6）用例 3.8 中给出的倒立摆系统测试该程序，代码如下：

```
b1 = 0;
b0 = − 0.1;
a1 = 0;
a0 = − 1;
Ac1 = [1 0.707 * 20 100];
Ac2 = [1 20 100];
Acl = conv(Ac1,Ac2);
[Kc,tauI,tauD,tauf] = PIDplace(a1,a0,b1,b0,Acl)
```

3.3.6　进一步思考

（1）你会为一阶系统设计 PD 或 PID 控制器吗？

（2）如果系统有一个极点位于复平面的右半部分（不稳定极点），可以选择控制器零点对消这个不稳定的极点吗？

（3）在设计中被消去的开环极点会重新出现在扰动输入作用下的输出响应中——这种说法正确吗？

（4）在设计中被消去的开环极点会重新出现在对输出扰动的输出响应中——这种说法正确吗？

（5）在设计中被消去的开环极点会重新出现在给定信号作用下的输出响应中——这种说法正确吗？

（6）当使用极点配置控制器设计技术时，如何处理时延？

（7）一般极点配置控制器设计（无零极点对消），得到控制器参数唯一解的条件是什么？

3.4　谐振控制器设计

不同于 PI 或 PID 控制器，谐振控制器分母中包含因式 $s^2 + \omega_0^2$。在嵌入模式下，闭环反馈控制系统被设计成稳定的，控制系统的稳态输出将完全跟踪正弦信号和/或抑制包含频率 ω_0 的正弦扰动信号，稳态误差为 0（见 2.5.3 节）。

3.4.1　谐振控制器设计

考虑一阶传递函数，用于描述交流电机的动态模型，形为：

$$G(s) = \frac{b}{s+a} = \frac{B(s)}{A(s)} \tag{3.133}$$

其中，输入是转矩电流，输出是速度。任务为设计控制器 $C(s)$，以抑制频率为 $\omega_0(\mathrm{rad}^{-1})$ 的正弦波扰动。这里将使用极点配置控制器设计技术。

对于一阶系统，控制器结构选择如下：

$$C(s) = \frac{c_2 s^2 + c_1 s + c_0}{s^2 + \omega_0^2} = \frac{P(s)}{L(s)} \tag{3.134}$$

这里，控制器的分母是二阶（s^2），分子也选为二阶，以允许比例控制作用。这种情况要确定 3 个未知系数 c_2、c_1、c_0。实际闭环特性多项式为：

$$L(s)A(s) + P(s)B(s) = (s^2 + \omega_0^2)(s+a) + b(c_2 s^2 + c_1 s + c_0) \tag{3.135}$$

这是一个三阶多项式。因此，期望闭环特性多项式应该是三阶的，相应地，期望闭环极点数目应该是 3 个。例如，可以假设期望闭环特征多项式 $A_{\mathrm{cl}}(s)$ 形为（$\xi, \omega_{\mathrm{n}}, \lambda_1 > 0$）：

$$A_{\mathrm{cl}}(s) = (s^2 + 2\xi\omega_{\mathrm{n}} s + \omega_{\mathrm{n}}^2)(s + \lambda_1) \tag{3.136}$$

其中，主极点为 $-\xi\omega_{\mathrm{n}} \pm \mathrm{j}\sqrt{1-\xi^2}\,\omega_{\mathrm{n}}(\xi=1 \text{ 或 } 0.707)$，$\lambda_1 \geqslant \omega_{\mathrm{n}} > 0$。为简单起见，将期望的闭环特性多项式 $A_{\mathrm{cl}}(s)$ 表示为 $s^3 + t_2 s^2 + t_1 s + t_0$。

采用极点配置控制器设计技术，使实际的闭环特性多项式等于期望闭环特性多项式，有：

$$L(s)A(s) + P(s)B(s) = A_{\mathrm{cl}}(s) \tag{3.137}$$

式（3.137）称为丢番图方程。将 $L(s)$、$A(s)$、$P(s)$、$B(s)$、$A_{\mathrm{cl}}(s)$ 的表达式代入式（3.137），丢番图方程为：

$$s^3 + (a + bc_2)s^2 + (\omega_0^2 + bc_1)s + (a\omega_0^2 + bc_0) = s^3 + t_2 s^2 + t_1 s + t_0 \tag{3.138}$$

使方程两边相等，得到以下线性方程：

$$s^2 : a + bc_2 = t_2 \tag{3.139}$$

$$s : \omega_0^2 + bc_1 = t_1 \tag{3.140}$$

$$s^0 : a\omega_0^2 + bc_0 = t_0 \tag{3.141}$$

求解这些线性方程,得控制器的系数为:

$$c_2 = \frac{t_2 - a}{b} \tag{3.142}$$

$$c_1 = \frac{t_1 - \omega_0^2}{b} \tag{3.143}$$

$$c_0 = \frac{t_0 - a\omega_0^2}{b} \tag{3.144}$$

3.4.2 稳态误差分析

为了证明闭环控制系统的输出将跟踪频率为 ω_0 的正弦信号,计算给定正弦信号 $R(s)$ 下的闭环反馈误差信号 $E(s) = R(s) - Y(s)$。这里,控制信号为:

$$U(s) = \frac{c_2 s^2 + c_1 s + c_0}{s^2 + \omega_0^2} E(s) \tag{3.145}$$

输出信号为:

$$Y(s) = \frac{b}{s+a} U(s) = \frac{b}{s+a} \frac{c_2 s^2 + c_1 s + c_0}{s^2 + \omega_0^2} E(s) \tag{3.146}$$

将 $Y(s) = R(s) - E(s)$ 代入式(3.146),得:

$$\left(1 + \frac{b}{s+a} \frac{c_2 s^2 + c_1 s + c_0}{s^2 + \omega_0^2}\right) E(s) = R(s) \tag{3.147}$$

给定信号 $R(s)$ 和输出信号 $Y(s)$ 之间的关系为:

$$E(s) = \frac{(s+a)(s^2 + \omega_0^2)}{(s^2 + \omega_0^2)(s+a) + b(c_2 s^2 + c_1 s + c_0)} R(s)$$

$$= \frac{(s+a)(s^2 + \omega_0^2)}{(s^2 + 2\xi\omega_n s + \omega_n^2)(s + \lambda_1)} R(s) \tag{3.148}$$

这里使用了丢番图方程即式(3.137)。当给定信号 $r(t) = R_m \sin(\omega_0 t)$ 时,其拉氏变换为 $R(s) = \dfrac{R_m \omega_0}{s^2 + \omega_0^2}$。由式(3.148)得到反馈误差信号的拉氏变换为:

$$E(s) = \frac{(s+a)(s^2 + \omega_0^2)}{(s^2 + 2\xi\omega_n s + \omega_n^2)(s + \lambda_1)} \frac{R_m \omega_0^2}{s^2 + \omega_0^2}$$

$$= \frac{(s+a) R_m \omega_0}{(s^2 + 2\xi\omega_n s + \omega_n^2)(s + \lambda_1)} \tag{3.149}$$

这里已经消去了因式 $(s^2 + \omega_0^2)$。由于式(3.149)的分母包含的所有零点均位于复平面左半部分,应用终值定理,得:

$$\lim_{t \to \infty} e(t) = \lim_{s \to 0} s \frac{(s+a) R_m \omega_0}{(s^2 + 2\xi\omega_n s + \omega_n^2)(s + \lambda_1)} = 0 \tag{3.150}$$

由于 $e(t)=r(t)-y(t)$ 且 $\lim_{t\to\infty}e(t)=0$，因而得出结论：输出 $y(t)$ 将收敛于给定信号 $r(t)$。

为了证明闭环控制系统能完全抑制正弦扰动，求出输入扰动与输出之间的关系。这里，输入扰动 $D_i(s)$ 与输出 $Y(s)$ 之间的传递函数为：

$$\frac{Y(s)}{D_i(s)}=\frac{G(s)}{1+G(s)C(s)}=\frac{(s^2+\omega_0^2)b}{(s^2+\omega_0^2)(s+a)+b(c_2s^2+c_1s+c_0)}$$

$$=\frac{b(s^2+\omega_0^2)}{(s^2+2\xi\omega_n s+\omega_n^2)(s+\lambda_1)} \tag{3.151}$$

假设扰动信号是一个幅值 d_m 未知的正弦信号 $d_i(t)=d_m\sin(\omega_0 t)$，拉氏变换为 $D_i(s)=\dfrac{d_m\omega_0}{s^2+\omega_0^2}$。那么输入扰动 $D_i(s)$ 作用下的输出响应为：

$$Y(s)=\frac{b(s^2+\omega_0^2)}{(s^2+2\xi\omega_n s+\omega_n^2)(s+\lambda_1)}D_i(s)$$

$$=\frac{b(s^2+\omega_0^2)}{(s^2+2\xi\omega_n s+\omega_n^2)(s+\lambda_1)}\frac{d_m\omega_0}{s^2+\omega_0^2} \tag{3.152}$$

$$=\frac{bd_m\omega_0}{(s^2+2\xi\omega_n s+\omega_n^2)(s+\lambda_1)}$$

当参数 $\lambda_1>0,\xi=0.707$ 或 $1,\omega_n>0$ 时，分母的零点均位于复平面的左半部分，应用终值定理，得：

$$\lim_{t\to\infty}y(t)=\lim_{s\to0}sY(s)=\lim_{s\to0}\frac{sbd_m\omega_0}{(s^2+2\xi\omega_n s+\omega_n^2)(s+\lambda_1)}=0 \tag{3.153}$$

因此，输入扰动 $d_i(t)$ 作用下输出响应 $y(t)$ 的稳态值为零。这意味着闭环反馈控制系统将完全抑制输入扰动 $d_i(t)$。

【例 3.9】 对于参数 $a=0.01,b=0.05$ 的交流电机，如果扰动频率为 $\omega_0=0.1$，并且所有 3 个期望闭环极点均取 -0.1，为该交流电机设计反馈控制器使得闭环控制信号抑制正弦扰动信号。

解 期望的闭环特性多项式为：

$$A_{cl}(s)=(s+0.1)^3=s^3+0.3s^2+0.03s+0.001 \tag{3.154}$$

这里，$t_2=0.3,t_1=0.03,t_0=0.001$。由式(3.138)，求出控制器参数为：

$$c_2=\frac{t_2-a}{b}=\frac{0.3-0.01}{0.05}=5.8 \tag{3.155}$$

$$c_1=\frac{t_1-\omega_0^2}{b}=\frac{0.03-0.01}{0.05}=0.4 \tag{3.156}$$

$$c_0=\frac{t_0-a\omega_0^2}{b}=\frac{0.001-(0.01)^2}{0.05}=0.018 \tag{3.157}$$

首先，运行于稳态值 0.3，对闭环扰动抑制性能进行仿真。在 $t=0$ 时刻加入扰动信号 $d_{in}(t)=2\sin(0.1t)$。图 3.9(a) 为扰动信号作用下的输出响应。可以看出，扰动被完全抑制，输出回到给定信号。同一控制系统还将跟踪正弦给定信号，如图 3.9(b)所示，输出跟踪

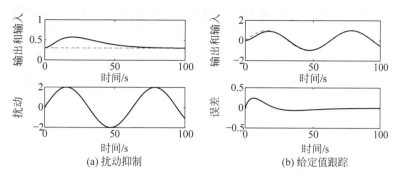

图 3.9　谐振控制的闭环响应(例 3.9)

正弦信号 $r(t)=\sin(0.1t)$。因此,所设计的抑制正弦扰动的控制系统将自动跟踪同一频率的正弦信号。

3.4.3　谐振控制器设计中的零极点对消

【例 3.10】　某电路具有二阶传递函数:

$$G(s)=\frac{1}{(s+1)(s+6)} \tag{3.158}$$

该系统存在频率 $\omega_0=1$ 的正弦扰动,设计一个谐振控制器,使稳态下完全抑制扰动,所有期望闭环极点均位于 -3。

解　设计中使用零极点对消技术,由于闭环极点 -3 位于系统快极点 -6 的右侧,极点 -6 的消除不会显著改变输入扰动的响应速度。但是,由于控制器的确切阶次未知,将采用尽可能低的阶次开始设计,看能否求出控制器参数的唯一解。

最简单的谐振控制器结构为:

$$C(s)=\frac{c_2 s^2+c_1 s+c_0}{s^2+\omega_0^2} \tag{3.159}$$

之所以选择这种结构,是为了抑制正弦扰动,控制器的分母应包含因式 $s^2+\omega_0^2$,分子的阶次是为了与分母的阶次匹配。

为了实现零极点对消,重写控制器为:

$$C(s)=\frac{c_2(s+\gamma_1)(s+6)}{s^2+\omega_0^2} \tag{3.160}$$

含控制对象和控制器的开环传递函数为:

$$L_o(s)=G(s)C(s)=\frac{1}{(s+1)(s+6)}\frac{c_2(s+\gamma_1)(s+6)}{s^2+\omega_0^2} \tag{3.161}$$

给定信号 $R(s)$ 和输出 $Y(s)$ 之间的闭环传递函数为:

$$\frac{Y(s)}{R(s)}=\frac{G(s)C(s)}{1+G(s)C(s)}=\frac{c_2(s+\gamma_1)}{c_2(s+\gamma_1)+(s+1)(s^2+\omega_0^2)} \tag{3.162}$$

由式(3.162)可以看出,闭环传递函数的分母是三阶多项式,因此在系统中有 3 个闭环极点。仔细看式(3.162),只有两个未知控制器系数 c_2 和 γ_1。研究丢番图方程:

$$c_2(s+\gamma_1)+(s+1)(s^2+\omega_0^2)=s^3+t_2 s^2+t_1 s+t_0 \tag{3.163}$$

这里方程右边为期望闭环多项式,要将实际闭环极点与期望闭环极点匹配,可列出 3 个线性方程。这样,由 3 个线性方程组确定两个未知控制器系数 c_2 和 γ_1,没有唯一解。这说明控制器结构对系统来说过于简单。

为了增加控制器的复杂性,选择:

$$C(s) = \frac{c_3 s^3 + c_2 s^2 + c_1 s + c_0}{(s^2 + \omega_0^2)(s + l_0)} \tag{3.164}$$

其中分母和分子阶次相同,均为 3,以实施比例控制。考虑零极点对消,将控制器结构重写为:

$$C(s) = \frac{c_3 (s^2 + \gamma_1 s + \gamma_0)(s + 6)}{(s^2 + \omega_0^2)(s + l_0)} \tag{3.165}$$

开环传递函数为:

$$L_0(s) = G(s)C(s) = \frac{1}{(s+1)(s+6)} \frac{c_3 (s^2 + \gamma_1 s + \gamma_0)(s + 6)}{(s^2 + \omega_0^2)(s + l_0)} \tag{3.166}$$

当因子 $s+6$ 被消去时,闭环传递函数为:

$$\frac{Y(s)}{R(s)} = \frac{c_3 (s^2 + \gamma_1 s + \gamma_0)}{c_3 (s^2 + \gamma_1 s + \gamma_0) + (s+1)(s^2 + \omega_0^2)(s + l_0)} \tag{3.167}$$

由式(3.167)可知,闭环特性多项式为四阶,有四个闭环极点,并且有四个独立的未知控制器参数——c_3、γ_1、γ_0、l_0。根据设计要求,所有闭环极点均位于-3,因此期望的闭环特性多项式为$(s+3)^4$。得到丢番图方程为:

$$c_3 s^2 + c_3 \gamma_1 s + c_3 \gamma_0 + (s+1)(s^2 + \omega_0^2)(s + l_0) = (s+3)^4 \tag{3.168}$$

即

$$s^4 + (1 + l_0)s^3 + (\omega_0^2 + l_0 + c_3)s^2 + (\omega_0^2 + l_0\omega_0^2 + c_3\gamma_1)s + l_0\omega_0^2 + c_3\gamma_0$$
$$= s^4 + 12s^3 + 54s^2 + 108s + 81 \tag{3.169}$$

比较式(3.169)的两边,得线性方程:

$$s^3 : 1 + l_0 = 12 \tag{3.170}$$

$$s^2 : \omega_0^2 + l_0 + c_3 = 54 \tag{3.171}$$

$$s : \omega_0^2 + l_0\omega_0^2 + c_3\gamma_1 = 108 \tag{3.172}$$

$$s^0 : l_0\omega_0^2 + c_3\gamma_0 = 81 \tag{3.173}$$

求解线性方程,得控制器参数的值:$l_0 = 11$,$c_3 = 54 - \omega_0^2 - l_0 = 42$,$\gamma_1 = (108 - \omega_0^2 - l_0\omega_0^2)/c_3 = 2.2857$,$\gamma_0 = (81 - l_0\omega_0^2)/c_3 = 1.667$。利用这些参数将谐振控制器重新写为:

$$C(s) = \frac{c_3 (s^2 + \gamma_1 s + \gamma_0)(s + 6)}{(s^2 + \omega_0^2)(s + l_0)} = \frac{42s^3 + 348s^2 + 657s + 486}{s^3 + 11s^2 + s + 11} \tag{3.174}$$

系统运行于稳态值 1 时,对输入扰动 $d_i(t) = 2\sin(t)$ 的闭环输出响应进行仿真,扰动在 $t=0$ 时刻加入系统。图 3.10 为扰动输入下的输出响应。可以看出,闭环系统完全抑制正弦扰动需要约 3s。

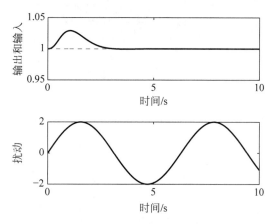

图 3.10　正弦输入扰动抑制(例 3.10)

对于谐振控制器,2.5.3 节已经说明,在频率 $\omega = \omega_0$ 时,要求补灵敏度函数满足 $T(\omega) = 1$。这表明闭环谐振控制系统的带宽至少要大于 ω_0。根据第 2 章的分析,如果 ω_0 较大,意味着一般而言,谐振控制系统需要更精确的数学模型以实现鲁棒性,需要更好的传感器使噪声衰减。

3.4.4　进一步思考

(1) 已知周期给定信号的频率为 50Hz,在谐振控制器的设计中,要无稳态误差跟踪给定信号,如何取频率参数 ω_0?

(2) 如果一个谐振控制器被设计成无稳态误差跟踪频率为 ω_0 的正弦信号,那么相同的谐振控制器能否抑制频率为 ω_0 的周期性输入扰动信号?

(3) 如果已知正弦给定信号的频率为 ω_0,扰动的频率为 $3\omega_0$,那么选择谐振控制器的分母包含因式 $(s^2 + \omega_0^2)(s^2 + 9\omega_0^2)$ 是否正确?

(4) 如果给定信号是频率为 ω_0 的正弦信号加上一个常数,如何选择谐振控制器分母的关键因式,使得闭环控制系统跟踪给定信号?

3.5　前馈控制

前馈控制与 PID(或谐振控制器)的结合得到广泛应用。前馈补偿的基础是直接测量或估计前馈变量,其效果由控制信号减去前馈量的影响来体现。前馈有多种形式,但基本思想相同。

3.5.1　前馈控制的基本思想

假设动态系统输出的拉氏变换为:
$$Y(s) = G(s)U(s) + G_d(s)D_o(s) \tag{3.175}$$
式中,$U(s)$ 为控制信号的拉氏变换,$D_o(s)$ 为扰动信号,可测量并用于前馈补偿。为了引入前馈补偿,将式(3.175)重写为:

$$Y(s) = G(s)\left[U(s) + \frac{G_d(s)}{G(s)}D_o(s)\right] = G(s)\widetilde{U}(s) \qquad (3.176)$$

其中的中间控制信号 $\widetilde{U}(s)$ 定义为：

$$\widetilde{U}(s) = U(s) + \frac{G_d(s)}{G(s)}D_o(s)$$

在式(3.176)的基础上，利用传递函数 $G(s)$ 设计一个 PID 控制器 $C(s)$，得到中间控制信号 $\widetilde{U}(s)$，从中减去扰动 $D_o(s)$ 的影响。通过该过程可精确地得到实际控制信号 $U(s)$，为：

$$U(s) = \widetilde{U}(s) - \frac{G_d(s)}{G(s)}D_o(s) = C(s)(R(s) - Y(s)) - \frac{G_d(s)}{G(s)}D_o(s) \qquad (3.177)$$

显然，前提是传递函数 $\frac{G_d(s)}{G(s)}$ 稳定、可实现，且 $D_o(s)$ 可测量。图 3.11 给出了反馈和前馈控制系统。作为例子，假设 $G(s)$ 和 $G_d(s)$ 由以下一阶延迟传递函数表示：

$$G(s) = \frac{0.5e^{-5s}}{2s+1}; \quad G_d(s) = \frac{0.1e^{-10s}}{6s+1}$$

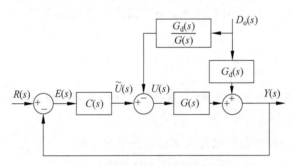

图 3.11　反馈和前馈控制系统框图

那么控制信号 $U(s)$ 为：

$$U(s) = C(s)(R(s) - Y(s)) - \frac{0.2(2s+1)e^{-5s}}{6s+1}D_o(s)$$

由于扰动模型的时延大于控制对象模型的时延，传递函数 $\frac{G_d(s)}{G(s)}$ 可实现，因此可以对其进行前馈补偿。

3.5.2　三弹簧双质块系统

为了说明如何将前馈控制器与 PID 控制器结合，研究三弹簧双质块系统的 PID 控制系统设计。

图 3.12 为一个三弹簧双质块系统 Tongue(2002)。图中，两个质块的质量为 M_1 和 M_2，左右弹簧的弹性系数为 α_1，中间弹簧的弹性系数为 α_2。输入变量为施加的两个力 u_1 和 u_2，输出变量为质块 1 的位移 y_1 和质块 2 的位移 y_2。

考虑简化弹簧力 f_1，$f_1 = \alpha_1 d_1$，d_1 是质块的位移，并将牛顿第二定律[①]应用于第一个

---

① $F = Ma$，其中 F 是总力，M 是质量，a 是加速度。

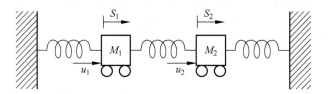

图3.12 三弹簧双质块系统

质块,得到以下方程:

$$u_1(t) - \alpha_1 y_1(t) - \alpha_2(y_1(t) - y_2(t)) = M_1 \frac{\mathrm{d}^2 y_1(t)}{\mathrm{d}t^2} \tag{3.178}$$

其中第一项表示第一个外力,第二项和第三项分别表示弹簧1和弹簧2产生的力。式(3.178)的右边是质块1的质量和加速度的乘积。同样地,将牛顿定律应用于第二个质块,得到:

$$u_2(t) - \alpha_1 y_2(t) + \alpha_2(y_1(t) - y_2(t)) = M_2 \frac{\mathrm{d}^2 y_2(t)}{\mathrm{d}t^2} \tag{3.179}$$

其中,第一项表示第二个外力,第二项和第三项是弹簧3和弹簧2产生的力。式(3.179)的右边是质块2的质量和加速度的乘积。

为了清楚展示系统动态模型,将式(3.178)和式(3.179)重写为:

$$\frac{\mathrm{d}^2 y_1(t)}{\mathrm{d}t^2} = -\frac{\alpha_1 + \alpha_2}{M_1} y_1(t) + \frac{\alpha_2}{M_1} y_2(t) + \frac{u_1(t)}{M_1} \tag{3.180}$$

$$\frac{\mathrm{d}^2 y_2(t)}{\mathrm{d}t^2} = -\frac{\alpha_1 + \alpha_2}{M_2} y_2(t) + \frac{\alpha_2}{M_2} y_1(t) + \frac{u_2(t)}{M_2} \tag{3.181}$$

对于三弹簧双质块系统,存在两个二阶系统,而且,两个系统还存在相互作用。

Tongue(2002)物理参数为 $M_1 = 2\text{kg}$,$M_2 = 4\text{kg}$,$\alpha_1 = 40\text{Nm}^{-1}$,$\alpha_2 = 100\text{Nm}^{-1}$。作为练习,参数改为 $\alpha_1 = 200\text{Nm}^{-1}$。

【例3.11】 本例假设第二个质块不受控,来自第二个质块的力对第一个质块的闭环控制起扰动作用。求出未控制系统的自然振荡频率,并在设计PID控制器时,选择所有闭环极点与自然振荡频率相关。

解 微分方程式(3.180)和式(3.181)的拉氏变换如下:

$$Y_1(s) = \frac{1/M_1}{s^2 + \dfrac{\alpha_1 + \alpha_2}{M_1}}(\alpha_2 Y_2(s) + U_1(s)) \tag{3.182}$$

$$Y_2(s) = \frac{1/M_2}{s^2 + \dfrac{\alpha_1 + \alpha_2}{M_2}}(\alpha_2 Y_1(s) + U_2(s)) \tag{3.183}$$

这里假设变量 $y_1(t)$ 和 $y_2(t)$ 的初始条件为零。利用这两个传递函数模型,可由传递函数模块建立三弹簧双质块系统的Simulink仿真模型。

为了求第一个质块的自然振荡频率,考虑式(3.182),其中Laplace变换 $Y_2(s)$ 是外部扰

动。因此,开环系统在虚轴上有一对极点,为以下多项式方程的解:

$$s^2 + \frac{\alpha_1 + \alpha_2}{M_1} = 0$$

即

$$s_{1,2} = \pm j \sqrt{\frac{\alpha_1 + \alpha_2}{M_1}} = \pm j \sqrt{\frac{40 + 100}{2}} = \pm j8.3667$$

则自然振荡频率为 $8.3667 \mathrm{Nm}^{-1}\mathrm{kg}^{-1}$。

1. 带滤波器的 PID 控制器

利用 MATLAB 程序 PIDplace. m(见 3.3.5 节的教程 3.2),基于传递函数模型式(3.182)设计带滤波器的 PID 控制器。$\alpha_2 Y_2(s)$视为扰动,极点配置 PID 控制器设计中采用两对复极点。阻尼系数 $\xi = 0.707$,参数 ω_n 用作性能调节参数。由于两个输出之间相互作用,第一个质块的闭环动态更加复杂。因此,要使闭环系统稳定存在一个最小的 ω_n。仿真研究表明,ω_n 的最小值约为原系统自然振荡频率的 5 倍。这类似于控制不稳定系统,要使反馈系统具有鲁棒性,存在一个最小的控制器增益。

分别取 $\omega_n = 6 \times 8.3667 = 50.2$,$\xi = 0.707$,得到两对复极点,由程序 PIDplace. m 计算 PID 控制器参数如下:

$$K_c = 4269.8; \quad \tau_I = 0.0477; \quad \tau_D = 0.0260; \quad \tau_f = 0.0070$$

2. 闭环仿真研究

在第一个仿真中,假设当 $t > 0$ 时 $u_2(t) = 0$。由于第二个质块与第一个质块相连,所以输出 $y_2(t)$ 不为零。取采样间隔 $\Delta t = 0.0001\mathrm{s}$,在闭环控制中加入振幅为 0.1 的阶跃给定信号。将第一个质块从原点移动 0.1m 的控制信号如图 3.13(a),图 3.13(b)为输出信号。由图 3.13(a)可以清楚地看出,第二个质块产生正弦扰动,反馈控制信号试图对其进行补偿,正弦扰动的影响并不明显。

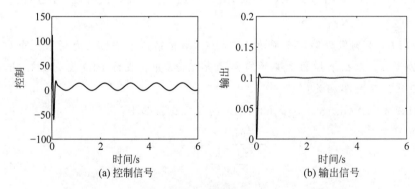

(a) 控制信号 (b) 输出信号

图 3.13 $u_2 = 0$ 时三弹簧双质块系统的闭环响应(例 3.11)

现在给出另一个仿真场景。假设有一个恒定的负力作用在第二个质块上,$u_2(t) = -120$,而控制信号 $u_1(t)$ 被限制为正值 $[u_1(t) \geqslant 0]$。图 3.14 为 $u_2 = -120$ 的三弹簧双质量系统的闭环响应。控制信号[见图 3.14(a)]仍试图减少扰动的影响,但由于其振幅较大,可从输出响应中看出扰动的影响[见图 3.14(b)]。

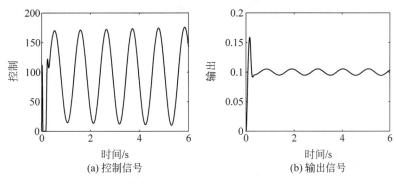

(a) 控制信号　　　　　　　　(b) 输出信号

图 3.14　$u_2 = -120$ 时三弹簧双质块系统的闭环响应(例 3.11)

【例 3.12】　为了克服第 2 个质块产生的正弦扰动,将扰动前馈控制与 PID 反馈控制相结合,并对闭环控制性能进行仿真,假设测量输出 $y_2(t)$。

解　为了与 PID 控制器一起设计前馈,考虑第一个质块的动态物理方程即式(3.180):

$$\frac{\mathrm{d}^2 y_1(t)}{\mathrm{d}t^2} = -\frac{\alpha_1 + \alpha_2}{M_1} y_1(t) + \frac{1}{M_1}(\alpha_2 y_2(t) + u_1(t))$$
$$= -\frac{\alpha_1 + \alpha_2}{M_1} y_1(t) + \frac{1}{M_1}\tilde{u}_1(t) \tag{3.184}$$

这里定义了一个中间控制变量:

$$\tilde{u}_1(t) = \alpha_2 y_2(t) + u_1(t)$$

现在,保持例 3.11 中的 PID 控制器不变,并用于计算中间控制信号 $\tilde{u}_1(t)$。则前馈控制为:

$$u_1(t) = \tilde{u}_1(t) - \alpha_2 y_2(t) \tag{3.185}$$

在 $u_2 = -120$ 的情况下,对具有扰动前馈补偿的 PID 控制器进行评估。图 3.15(a) 为闭环控制信号,从中可以看出,控制信号获取了第 2 个质块引起的振荡。更重要的是,由于控制信号的特性,与图 3.14(b) 相比,输出 $y_1(t)$ 不再存在周期性振荡,这意味着周期性扰动被完全消除。

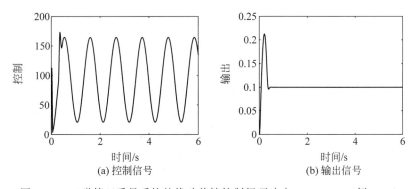

(a) 控制信号　　　　　　　　(b) 输出信号

图 3.15　三弹簧双质量系统的扰动前馈控制闭环响应,$u_2 = -120$(例 3.12)

使用前馈补偿时需要谨慎,前馈补偿的有效性取决于用于补偿的模型精度,这种对模型的依赖比使用反馈控制策略的情况更严重。这里,参数 α_2 起着重要作用。为了说明这一点,考虑以下 3 种情况:

$$u_1(t) = \begin{cases} \tilde{u}_1(t) - 0.5\alpha_2 y_2(t) & \text{(a)} \\ \tilde{u}_1(t) - 1.5\alpha_2 y_2(t) & \text{(b)} \\ \tilde{u}_1(t) + 0.5\alpha_2 y_2(t) & \text{(c)} \end{cases} \tag{3.186}$$

图 3.16 比较了 3 种前馈补偿的输出响应。可以清楚地看到,周期扰动不再能完全补偿,稳态响应也彼此不同;当补偿符号错误时,情况更糟。

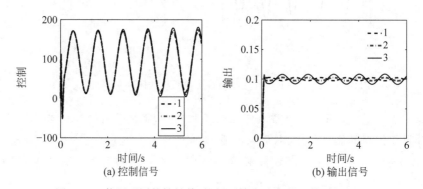

图 3.16 使用不同前馈补偿时,闭环输出响应的比较(例 3.12)
其中,1 线表示前馈使用式(3.186(a));2 线表示前馈使用式(3.186(b));3 线表示前馈使用(3.186(c))

3.5.3 进一步思考

(1) 在前馈控制中,如果前馈变量有界,如三弹簧双质块系统,前馈控制会引起闭环不稳定吗?

(2) 在使用前馈补偿的大多数应用中,如三弹簧双质块系统所示,前馈变量被捕获为控制信号的一部分,可以方便地将其减去。是否可以将前馈补偿的思想扩展到给定信号?

(3) 使用前馈控制的主要优点是什么?

(4) 使用前馈控制有什么缺点?

3.6 小结

本章讨论了 PID 和谐振控制器的控制系统设计方法,该方法是使用最广泛的方法之一。极点配置控制器设计的核心思想是通过闭环极点的位置来指定期望闭环性能,通过寻找多项式方程的解使期望闭环极点和实际闭环极点相匹配。这些方法概念和计算都很简单,并且设计方法可以扩展到各种控制器结构和模型。其他重要内容总结如下。

- 对一阶模型,可以设计 P 控制器、PI 控制器或谐振控制器。
- 对二阶模型,可以设计 PD 控制器、PID 控制器或带有一阶滤波器的谐振控制器。
- 对高阶模型,需要选择控制器的结构,以唯一确定控制器参数。
- 可以使用零极点对消技术获得简单的解析解,但只能消去对应于快速动态响应的极点。对输入扰动的响应,闭环系统被消的极点会重新出现,因而在设计中不能消去不稳定的极点或零点。
- 对高阶系统,模型降阶为一阶或二阶模型以进行 PID 控制器设计。
- 选择期望闭环极点的位置,并对其进行调整,以满足闭环系统给定值跟踪、扰动抑制、噪声衰减、鲁棒性的闭环响应速度要求。可根据第 2 章介绍的奈奎斯特图和灵敏度分析对其进行调整。

3.7 进一步阅读

（1）Morari 和 Zafiriou（1989）书中介绍了内模控制。

（2）Goodwin 等（2000）、Cominos 和 Munro（2002）介绍了极点配置 PID 控制器的设计以及其他几种设计方法。

（3）Soh 等（1987）、Nurges（2006）、Wang 等（2009）提出了鲁棒极点配置控制器的设计方法。

（4）Langer 和 Landau（1999）提出了结合灵敏度整形的极点配置方法。

（5）Wellstead 等（1979）提出的极点配置自整定控制是自整定控制器之一。

（6）Zitek 等（2013）介绍了考虑和分析主导极点的极点配置 PID 控制器设计。

（7）通过对时延近似和指定期望的闭环时间常数，采用直接综合法对扰动抑制设计 PI 和 PID 控制器［Chen 和 Seborg（2002）］。

（8）提出一种简单的继电器非线性 PD 控制器，用于控制带摩擦的高精度运动系统［Zheng 等（2018）］。

（9）在同步参考系（d-q 参考系）中，由于给定信号恒定，交流传动和功率变换器中的电流控制通常使用 PI 控制器结构［Wang 等（2015）］。如果采用静止参考系，由于给定信号是正弦的，则交流传动和功率变换器的电流控制采用谐振控制器［Wang 等（2015）］。

问题

3.1 设系统传递函数为 $G(s)=\dfrac{b}{s+a}$，试设计 PI 控制器，其中参数 a 和 b 如下所示：

（1）$a=0.1, b=3$；

（2）$a=10, b=-0.1$；

（3）$a=-3, b=1$。

在设计中，期望的闭环特性多项式取 $s^2+2\xi\omega_n s+\omega_n^2, \xi=0.707$，取自然振荡频率参数 ω_n 为 $|a|$、$5|a|$、$10|a|$。比较 3 种带宽选择的比例控制器增益 K_c 和积分时间常数 τ_1。你的观察结果是什么？

3.2 基于二阶模型设计 PD 控制器，模型为：

$$G(s)=\frac{b_1 s+b_0}{s^2+a_1 s+a_0}$$

（1）为以下系统求解带微分滤波器的 PD 控制器。

① $b_1=0, b_0=3, a_1=0, a_0=4$。

② $b_1=-1, b_0=1, a_1=0.2, a_0=1$。

③ $b_1=0.1, b_0=-1, a_1=1, a_0=0$。

这里，所有期望的闭环多项式选为 $(s^2+2\xi\omega_n s+\omega_n^2)(s+2\omega_n)$，其中 $\xi=0.707, \omega_n=2$。

（2）取采样间隔 $\Delta t = 0.01\text{s}$，给定信号为单位阶跃，编写一个 Simulink 仿真程序来评估 3 个闭环 PD 控制系统的性能，其中微分控制仅作用于输出。闭环输出是否无稳态误差跟踪给定信号？

3.3 在 PI 控制器的设计中，通常采用一阶传递函数来近似高阶系统，此时，确定主导时间常数（最大时间常数）并保留，忽略其他较小的时间常数。首先将传递函数写成以下形式：

$$G(s) = \frac{K}{(\tau s + 1)(\varepsilon s + 1)} \approx \frac{K}{\tau s + 1}$$

这里假设 $\varepsilon \ll \tau$。

（1）设计下列系统的 PI 控制器，对复杂动态作适当近似。期望的闭环性能由多项式 $s^2 + 2\xi\omega_n s + \omega_n^2$ 指定，其中 $\xi = 0.707$，ω_n 为 $5/\tau$。

① $G(s) = \dfrac{0.1}{(s+0.2)(s+3)}$；

② $G(s) = \dfrac{-5}{(s+0.1)(s+6)^2}$；

③ $G(s) = \dfrac{\mathrm{e}^{-0.1s}}{s+0.1}$。$\left(\text{提示：对时延使用 Pade 近似，以求出主导动态，} \mathrm{e}^{-ds} \approx \dfrac{-ds+2}{ds+2}\right)$

（2）用奈奎斯特图评价闭环稳定性。如果闭环系统不稳定，减小参数 ω_n，使闭环系统稳定。

（3）对 PI 控制系统的闭环阶跃响应进行仿真，采样间隔取 $\Delta t = 0.001$。

（4）如果闭环响应是振荡的，则减小参数 ω_n，直到获得满意的性能。

3.4 利用极点配置控制器设计技术求 PID 控制器参数，采用零极点对消简化参数求解。这里，假定 PID 控制器结构为 $K_c + \dfrac{K_c}{\tau_I s} + K_c \tau_D s$。如有必要，对复杂动态进行近似。期望的闭环特性多项式为 $(s^2 + 2\xi\omega_n s + \omega_n^2)$，其中 $\xi = 0.707$，不同系统的 ω_n 不同。传递函数和给定性能如下：

（1）$G(s) = \dfrac{10}{(s+20)s}$，$\omega_n = 5$；

（2）$G(s) = \dfrac{2}{(s+3)(s-1)}$，$\omega_n = 1$；

（3）$G(s) = \dfrac{\mathrm{e}^{-0.1s}}{(s+3)s}$，$\omega_n = 1$；

（4）$G(s) = \dfrac{s-3}{s(s+0.4)(s+10)}$，$\omega_n = 0.2$。

3.5 利用极点配置控制器设计技术求带滤波器的 PID 控制器参数。利用零极点对消技术简化参数求解，必要时对复杂动态进行近似。在零极点相消的情况下，期望的闭环多项式为 $(s^2 + 2\xi\omega_n s + \omega_n^2)(s + 3\omega_n)$。传递函数和给定性能如下：

（1）$G(s) = \dfrac{\mathrm{e}^{-1}}{(s+5)(s+2)(s+0.1)}$，$\omega_n = 1$，$\xi = 0.707$；

（2）$G(s) = \dfrac{s-1}{(s+10)(s+0.01)s}$，$\omega_n = 0.1$，$\xi = 1$。

3.6 设系统传递函数为:

$$G(s) = \frac{b_0}{s^2 + a_1 s + a_0}$$

设计控制器,结构为:

$$C(s) = \frac{c_2 s^2 + c_1 s + c_0}{s}$$

其中,所有 3 个期望的闭环极点均取 $-\lambda$。将该控制器转化为理想 PID 控制器,结构为 $K_c + \dfrac{K_c}{\tau_I s} + K_c \tau_D s$,求出比例增益 K_c、积分时间常数 τ_I、微分时间 τ_D。利用终值定理证明,对于幅值 R_0 的给定阶跃信号,$t \to \infty$ 时,闭环输出响应为 R_0。本练习基于以下 3 个系统:

(1) $G(s) = \dfrac{1}{s(s+2)}$,$\lambda = 3$,$R_0 = 1$;

(2) $G(s) = \dfrac{-3}{s^2 + 3^2}$,$\lambda = 6$,$R_0 = -3$;

(3) $G(s) = \dfrac{1}{s^2 - 1}$,$\lambda = 1$,$R_0 = 2$。

3.7 设系统传递函数为:

$$G(s) = \frac{b}{s+a}$$

设计谐振控制器,结构为:

$$C(s) = \frac{c_2 s^2 + c_1 s + c_0}{s^2 + \omega_0^2}$$

其中,所有 3 个期望闭环极点均取 $-\lambda$。设给定信号为正弦信号 $r(t) = \sin(\omega_0 t)$,证明当 $t \to \infty$ 时,反馈误差 $r(t) - y(t) \to 0$。本练习基于以下 3 个系统:

(1) $G(s) = \dfrac{-1}{2s+1}$,$\omega_0 = 1$,$\lambda = 2$;

(2) $G(s) = \dfrac{0.5}{s}$,$\omega_0 = 0.1$,$\lambda = 0.5$;

(3) $G(s) = \dfrac{1}{s-1}$,$\omega_0 = 2$,$\lambda = 1$。

3.8 为了使闭环系统跟踪给定信号 $r(t) = \sin(\omega_0 t) + R_0$,控制器需要在分母中包含因式 s 和 $s^2 + \omega_0^2$。设系统传递函数为:

$$G(s) = \frac{b}{s+a}$$

设计带积分的谐振控制器,结构为:

$$C(s) = \frac{c_3 s^3 + c_2 s^2 + c_1 s + c_0}{s(s^2 + \omega_0^2)}$$

其中,所有 4 个期望闭环极点均取 $-\lambda$。设给定信号为正弦信号 $r(t) = \sin(\omega_0 t) + 1$,说明当 $t \to \infty$ 时,反馈误差 $r(t) - y(t) \to 0$。本练习基于以下 3 个系统:

(1) $G(s) = \dfrac{0.1}{s+0.1}, \omega_0 = 1, \lambda = 1$;

(2) $G(s) = \dfrac{1}{5s+3}, \omega_0 = 0.1, \lambda = 2$;

(3) $G(s) = \dfrac{2}{s-2}, \omega_0 = 2, \lambda = 2$。

3.9 一机械臂的二阶传递函数模型为：

$$G(s) = \frac{1}{s(s+6)} \tag{3.187}$$

其中输入为电压，输出为机械臂在 x 轴的位置。

(1) 设计一个谐振控制系统，使机械臂的输出无稳态误差跟踪正弦给定信号 $r(t) = 3\sin(t)$。所有期望闭环极点均位于 -1（提示：使用零极点对消技术简化计算）。

(2) 验证你的设计，说明误差信号 $(r(t)-y(t))$ 随着时间 $t \to \infty$ 收敛到零，即

$$\lim_{t \to \infty} e(t) = \lim_{t \to \infty} (r(t) - y(t)) = 0$$

编写一个 Simulink 仿真程序评估闭环系统对给定正弦信号的跟踪性能，采样间隔取 $\Delta t = 0.005$。

(3) 现在，假设给定信号包含一个常数 10，新的给定信号为 $r(t) = 10 + 3\sin(t)$。证明采用该谐振控制器时，误差信号 $[r(t)-y(t)]$ 也随着时间 $t \to \infty$ 收敛到零。修改 Simulink 仿真程序，加入新的给定信号，确保闭环输出无稳态误差跟踪新的给定信号。

(4) 假设输入扰动 $d_i(t) = d_0 + d_m\sin(t)$ 在仿真时间进行到一半时进入系统，其中 $d_0 = -2, d_m = 1$。修改 Simulink 仿真程序，使其包含扰动，确认谐振控制器不能完全抑制这种输入扰动。为使谐振控制器无稳态误差抑制这种扰动，你对其结构有什么建议？请用终值定理验证你的答案。

3.10 一不稳定系统，传递函数为：

$$G(s) = \frac{1}{(s-a)(s+p)} \tag{3.188}$$

其中 $a > 0$ 且 $p > 0$。

(1) 设计一个 PI 控制器来控制该系统，使所有期望的闭环极点均位于 $-a$。

(2) 为了保证 PI 控制系统闭环稳定，稳定极点 p 与不稳定极点 a 的大小有一定的关系，用 Routh-Hurwitz 稳定性判据找出这个关系。

第 4 章

PID 控制器的实现

4.1　引言

PID 控制系统得以广泛应用的关键原因是其结构简单、设计方便、易实现。本章阐述如何实现具有运行约束的 PID 控制器。在控制信号超过限值时,运行约束可以保证控制对象安全运行、保护电子设备不受损坏。在实际应用中,所有控制系统的实现无一例外必须包含运行约束。

4.2　PID 控制器应用方案

为了了解如何实现 PID 控制器,首先描述数字控制系统的一般工作情况。

计算机控制系统通常由被控对象(包括传感器和执行器)和一台计算机(用来存储控制算法并计算控制对象输入)组成。在很多应用中,计算机也可由微控制器或数字信号处理器代替。

多数物理系统是连续时间系统,系统变量的本质是连续的模拟信号。例如,压力信号、温度信号、电压信号、电流信号等物理系统中常见的模拟信号,这些模拟信号本质上是连续的。由于计算机、微控制器、数字信号处理器只能处理数字信号,因此必须有一些关键设备来"桥接"模拟世界(实际控制对象)和数字世界(计算装置)。这些设备称为模数转换器(ADC)和数模转换器(DAC),它们通过内部时钟同步工作,共同构成计算机控制系统或数字设备控制系统。

电子采样在模数转换器中最为常用,微控制器和常用接口卡上的 ADC 均采用电子采样。采用该方法时,传感器连接实际控制对象,产生电子输出信号。电子设备采集传感器的输出信号,并将其转换为数字信号。用于电子采样的 ADC 是一个集成电路,以模拟电压为输入;同时,它接收一个时间信号,为外部环境和内部数据处理单元内的同步环境提供接口。

数模转换器是一个集成电路,它接收高低电平电压信号,并产生与 DAC 输入端二进制信号所表示的实数成比例的模拟输出。DAC 是零阶保持器的电子实现,它的输入是第 i 个采样时刻获取的二进制数,由时钟信号控制。DAC 的输出信号在时间间隔 $t_i \leqslant t \leqslant t_{i+1}$ 恒定,其中 $t_i = i\Delta t$,$t_{i+1} = (i+1)\Delta t$。DAC 接收数字信号并量化,输出信号由一系列阶梯组成,阶梯宽度为采样间隔 Δt。这里假设输入信号是离散信号,输出信号是连续时间阶梯信号。

计算机控制系统是如何工作的？这里以室温控制为例说明一般情况下计算机控制系统的工作流程。假设在寒冷环境中需要通过加热保持适当的室温，设加热元件为油炉，控制室温的输入是向油炉喷射燃料的速率，输出是室温。控制目标是将室温保持在 19℃。假设测量和控制动作按照一系列时间间隔同步，并设两次执行的间隔相同，称为采样间隔 Δt。典型的测量、控制循环步骤如下所示。

（1）进行输出测量。假设 t_0 时刻闭环控制系统开始工作，温度传感器测量室温 $y(t_0)$，然后由计算机或数字设备读入存储器。

（2）计算反馈误差。将 t_0 时刻的温度测量值与期望的室温进行比较，产生反馈误差 $e(t_0)$。

（3）计算控制器输出。计算机中控制算法根据反馈误差 $e(t_0)$ 和反馈误差的历史数据来计算控制信号 $u(t_0)$，这取决于控制算法的复杂性。

（4）数字信号 $u(t_0)$ 通过零阶保持器转换为模拟控制信号 $u(t)$（燃油喷射率），其中 $u(t)=u(t_0)$，$t_0 \leqslant t \leqslant t_1$，$t_1 = t_0 + \Delta t$。

（5）该模拟信号是时间间隔 $t_0 \leqslant t \leqslant t_1$ 内的燃油喷射率。

（6）到下一个采样周期 t_1，温度传感器读取室温为 $y(t_1)$，重复如上所示的整个控制过程。

4.3　位置式 PID 控制器实现

PID 控制器的位置式实现（position form implementation）涉及连续时间控制器的直接离散化。

4.3.1　稳态信息

PID 控制器的控制信号 $u(t)$ 的计算公式为：

$$u(t) = K_c e(t) + \frac{K_c}{\tau_I} \int_0^t e(\tau) d\tau - K_c \tau_D \frac{dy_f(t)}{dt} \tag{4.1}$$

其中 $e(t) = r(t) - y(t)$ 为给定信号 $r(t)$ 和输出 $y(t)$ 之间的反馈误差信号，$y_f(t)$ 为滤波后的输出信号。有一点需要明确，计算中使用的所有信号不是实际的物理变量，而是稳态运行中物理变量的偏差变量。换句话说，控制信号 $u(t)$、给定信号 $r(t)$、输出信号 $y(t)$ 表示稳态运行中对应物理量的变化。例如，在冬季环境进行室温控制时，如果所有门窗都关闭，将室温设置为 18℃，该温度由阀门开度为 40% 的燃气炉的热量维持。输出变量的稳态值为 $Y_{ss} = 18℃$，控制变量的稳态值为 $U_{ss} = 40\%$。如果我们对室温满意（$r(t)=0$），且门窗保持关闭，那么由于燃气炉的稳定运行，室温不会发生变化，即 $y(t)=0$。在这种稳态运行情况下，来自 PID 控制器的控制信号为 $u(t)=0$。如果在 t_0 时刻将室温设定值从 18℃ 调整为 20℃，则在 $t=t_0$ 时给定信号 $r(t)=2℃$，反馈误差 $e(t)=r(t)-y(t)=2-0$。基于反馈误差 $e(t)$，控制器在 $t=t_0$ 时产生一个控制信号 $u(t)>0$。煤气炉将改变阀门开度百分比 $u_{act}(t)$（$u_{act}(t) = U_{ss} + u(t)$）。室温传感器读取实际室温为 $y_{act}(t)$，输出信号 $y(t)$ 更新为 $y(t) = y_{act}(t) - Y_{ss}$。控制信号 $u(t)$ 随新的输出信号 $y(t)$ 而变化。

位置式 PID 控制器由反馈误差 $e(t)$ 直接计算偏差控制变量 $u(t)$。因此，实现位置式

PID 控制器时,必须对控制信号和输出信号的稳态信息有先验认识,实际控制信号可通过 $u_{act}(t) = u(t) + U_{ss}$ 计算得到,反过来,输出信号为 $y(t) = y_{act}(t) - Y_{ss}$。

4.3.2　PID 控制器的离散化

使用微控制器或其他计算设备实现 PID 控制器时,PID 控制器的输入信号和输出信号均为数字信号。因此,需要得到离散形式的 PID 控制器以便实现。位置式 PID 控制器的输出由 3 项计算而得[见式(4.1)]。为简化起见,设控制信号为:

$$u(t) = u_P(t) + u_I(t) - u_D(t)$$

其中,$u_P(t)$、$u_I(t)$、$u_D(t)$ 分别代表比例、积分、微分控制项。

位置式中,比例(P)控制器、比例积分(PI)控制器、比例微分(PD)控制器、比例-积分-微分(PID)控制器的实现由离散化函数的一项或几项组合而成。

假设以均匀采样间隔 Δt 进行离散化,连续时间 t 的采样为 $t = 0, t_1, t_2, \cdots, t_{i-1}, t_i,$ $t_{i+1}, \cdots$ 比例项离散化最容易,在任意时刻 t_i,比例控制项 $u_P(t_i)$ 为:

$$u_P(t_i) = K_c(r(t_i) - y(t_i)) \tag{4.2}$$

积分控制项 $u_I(t_i)$ 要求对积分函数进行数值近似,形为:

$$u_I(t_i) = \frac{K_c}{\tau_I} \sum_{k-0}^{i} e(t_k) \Delta t \tag{4.3}$$

这里,$\int_0^t e(\tau) d\tau \approx \sum_{k=0}^{i} e(t_k) \Delta t$,容易知道:

$$\lim_{\Delta t \to 0} \sum_{k=0}^{i} e(t_k) \Delta t = \int_0^t e(\tau) d\tau \tag{4.4}$$

因此,近似精度随采样间隔 Δt 的减小而提高。

位置式中,微分项 $u_D(t)$ 的离散化与速度式离散化步骤相同,如式(4.22)～式(4.25)所示。

这种 PID 控制器实现的一个关键问题是式(4.3)中的积分项可能太大,而导致变量数值"溢出"。由于积分项使用了过去所有反馈误差信号的累积和,因此如果反馈误差的稳态值非零,则会发生变量"溢出"。4.4 节将介绍一种 PID 实现算法,该方法通过迭代避免"溢出"。

4.3.3　进一步思考

(1) 如果没有具体的数学模型,你如何获得物理控制对象的稳态信息?

(2) 位置式 PID 控制器使用下式进行计算:

$$u(t) = K_c e(t) + \frac{K_c}{\tau_I} \int_0^t e(\tau) d\tau - K_c \tau_D \frac{dy_f(t)}{dt} \tag{4.5}$$

系统所需要的控制输入信号明显为正(例如,阀门开度的百分比)的情况下,控制量 $u(t)$ 是否可能为负?

(3) PID 控制器基于连续时间设计,在什么阶段需要得到 PID 控制器的离散形式?

(4) 如果设计的 PID 控制系统本应稳定,但在理想仿真环境下使用采样数据时,它却不稳定,如何解决?

(5) 从你的数值分析经验来看,在相同的采样间隔 Δt 下,积分近似和微分近似哪个更容易？

(6) 对于位置式 PID 控制器的实现，积分计算是否可能过大？

4.4 速度式 PID 控制器的实现

只有两种类型的 PID 控制器可以由速度式实现。一种是比例积分(PI)控制器，另一种是比例-积分-微分(PID)控制器。比例(P)控制器和比例微分(PD)控制器不能由速度式来实现，因为其实现包含对积分项的直接处理。

在速度形式下，PI 控制器或 PID 控制器离散化处理不需要将各项分离，处理方法关注控制变量的微分 $\dfrac{\mathrm{d}u(t)}{\mathrm{d}t}$，"速度"项由此产生。

4.4.1 PI 控制器的离散化

控制信号的拉氏变换 $U(s)$ 与反馈误差 $E(s)$ 的关系为：

$$U(s) = K_c\left(1 + \frac{1}{\tau_I s}\right)E(s) = \frac{K_c sE(s) + \dfrac{K_c}{\tau_I}E(s)}{s} \tag{4.6}$$

由式(4.6)可得：

$$sU(s) = K_c sE(s) + \frac{K_c}{\tau_I}E(s) \tag{4.7}$$

由式(4.7)的拉氏反变换可得以下微分方程：

$$\dot{u}(t) = K_c \dot{e}(t) + \frac{K_c}{\tau_I}e(t) \tag{4.8}$$

该方程用来计算控制信号的微分 $\dot{u}(t)$。方程左边为控制信号的微分，这就是它被称为速度式的由来。

粗看式(4.8)，注意到计算中涉及误差信号的微分 $\dot{e}(t)$，但通过离散化过程可以使 $\dot{e}(t)$ 消除。

在采样时刻 t_i 将控制信号的微分 $\dot{u}(t)$ 和反馈误差信号的微分 $\dot{e}(t)$ 进行一阶近似，得：

$$\dot{u}(t_i) \approx \frac{u(t_i) - u(t_{i-1})}{\Delta t} \tag{4.9}$$

$$\dot{e}(t_i) \approx \frac{e(t_i) - e(t_{i-1})}{\Delta t} \tag{4.10}$$

代入式(4.8)，得：

$$u(t_i) - u(t_{i-1}) = K_c(e(t_i) - e(t_{i-1})) + \frac{K_c}{\tau_I}e(t_i)\Delta t \tag{4.11}$$

将 $u(t_{i-1})$ 从方程左边移到右边，得到控制信号的计算式：

$$u(t_i) = u(t_{i-1}) + K_c(e(t_i) - e(t_{i-1})) + \frac{K_c}{\tau_I}e(t_i)\Delta t \tag{4.12}$$

这可以强调反馈误差信号 $e(t) = r(t) - y(t)$ 的作用。

第 1 章讨论的 IP 结构,比例控制项仅作用于输出信号。对式(4.12)作细微改动,用输出信号的差分 $-y(t_i)+y(t_{i-1})$ 替换反馈误差的差分 $e(t_i)-e(t_{i-1})$,可得 IP 控制器结构的计算式:

$$u(t_i)=u(t_{i-1})+K_c(-y(t_i)+y(t_{i-1}))+\frac{K_c}{\tau_I}e(t_i)\Delta t \tag{4.13}$$

式中,t_i 时刻的当前控制信号 $u(t_i)$ 是上一时刻控制信号 $u(t_{i-1})$、当前输出 $y(t_i)$、上一时刻输出信号 $y(t_{i-1})$ 和当前给定信号 $r(t_i)$ 的线性组合。等号右边的所有信号在当前采样时刻 t_i 的值均已知。

速度式实现的一个关键优势在于处理稳态信息。如前所述,式(4.13)中的所有信号都是偏差信号,均与它们的稳态值相关。因此,对于稳态值 U_{ss}、Y_{ss}、R_{ss},控制对象的实际信号为:

$$u_{act}(t_i)=u(t_i)+U_{ss} \tag{4.14}$$

$$y_{act}(t_i)=y_{act}(t_i)+Y_{ss} \tag{4.15}$$

$$r_{act}(t_i)=r(t_i)+R_{ss} \tag{4.16}$$

首先考虑式(4.13)中的 IP 结构,然后将步骤扩展到式(4.12)中的原始 PI 结构。

现在对式(4.13)进行处理,首先将稳态值 U_{ss} 同时加到等式两边,再将与比例控制对应的第二项加上和减去 Y_{ss},从而得出等式:

$$u(t_i)+U_{ss}=u(t_{i-1})+U_{ss}+K_c(-y(t_i)-Y_{ss}+Y_{ss}+$$
$$y(t_{i-1}))+\frac{K_c\Delta t}{\tau_I}(r(t_i)-y(t_i)) \tag{4.17}$$

这里,需要假设给定信号稳态值 R_{ss} 等于输出信号稳态值 Y_{ss},这符合控制对象的实际运行情况。

根据稳态信息,可由实际物理变量代替偏差变量,得到实现 PI 控制器的计算式:

$$u(t_i)=u(t_{i-1})+K_c(-y_{act}(t_i)+y_{act}(t_{i-1}))+\frac{K_c\Delta t}{\tau_I}(r_{act}(t_i)-y_{act}(t_i)) \tag{4.18}$$

由式(4.18)知,所有物理变量的实测值都用于控制信号的更新,计算出的控制信号就是要实现的物理变量。重要的是,式(4.18)的实现不需要实际稳态信息 U_{ss} 和 Y_{ss},这使得在控制应用中的实现方便实用。该方法可扩展到原 PI 结构式(4.12)的实现,基于同样的假设,即给定信号的稳态值 R_{ss} 等于输出信号的稳态值 Y_{ss}。因此,原 PI 结构的实现方程为:

$$u_{act}(t_i)=u_{act}(t_{i-1})+K_c(r_{act}(t_i)-y_{act}(t_i)-r_{act}(t_{i-1})+y_{act}(t_{i-1}))+$$
$$\frac{K_c\Delta t}{\tau_I}(r_{act}(t_i)-y_{act}(t_i)) \tag{4.19}$$

这里比例控制直接作用于给定信号。

4.4.2　速度式 PID 控制器的离散化

PID 控制器的拉普拉斯传递函数为:

$$U(s) = K_c E(s) + \frac{K_c}{\tau_I s} E(s) - \frac{K_c \tau_D s}{\tau_f s + 1} Y(s) \tag{4.20}$$

式(4.20)右边前两项构成 PI 控制器,在 4.4.1 节中已经进行离散化处理。这里的问题是与微分控制对应的第三项如何离散化。由于不希望使用输出的稳态信息,因此需要在速度式中采用不同的微分项离散化方法。从微分控制的传递函数来看:

$$U_D(s) = \frac{1}{\tau_f} \frac{K_c \tau_D s}{s + \frac{1}{\tau_f}} Y(s) \tag{4.21}$$

控制变量 $u_D(t)$ 和 $y(t)$ 之间的微分方程如下:

$$\frac{\mathrm{d}u_D(t)}{\mathrm{d}t} + \frac{1}{\tau_f} u_D(t) = \frac{K_c \tau_D}{\tau_f} \frac{\mathrm{d}y(t)}{\mathrm{d}t} \tag{4.22}$$

近似为:

$$\frac{\mathrm{d}u_D(t)}{\mathrm{d}t} \approx \frac{u_D(t_i) - u_D(t_{i-1})}{\Delta t}; \quad \frac{\mathrm{d}y(t)}{\mathrm{d}t} \approx \frac{y(t_i) - y(t_{i-1})}{\Delta t}$$

t_i 时刻,式(4.22)的微分方程为:

$$\frac{u_D(t_i) - u_D(t_{i-1})}{\Delta t} = -\frac{1}{\tau_f} u_D(t_i) + \frac{K_c \tau_D}{\tau_f} \frac{y(t_i) - y(t_{i-1})}{\Delta t} \tag{4.23}$$

将方程两边同时乘以 Δt,重新整理得:

$$\left(1 + \frac{\Delta t}{\tau_f}\right) u_D(t_i) = u_D(t_{i-1}) + \frac{K_c \tau_D}{\tau_f} (y(t_i) - y(t_{i-1})) \tag{4.24}$$

取 $u_D(t)$ 的稳态值为零,对式(4.24)加上减去输出的稳态值,得到关于输出实测值的微分控制项计算式:

$$u_D(t_i) = \frac{\tau_f}{\tau_f + \Delta t} u_D(t_{i-1}) + \frac{K_c \tau_D}{\tau_f + \Delta t} (y_{\mathrm{act}}(t_i) - y_{\mathrm{act}}(t_{i-1})) \tag{4.25}$$

回到 PID 控制器表达式(4.20),控制信号的微分为:

$$\dot{u}(t) = K_c \dot{e}(t) + \frac{K_c}{\tau_I} e(t) - \dot{u}_D(t) \tag{4.26}$$

将微分项式(4.25)的离散化与 PI 控制器部分的离散化结合,可得速度形式表示的 PID 控制器,为:

$$u_{\mathrm{act}}(t_i) = u_{\mathrm{act}}(t_{i-1}) + K_c(r_{\mathrm{act}}(t_i) - y_{\mathrm{act}}(t_i) - r_{\mathrm{act}}(t_{i-1}) + y_{\mathrm{act}}(t_{i-1})) +$$
$$\frac{K_c \Delta t}{\tau_I}(r_{\mathrm{act}}(t_i) - y_{\mathrm{act}}(t_i)) - u_D(t_i) + u_D(t_{i-1}) \tag{4.27}$$

若比例控制直接作用于输出端,速度式 PID 控制器为:

$$u_{\mathrm{act}}(t_i) = u_{\mathrm{act}}(t_{i-1}) + K_c(-y_{\mathrm{act}}(t_i) + y_{\mathrm{act}}(t_{i-1})) +$$
$$\frac{K_c \Delta t}{\tau_I}(r_{\mathrm{act}}(t_i) - y_{\mathrm{act}}(t_i)) - u_D(t_i) + u_D(t_{i-1}) \tag{4.28}$$

【例 4.1】 设二阶系统的传递函数为:

$$G(s) = \frac{-0.1}{(s+1)^2} \tag{4.29}$$

设计一个带滤波器的 PID 控制器控制该对象,期望的闭环多项式为 $(s^2+2\xi\omega_n s+\omega_n^2)(s+\lambda_1)^2$,其中 $\xi=0.707,\omega_n=\lambda_1=5$。用离散 PID 算法对闭环单位阶跃响应进行仿真,采样间隔 Δt 取 $\dfrac{1}{10\omega_n}=0.02$ 和 $\dfrac{1}{5\omega_n}=0.04$。虽然连续时间 PID 控制器设计了稳定的闭环系统,但当 Δt 增大到 0.1 时,离散闭环系统变得不稳定。

解 使用 MATLAB 程序 PIDplace.m(见 3.3.5 节的教程 3.2),得到 PID 控制器参数如下:

$$K_c=-245.66; \quad \tau_I=0.059; \quad \tau_D=0.176; \quad \tau_f=0.066$$

图 4.1 比较了 3 种不同采样间隔的闭环响应,可以看出,在采样间隔为 0.02 与 0.04 时没有明显差异,但当采样间隔增大到 0.1 时,闭环系统变得不稳定,如图 4.1 所示。

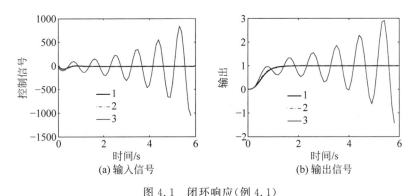

图 4.1 闭环响应(例 4.1)

其中,1 线表示 $\Delta t=0.02$ 时闭环响应;2 线表示采样间隔 $\Delta t=0.04$ 时闭环响应;
3 代表采样间隔 $\Delta t=0.1$ 时闭环响应

4.4.3 低采样频率下的精度提升

采样率 $\dfrac{1}{\Delta t}$ 的典型取值为闭环带宽的 5～10 倍。PI 控制系统的带宽等于参数 ω_n。实际上,这一采样率范围会使我们所期望的闭环性能下降。要忽略采样造成的影响,采样率至少是典型值的 10 倍。由于 PID 控制器是在连续时间条件下设计的(如一个模型为连续时间微分方程,其参数选择与连续时间系统相对应),原则上,采样率 $\dfrac{1}{\Delta t}$ 应在系统允许的计算能力范围内尽可能大。

当采样率较低(或 Δt 相对于闭环带宽较大)时,提高 PID 控制器离散化精度的一种可能方法是对信号的微分采用高阶离散化方案[Burden and Faires(1989)]。

使:

$$\dot u(t_i)=\frac{3u(t_i)-4u(t_{i-1})+u(t_{i-2})}{2\Delta t} \tag{4.30}$$

$$\dot e(t_i)=\frac{3e(t_i)-4e(t_{i-1})+e(t_{i-2})}{2\Delta t} \tag{4.31}$$

考虑到速度式 PI 控制器的原始形式:

$$\dot{u}(t) = K_c \dot{e}(t) + \frac{K_c}{\tau_I} e(t) \qquad (4.32)$$

由式(4.30)和式(4.31)代替微分 $\dot{u}(t)$ 和 $\dot{e}(t)$，得到式(4.32)在采样时刻 t_i 的近似式：

$$\frac{3u(t_i) - 4u(t_{i-1}) + u(t_{i-2})}{2\Delta t} = K_c \frac{3e(t_i) - 4e(t_{i-1}) + e(t_{i-2})}{2\Delta t} + \frac{K_c}{\tau_I} e(t_i) \qquad (4.33)$$

将式(4.33)的左边加上并减去 4 倍 U_{ss}，得：

$$\frac{3u(t_i) - 4u(t_{i-1}) + u(t_{i-2}) + 4U_{ss} - 4U_{ss}}{2\Delta t}$$

$$= \frac{3u_{act}(t_i) - 4u_{act}(t_{i-1}) + u_{act}(t_{i-2})}{2\Delta t}$$

$$= K_c \frac{3e(t_i) - 4e(t_{i-1}) + e(t_{i-2})}{2\Delta t} + \frac{K_c}{\tau_I} e(t_i) \qquad (4.34)$$

其中，$u_{act}(t_i) = u(t_i) + U_{ss}$，$u_{act}(t_{i-1}) = u(t_{i-1}) + U_{ss}$，$u_{act}(t_{i-2}) = u(t_{i-2}) + U_{ss}$。因此实际的控制信号为：

$$u_{act}(t_i) = \frac{4}{3} u_{act}(t_{i-1}) - \frac{1}{3} u_{act}(t_{i-2}) + \frac{K_c}{3} (3e(t_i) - 4e(t_{i-1}) + e(t_{i-2})) +$$

$$\frac{2\Delta t}{3} \frac{K_c}{\tau_I} e(t_i) \qquad (4.35)$$

4.4.4   进一步思考

（1）在速度式 PID 控制器中，为了获得以实际控制对象的信号表示的 PID 控制器，需要在哪一步加入信号的稳态值？

（2）IP 控制器的实现只是简单地在比例控制项的计算中忽略了给定信号——这种说法正确吗？

（3）在什么运行条件下，可以假设微分控制信号 $u_D(t)$ 的稳态值为零？

（4）基于闭环控制系统带宽选择采样间隔 Δt 有选取准则，当微分滤波器时间常数远小于闭环时间常数时，该准则可能不够充分——你怎么看待这个问题？

4.5   位置形式的抗饱和实现

在控制信号存在约束的情况下，PID 控制器的实现需要考虑抗饱和机制，许多方法可用于实现抗饱和 PID 控制器。本节将讨论位置式抗饱和的实现。

4.5.1   积分器饱和情况

为了理解积分器饱和情况，示例如下。

【例 4.2】 设带时间延迟的积分控制对象传递函数为：

$$G(s) = \frac{1.8 e^{-30s}}{s(10s + 1)^2} \qquad (4.36)$$

该控制对象 PI 控制器比例增益 $K_c = 0.0065$，积分时间常数 $\tau_I = 244.5$。用给定单位阶跃信号对 PI 控制系统的闭环响应进行仿真。设控制信号幅值不超过 1.5×10^{-3}，请说明积分器饱和的情况。

解　仿真使用 Simulink 程序进行，其中饱和模块用来模拟控制信号的幅值限制。比例项和积分项均作用于反馈误差信号。首先将饱和模块中的限值分别设置为比控制信号振幅的最大值大 3、比最小值小 3。控制信号和输出响应如图 4.2 所示（见曲线 1），闭环响应表现很好。将允许的控制信号幅值降低到 1.5×10^{-3}，即实际控制信号 u 受到的限制。此时，闭环响应振荡，如图 4.2 所示（见曲线 2）。进一步研究发现，由于反馈误差为正，实际控制信号受限（见图 4.3 中的虚线）后，控制器输出信号（u_1）继续增大，如图 4.3（实线）所示。当反馈误差 $e(t)$ 由正变负时，u_1 的振幅达到最大值（见图 4.3）。随着误差幅值的增大（处于负值区域），控制信号的幅值逐渐减小。最终，积分项变得足够小，控制信号小于允许上限。当控制信号改变符号时，它会遇到负约束。由于控制信号饱和，误差信号和输出信号都将振荡。

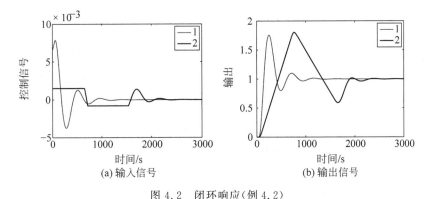

图 4.2　闭环响应（例 4.2）

其中，1 线表示未饱和的闭环响应；2 线表示饱和的闭环响应

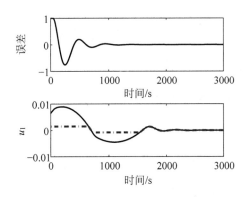

图 4.3　积分器饱和情况下的误差信号和控制信号

从这个例子注意到两点：

（1）在实现位置式 PI 控制器时，控制信号的计算式为：

$$u(t)=K_c e(t)+\frac{K_c}{\tau_I}\int_0^t e(\tau)\mathrm{d}\tau \tag{4.37}$$

其中包括反馈误差 $e(t)$ 的积分。只要反馈误差的符号保持不变（积分是关于曲线面积的计算),积分项将继续增大。因此,只要反馈误差的符号不变,计算出的控制信号 $u(t)$ 将继续增大。

（2）由于存在饱和,因此当达到饱和限值时,控制对象的实际控制信号与控制器的输出不同,控制器对控制对象的实际运行状态并不知晓。

这两点是设计 PID 控制器抗饱和方案时需要考虑的关键。总之,当达到饱和限值时,应停止积分功能,并让控制器知晓控制对象的实际情况。

4.5.2 位置式 PI 控制器的抗饱和机制

PI 控制器中有许多抗饱和机制,它们的原理基本相同,即实现具有稳定传递函数的 PI 控制器,并让控制器知晓控制对象的实际情况。图 4.4 为一种具有幅值限制的位置式 PI 控制器的抗饱和机制。该实现中,PI 控制器的参数为 c_1 和 c_0,对应的传递函数为:

$$C(s) = \frac{c_1 s + c_0}{s} \tag{4.38}$$

这里假设控制器有一个稳定零点,即比率 $\frac{c_0}{c_1} > 0$,或者 τ_1 为正。该实现中,系统有一个正反馈(注:很少使用正反馈,但这是一个例子)。$\sum$ 表示饱和非线性,定义如下:若 $u_{min} < u_0(t) < u_{max}$,则 $u(t) = u_0(t)$;若 $u_0(t) \leqslant u_{min}$,则 $u(t) = u_{min}$;若 $u_0(t) \geqslant u_{max}$,则 $u(t) = u_{max}$。Simulink 库中的饱和模块可表示函数 $\sum$。

当未达到饱和限值时,$\sum$ 为单位增益($u(t) = u_0(t)$),则从误差信号 e 到控制信号 u 的传递函数为:

$$\frac{U(s)}{E(s)} = \frac{c_1}{1 - \frac{c_0 c_1}{c_1(c_1 s + c_0)}} = \frac{c_1 s + c_0}{s} \tag{4.39}$$

这就是 PI 控制器的传递函数。将正反馈置于稳定的传递函数,该结构可以实现积分作用。

如果控制信号达到限值,例如 $u(t) = u_{max}$,则由于传递函数 $\frac{c_0}{(c_1 s + c_0)}$ 稳定,因此反馈信号 $\frac{c_0}{(c_1 s + c_0)}$ 在暂态响应之后将变为常数,积分停止。而且,通过该反馈,控制器完全知晓实际发生的情况。

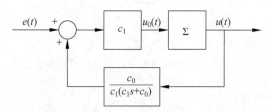

图 4.4　具有抗饱和机制的 PI 控制器(位置式)($\sum$ 表示饱和非线性)

【例 4.3】 将抗饱和控制机制应用于例 4.2 所给出的 PI 控制器,并将仿真结果与上例进行比较。

解　抗饱和实现需要的参数为：

$$c_1 = 0.0065; \quad c_0 = 2.6585\mathrm{e}-005$$

采用抗饱和机制,在与例 4.2 相同的条件下对闭环响应进行仿真。具有抗饱和机制的闭环响应如图 4.5 所示。与无抗饱和机制的情况相比,闭环输出响应的超调显著降低。与没有抗饱和方案的情况相比,具有抗饱和方案的控制信号更快脱离饱和,并且在抗饱和方案中,第二次饱和时间的持续时间更短。因此,抗饱和机制提高了闭环性能。

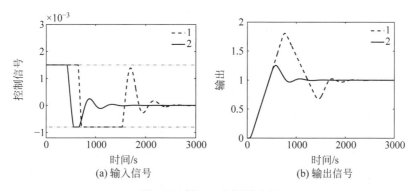

图 4.5　例 4.3 的闭环响应

其中,1 线表示无抗饱和机制的闭环响应;2 线表示带抗饱和机制的闭环响应

4.5.3　进一步思考

(1) 如果控制信号在其限值范围内运行,PID 是否可能发生饱和?

(2) PD 控制器可能发生饱和吗?

(3) 在位置式 PI 控制器抗饱和实现中,各部分是否都稳定?

(4) 如果控制信号的稳态值不为零,在图 4.4 所示的实现框图中,你会将该稳态值加到哪里?

(5) 如果积分时间常数 τ_1 为负,可以在位置形式中使用抗饱和机制吗?

4.6　速度形式的抗饱和机制

实现速度式 PID 控制器的抗饱和机制很直接,主要是因为 PID 控制器的速度形式针对基于离散时间的计算机控制系统。同样地,实现抗饱和机制的两个关键点是——当控制信号达到饱和时停止积分,并确保实际控制信号与计算的控制信号相等。速度式 PID 控制器,不仅可以方便地对控制信号幅值实现抗饱和,而且可以对控制信号求微分。

4.6.1　控制信号幅值的抗饱和机制

假设加到对象的实际控制变量受 $u_{\min}$ 和 $u_{\max}$ 的限制,即实际控制信号必须满足以下约束条件：

$$u_{\min} \leqslant u_{\mathrm{act}}(t) \leqslant u_{\max}$$

在 4.4 节中讲述了如何计算采样时刻 t_i 的实际控制信号 $u_{\mathrm{act}}(t_i)$,计算式为：

$$u_{\text{act}}(t_i) = u_{\text{act}}(t_{i-1}) + K_c(-y_{\text{act}}(t_i) + y_{\text{act}}(t_{i-1})) +$$

$$\frac{K_c \Delta t}{\tau_I}(r_{\text{act}}(t_i) - y_{\text{act}}(t_i) - u_D(t_i) + u_D(t_{i-1})) \tag{4.40}$$

式(4.40)中物理变量的所有实测值都用于更新控制信号,并且计算出的控制信号就是要实现的物理变量。因此,该实现过程自然满足了抗饱和机制中实际控制信号等于计算出的控制信号的要求。当实际控制信号达到限值时,为了停止积分,对实际控制信号加以限制,即若 $u_{\text{act}}(t_i) < u_{\min}$,则 $u_{\text{act}}(t_i) = u_{\min}$;若 $u_{\text{act}}(t_i) > u_{\max}$,则 $u_{\text{act}}(t_i) = u_{\max}$。当采样时刻 t_i 前移一步时,$u_{\text{act}}(t_{i-1})$ 会携带前一采样时刻的饱和信息,并且在计算控制信号时自动获取。因此,抗饱和机制中的两个要求都满足。

总结速度式 PI 控制器抗饱和方案的实现步骤如下:

(1) 对于 IPD 控制器结构,实际控制信号计算式为:

$$u_{\text{act}}(t_i) = u_{\text{act}}(t_{i-1}) + K_c(-y_{\text{act}}(t_i) + y_{\text{act}}(t_{i-1})) +$$

$$\frac{K_c \Delta t}{\tau_I}(r_{\text{act}}(t_i) - y_{\text{act}}(t_i)) - u_D(t_i) + u_D(t_{i-1}) \tag{4.41}$$

原始结构 PID 控制器计算式为:

$$u_{\text{act}}(t_i) = u_{\text{act}}(t_{i-1}) + K_c(e_{\text{act}}(t_i) - e_{\text{act}}(t_{i-1})) +$$

$$\frac{K_c \Delta t}{\tau_I}(e_{\text{act}}(t_i)) - u_D(t_i) + u_D(t_{i-1}) \tag{4.42}$$

其中,$e_{\text{act}}(t_i) = r_{\text{act}}(t_i) - y_{\text{act}}(t_i)$。

(2) 判断控制信号是否位于限值范围:

$$u_{\min} \leqslant u_{\text{act}}(t) \leqslant u_{\max}$$

如果处于限值范围内,即为实际作用于控制对象的控制信号;否则,转下一步。

(3) 如果 $u_{\text{act}}(t_i) < u_{\min}$,则 $u_{\text{act}}(t_i) = u_{\min}$;如果 $u_{\text{act}}(t_i) > u_{\max}$,则 $u_{\text{act}}(t_i) = u_{\max}$。

【例 4.4】 考虑一个具有严重非最小相角行为的机械系统,传递函数为:

$$G(s) = \frac{s - 0.1}{(s+1)(s+2)} \tag{4.43}$$

要求控制信号的范围为 $(-30, 1)$,阶跃响应中有一个负调,对于单位阶跃响应,要求最大负调幅值不超过 6。请设计一个抗饱和 PID 控制器以满足性能指标要求,要求采用 IPD 控制器结构实现,其中比例和微分控制仅作用于输出。

解 在设计中需要选择期望的闭环性能,为了方便调整参数,选择最简单的形式:

$$A_{\text{cl}} = (s^2 + 2\xi\omega_n s + \omega_n^2)(s + \lambda_1)^2 \tag{4.44}$$

其中,$\xi = 0.707, \omega_n = \lambda_1$。为了得到正确结果,设计中需要几次迭代。

第一次尝试设计

从 $\omega_n = 5$ 开始,使用极点配置设计技术来设计 PID 控制器,PID 控制器参数为:

$$K_c = -3.0578; \quad \tau_I = 1.4166; \quad \tau_D = 0.3251; \quad \tau_f = 3.4536e - 004$$

其中,参数由 MATLAB 程序 PIDplace.m 计算得到(见 3.3.5 节的教程 3.2)。

首先,在控制信号没有任何限制的情况下,对闭环控制系统进行仿真。这里,取非常小的采样间隔 $\Delta t = 0.0002$,以避免 PID 控制器离散化引起的数值误差(注意,滤波器时间常数非常小)。仿真结果如图 4.6 所示,可以看出,控制信号的最小值约为 -70,超过了下限。另外,输出的负调约为 -15,不满足负调的约束要求。通过抗饱和机制增加运行限制,并将闭环响应与之前的情况进行了比较。可以看出,满足了控制信号的限值要求;但是,输出的负调降到 -7,仍然不满足要求。

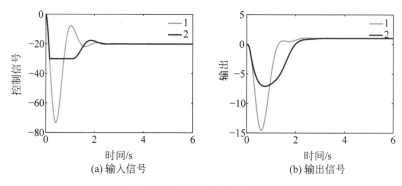

(a) 输入信号   (b) 输出信号

图 4.6 闭环响应 1(例 4.4)

其中,1 线表示无限制时的闭环响应;2 线表示具有控制信号饱和时的闭环响应

第二次尝试设计

期望的闭环性能是可调参数。众所周知,如果期望的闭环性能产生的闭环响应较慢,则将减少负调。因此在第二次尝试中取 $\omega_n = \lambda_1 = 2$。此时,PID 控制器参数为:

$$K_c = -2.8599; \tau_I = 1.4631; \tau_D = 0.3211; \tau_f = 0.0122$$

闭环仿真结果如图 4.7 所示。取 $\omega_n = 2$ 时,控制信号的最小值已减小到 -25(在限值范围内);负调的幅值也减小到 5.5 以下。因此,满足了所有设计要求。

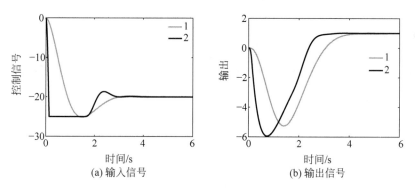

(a) 输入信号   (b) 输出信号

图 4.7 闭环响应 2(例 4.4)

其中,1 线表示 $\omega_n = 2$ 时的闭环响应;2 线表示 $\omega_n = 5$ 时抗饱和控制的闭环响应

第三次尝试设计

通过第一次尝试,我们知道,减小控制信号的最小值,负调的幅度也将减小。我们还可以将控制信号的限值改为 $(-25, 1)$,但期望的闭环性能指标不变,即 $\omega_n = \lambda_1 = 5$。采用抗饱和方案,图 4.7 比较了不同 ω_n 的闭环响应,满足控制信号和输出信号的所有限制。此外,与第二次尝试的结果相比,输出响应更快到达给定值。

4.6.2 控制信号变化率限制

相似地,我们还可以对控制信号的变化率进行限制。通常将这组限制定义为:

$$Du_{\min} \leqslant \dot{u}(t) \leqslant Du_{\max}$$

近似计算 $\dot{u}(t)$：

$$\dot{u}(t_i) \approx \frac{u(t_i) - u(t_{i-1})}{\Delta t} = \frac{u_{\text{act}}(t_i) - u_{\text{act}}(t_{i-1})}{\Delta t} \tag{4.45}$$

这是由于当前时刻采样值 $u_{\text{act}}(t_i)$ 与上一时刻采样值 $u_{\text{act}}(t_{i-1})$ 的稳态值相同。这里的思路是首先计算实际的控制信号，检查是否超出微分限制。如果未超出，则接收控制信号。否则，如果微分小于下限 $\left(\dfrac{u_{\text{act}}(t_i) - u_{\text{act}}(t_{i-1})}{\Delta t} < Du_{\min}\right)$，则使微分等于下限 $\left(\dfrac{u_{\text{act}}(t_i) - u_{\text{act}}(t_{i-1})}{\Delta t} = Du_{\min}\right)$，并据此计算当前控制信号；如果微分大于上限 $\left(\dfrac{u_{\text{act}}(t_i) - u_{\text{act}}(t_{i-1})}{\Delta t} > Du_{\max}\right)$，则使微分等于上限 $\left(\dfrac{u_{\text{act}}(t_i) - u_{\text{act}}(t_{i-1})}{\Delta t} = Du_{\max}\right)$；当前控制信号基于系统允许的最大微分计算。这样，由于积分作用受限，且饱和信息纳入上一时刻控制信号 $u_{\text{act}}(t_{i-1})$ 的计算式，即实际控制信号等于计算的控制信号，所以满足抗饱和机制的要求。

施加限制的计算步骤如下：

（1）计算实际控制信号：

$$\begin{aligned} u_{\text{act}}(t_i) = {} & u_{\text{act}}(t_{i-1}) + K_{\text{c}}(-y_{\text{act}}(t_i) + y_{\text{act}}(t_{i-1})) + \\ & \frac{K_{\text{c}}\Delta t}{\tau_{\text{I}}}(r_{\text{act}}(t_i) - y_{\text{act}}(t_i)) - u_{\text{D}}(t_i) + u_{\text{D}}(t_{i-1}) \end{aligned} \tag{4.46}$$

（2）检查控制信号的微分是否在限值范围内：

$$Du_{\min} \leqslant \frac{u_{\text{act}}(t_i) - u_{\text{act}}(t_{i-1})}{\Delta t} \leqslant Du_{\max}$$

如果满足约束条件，则控制信号等于控制对象的实际控制信号。如果不满足，则由以下步骤之一来计算控制信号。

- 若 $\dfrac{u_{\text{act}}(t_i) - u_{\text{act}}(t_{i-1})}{\Delta t} < Du_{\min}$，则

$$u_{\text{act}}(t_i) = u_{\text{act}}(t_{i-1}) + Du_{\min}\Delta t$$

- 若 $\dfrac{u_{\text{act}}(t_i) - u_{\text{act}}(t_{i-1})}{\Delta t} > Du_{\max}$，则

$$u_{\text{act}}(t_i) = u_{\text{act}}(t_{i-1}) + Du_{\max}\Delta t$$

4.6.3　进一步思考

（1）对于速度式 PID 控制器，实现控制信号幅值限制的抗饱和机制要素是什么？

（2）速度形式实现时，如果控制信号连续两次的采样达到限值，积分作用会自动关闭，这一说法是否正确？

（3）当控制信号的微分 $\dot{u}(t)$ 达到限值时，你对控制信号的行为有什么预期？

（4）控制信号和控制信号的微分是否可能在同一采样时刻达到限值？

4.7　PID 抗饱和实现教程

教程 4.1　本教程旨在说明如何实时实施 PID 控制算法。教程的核心是产生一个 MATLAB 内嵌函数,该函数可用于 Simulink 仿真以及 xPC Target 实现。内嵌函数基于前面讨论的速度式 PID 控制器。MATLAB 内嵌函数完成了控制信号的一个计算周期。对于每个采样周期,将重复相同的计算过程。内嵌函数以一组通用变量编写,适用于所有 PID 控制应用。

步骤

(1) 创建一个新的 Simulink 文件,命名为 PIDV. slx。

(2) 在 Simulink 用户定义函数目录中,找到 MATLAB 内嵌函数图标,将其复制到 PIDV 模型。

(3) 单击内嵌函数图标,在 PIDV 模型中定义输入、输出变量以及控制器参数,使内嵌函数具有以下形式:

```
function uCurrent = PIDV(yCurrent,rCurrent,Kc,tauI, tauD,
··· tauf,deltat,Umin,Umax,Dumin,Dumax)
```

其中,uCurrrent 为采样时刻 t_i 的控制信号,输入变量中的前两个元素(yCurrent 和 rCurrent)为采样时刻 t_i 的输出测量值和给定信号。Kc、tauI、tauD 分别为比例控制增益、积分时间常数、微分控制增益,tauf 为微分滤波器时间常数,deltat 为采样间隔,Umin 和 Umax 是控制信号 uCurrent 的上限和下限,Dumin 和 Dumax 是控制信号微分的上限和下限。

(4) 编辑输入和输出数据端口,以使内嵌函数知道哪些输入是实时变量,哪些是参数。该编辑任务使用模型资源管理器完成。

- 单击"yCurrent",选择"示波器"为"输入",指定"端口"为"1",大小为"−1",选择"复杂度"为"继承",选择"类型"为"继承:与 Simulink 相同"。对给定信号"rCurrent"重复相同的编辑过程。

- 内嵌函数的其余输入是计算中所需的参数。单击"Kc",在示波器上,选择"参数",然后单击"可调",然后单击"应用"保存更改。对其余参数重复相同的编辑过程。

- 编辑内嵌函数输出端口,单击"uCurrent",在示波器上,选择"输出",指定端口"1"为"−1",采样模型为"基于采样",选择"继承:与 Simulink 相同",单击"应用"保存更改。

(5) 程序声明每次迭代存储在内嵌函数中的变量,以获取它们的维数和初始值。"uPast"是上一时刻的控制信号($u(t_{i-1})$),"yPast"是上一时刻的输出信号($y(t_{i-1})$)。由于实现速度式 PID 控制器采用的是实际测量变量,因此在进行闭环控制之前,应将上一时刻的输入和输出变量初始化为实测物理变量。这些初始值将作为内嵌函数的额外参数参与计算。这里,为了简化编程,将它们置为零。在文件中输入以下程序:

```
persistent uPast
```

```
if isempty(uPast)
    uPast = 0;
end
persistent yPast
if isempty(yPast)
    yPast = 0;
end
persistent uDPast
if isempty(uDPast)
    uDPast = 0;
end
persistent rPast
if isempty(rPast)
    rPast = 0;
end
```

(6) 计算滤波后控制信号的微分[如式(4.25)]。在文件中输入以下程序：

```
uDCurrent = tauf/(tauf + deltat) * uDPast + ...
(Kc * tauD)/(tauf + deltat) * (yCurrent - yPast);
```

(7) 计算实际的控制信号(如式(4.27))。在文件中输入以下程序：

```
uCurrent = uPast + Kc * (rCurrent - yCurrent - rPast + yPast) + ... (Kc * deltat)/tauI * (rCurrent -
yCurrent) - uDCurrent + uDPast;
```

或者,如果希望仅将比例控制作用在输出上来减少输出响应中的超调[如式(4.28)],则使用下式计算：

```
uCurrent = uPast + Kc * ( - yCurrent + yPast) + ...
(Kc * deltat)/tauI * (rCurrent - yCurrent) - uDCurrent + uDPast;
```

(8) 对控制信号的微分加以限制。在文件中输入以下程序：

```
Du = (uCurrent - uPast)/deltat;
if (Du > Dumax)
    uCurrent = uPast + Dumax * deltat;
  Du = Dumax;
end
if (Du < Dumin)
    uCurrent = uPast + Dumin * deltat;
    Du = Dumin;
end
```

(9) 对控制信号的幅值加以限制。在文件中输入以下程序：

```
if (uCurrent > Umax)
    uCurrent = Umax;
end
if (uCurrent < Umin)
    uCurrent = Umin;
end
```

（10）更新上一时刻的控制和输出信号。更新 uPast 是对控制信号约束进行抗饱和实现的一部分，使得当控制信号达到限值时，停止积分作用。在文件中输入以下程序：

```
uDPast = uDCurrent;
uPast = uCurrent;
yPast = yCurrent;
rPast = rCurrent;
```

（11）以直流电动机控制为例测试该程序（见例 4.5）。

为了实现 PI 控制器，只需对程序进行简单改动。从输入中删除参数 τ_D 和 τ_f，然后删除微分控制的计算[见步骤(6)]并将其从控制信号的计算中删除。

【例 4.5】 直流电动机的传递函数模型为：

$$G(s) = \frac{0.5}{(s+2)s} \tag{4.47}$$

其中输入为电压，输出为角位移。要求角位移无稳态误差跟踪单位斜坡信号，并且运行要求控制信号在 $(-7,5)$ 范围内，控制信号的微分在 $(-20,20)$ 范围内。设计一个具有抗饱和机制的 PID 控制器，期望的闭环性能由期望的闭环多项式 $(s^2 + 2\xi\omega_n s + \omega_n^2)(s+\lambda_1)^2$ 确定，其中 $\xi = 0.707, \omega_n = \lambda_1 = 3$。另外，研究使用较小的控制器增益减小 $|u(t)|$ 和 $|\dot{u}(t)|$ 的方法，并与抗饱和控制结果进行比较。

解　为了达到期望的闭环性能，由 MATLAB 程序 PIDplace.m 设计 PID 控制器，得控制器参数为：

$$K_c = 19.9831; \quad \tau_I = 1.0167; \quad \tau_D = 0.2061; \quad \tau_f = 0.1213$$

使用 PID 控制器结构，比例项和积分项均作用于反馈误差，微分项作用于输出端。

使用该 PID 控制器时，控制信号的所有限制都不满足（见图 4.8），与使用抗饱和机制的结果的比较如图 4.8 所示。

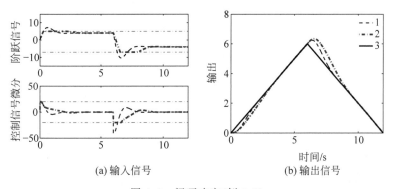

(a) 输入信号　　　　　　(b) 输出信号

图 4.8　闭环响应（例 4.5）

其中，1 线表示无限制时闭环响应；2 线表示抗饱和控制的闭环响应，$\omega_n = 3$；3 线表示给定信号

在无抗饱和控制的情况下，需要减小参数 ω_n 和 λ_1 以降低控制信号的幅值和控制信号的微分。取 $\omega_n = \lambda_1 = 1$，控制信号和控制信号的微分均在设计要求的运行范围内。图 4.9 为闭环控制结果，可以看出，与抗饱和控制的结果相比，跟踪性能明显下降。结果表明，合适的抗饱和控制，可允许闭环控制中使用更高的增益，同时保护设备安全。

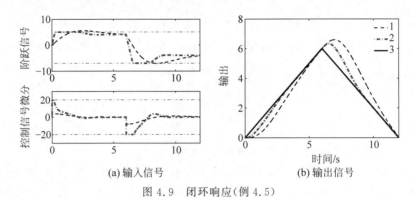

图 4.9　 闭环响应(例 4.5)

其中,1 线表示无限制闭环响应,$\omega_n = 1$；2 线表示使用抗饱和控制的闭环响应,$\omega_n = 3$；3 线表示给定信号

4.8　 其他问题的处理

实现速度式 PID 控制器,可以相对容易地解决非零稳态运行条件下控制对象的启动、量化误差等问题。

4.8.1　 控制对象的启动

PID 控制系统实施中的问题之一是如何开启闭环控制。此步骤通常与控制对象启动相关,尤其是控制对象在启动阶段具有非线性时。启动控制对象和闭环 PID 控制器有几种可能性,取决于控制对象是否稳定以及在启动阶段的非线性程度。在启动阶段,给定值跟踪的准确性和扰动抑制不是主要问题。对于工业控制对象,启动时间应尽可能短,以提高出品率、减少停机时间。下面讨论几种方案。

- 控制对象在整个启动阶段和运行区域内是线性的,这样同一线性控制器对启动和运行阶段均适用。如果情况如此,则可以在启动阶段开启闭环 PID 控制系统。
- 在许多应用中,启动阶段控制对象高度非线性,如启动阶段的死区。为正常运行而设计的 PID 控制器在该区域可能运行效果不佳。如果要处理的是死区,并且控制对象稳定,则通常的策略是在无反馈控制的情况下以开环方式运行该对象,并将阶跃输入信号直接加入系统(u 为阶跃信号)。选择较大的阶跃信号幅值,可使控制对象尽快脱离死区。这是为了避免由于设备的非线性而使闭环系统在初始阶段变得不稳定。开环启动后,当系统到达设计区域时,再开启 PID 控制器。
- 如果设备不稳定或动态响应缓慢,则比例控制器是启动阶段的理想选择。对于比例控制器,可以通过反复试验选择比例增益 K_c,因此可以方便地调整启动阶段的闭环动态。一旦系统响应到达 PID 控制器的设计区域,则切换为正常操作设计的 PID 控制器。

当需要在开环与闭环控制之间进行切换,或在两个不同控制器之间进行切换时,应考虑两点——切换时间以及如何进行切换。另一点也很重要,即确保在进行切换时,切换前的控制信号应接近于当前运行的控制信号,以避免不连续。

为了确保开环和闭环运行的连续性,速度式 PID 控制器是一个很好的选择。因为速度式 PID 控制器在计算中采用了实际控制对象的输入和输出信号,所以无须额外工作就可以使两个运行状态平滑过渡(称为"无扰动切换")。

下面说明一个简单的切换策略。参数 λ 定义为切换信号。当 $\lambda = 0$ 时,系统以开环状态运行;当 $\lambda = 1$ 时,PID控制器控制控制对象。λ 的值由控制对象的运行情况指定。例如,当控制对象输出变量 $y_{act}(t)$ 达到全值的 50% 时,可以将 λ 赋为1。定义采样时刻 t_i 开环控制信号为 $u_{op}(t_i)$,例如阶跃输入信号,可以计算出从开环运行切换到闭环运行的控制信号为:

$$u_{act}(t_i) = (1-\lambda)u_{op}(t_i) + \lambda[u_{act}(t_{i-1}) + K_c(-y_{act}(t_i) + y_{act}(t_{i-1})) +$$

$$\frac{K_c \Delta t}{\tau_I}(r_{act}(t_i) - y_{act}(t_i) - u_D(t_i) + u_D(t_{i-1}))] \tag{4.48}$$

其中微分项计算式为:

$$u_D(t_i) = \frac{\tau_f}{\tau_f + \Delta t}u_D(t_{i-1}) + \frac{K_c \tau_D}{\tau_f + \Delta t}(y_{act}(t_i) - y_{act}(t_{i-1})) \tag{4.49}$$

此切换策略给出了两种运行状态之间的切换,在实际应用之前应先定义参数 λ。

4.8.2　PID控制器实现中量化误差的处理

当执行器限制为一组值时,PID控制器实现会发生量化误差(量化误差将在7.4节做进一步讨论)。为了说明原理,假设执行器只能实现步长为 q 的控制信号 $u(t)$,该量化信息可以作为约束 $\Delta u(t_i) = u(t_i) - u(t_{i-1})$ 纳入PID控制器的实现,以减少量化误差对PID控制器性能的影响。

在4.4节中,控制信号的微分表示为:

$$\dot{u}(t) = K_c \dot{e}(t) + \frac{K_c}{\tau_I}e(t) - \dot{u}_D(t) \tag{4.50}$$

在采样时刻 t_i,将 $u(t_i)$ 近似为 $\frac{\Delta u(t_i)}{\Delta t}$,得:

$$\Delta u(t_i) = K_c \dot{e}(t_i) + \frac{K_c}{\tau_I}e(t_i) - \dot{u}_D(t_i)\Delta t \tag{4.51}$$

具体实现时,在采样时刻 t_i 处,由计算的增量控制信号来检查量化步长 q,如果

$$\left|(K_c \dot{e}(t_i) + \frac{K_c}{\tau_I}e(t_i) - \dot{u}_D(t_i))\Delta t\right| < q \tag{4.52}$$

即计算的增量控制信号 $|\Delta u(t_i)|$ 小于步长 q,则实际增量控制信号 $\Delta u(t_i) = 0$,且

$$u(t_i) = u(t_{i-1})$$

但是,如果计算的增量控制信号 $|\Delta u(t_i)|$ 大于或等于步长 q,即

$$|(K_c \dot{e}(t_i) + \frac{K_c}{\tau_I}e(t_i) - \dot{u}_D(t_i))\Delta t| \geqslant q \tag{4.53}$$

则根据量化步长的约束,由下式计算 $\Delta u(t_i)$:

$$\Delta u(t_i) = q \times \text{round}\left(\frac{K_c \dot{e}(t_i) + \frac{K_c}{\tau_I}e(t_i) - \dot{u}_D(t_i)}{q}\right) \tag{4.54}$$

其中,$\text{round}(x)$ 将变量 x 取为最接近的整数。

在利用量化信息计算增量控制信号之后,与前面一样更新控制信号为:

$$u(t_i) = u(t_{i-1}) + \Delta u(t_i)$$

这种实现通过将误差限制在每个采样时刻,并将实际控制信号传给控制器以减小量化误差的影响。8.3.5 节在啤酒过滤过程的应用中测试了量化的 PID 控制器。

使用教程 4.1 中定义的变量,对 MATLAB 代码 PIDV. slx 进行微小改动来实现 PID 控制器,以减少量化误差的影响。首先,添加量化步长 q 作为输入参数,并用以下代码替换教程 4.1 中的步骤 7:

```
uDCurrent = tauf/(tauf + deltat) * uDPast + …
(Kc * tauD)/(tauf + deltat) * (yCurrent – yPast);
Deltau = Kc * ( – yCurrent + yPast) + …
(Kc * deltat)/tauI * (rCurrent – yCurrent) – uDCurrent + uDPast;
    if abs(Deltau)< q; Deltau = 0;
else
    Deltau = q * round(Deltau/q);
end
uCurrent = uPast + Deltau;
```

其中,q 是量化步长。

4.9　小结

由于 PID 控制器是连续时间控制器,因此其实现需要本章讨论的离散化过程。离散化过程根据其时域信号分别进行比例控制、积分控制、含滤波器的微分控制。这为选择实际要实现的 PID 控制器结构带来了更大的灵活性。例如,如果只希望将比例控制器作用在输出上,则将比例控制器的控制信号计算去掉给定信号即可。由于 PID 控制器基于连续时间设计,用于离散时间实现,因此采样率应尽可能快。其他重要内容总结如下:

- 实现算法可以选择位置形式或速度形式。使用位置形式时,如果稳态控制信号不为零,则需要注意。速度形式使用实际控制信号的第一个采样值作为稳态控制信号的估计值来解决此问题。
- 当控制信号达到饱和限值时,PID 控制系统中存在积分饱和问题。对于位置形式的实现,PID 控制器程序需要重新编写,以产生稳定的多项式实现,避免积分器饱和问题。对于速度形式的实现,则简单地将控制信号的饱和信息包含于上一时刻的控制信号,供计算当前控制信号时使用。当控制信号达到饱和限值时,将有效地切换了积分作用。
- 使用速度形式实现时,可以以相对简单的方式执行控制对象启动策略和处理量化误差。
- Simulink 程序 PIDV. slx 将在后面章节中用于闭环仿真研究。该程序已经有很多成功应用,这些应用中的程序可转换为 C 程序用于微控制器。

4.10　进一步阅读

(1) Middleton 和 Goodwin(1990)对连续时间控制系统进行设计,用于离散时间实现。

（2）Goodwin 等（2000）、Zaccarian 和 Teel（2011）介绍并分析了一种通用的抗饱和控制系统的实现。Kothare 等（1994）提出了统一框架来实现抗饱和控制系统。Peng 等（1996）对抗饱和机制进行了概述。Tarbouriech 和 Turner（2009）、Galeani 等（2009）、Visioli（2003）提出了 PID 控制器的抗饱和实现。

问题

4.1 控制信号 $U(s)$ 的拉普拉斯传递函数与反馈误差 $E(s)$ 的关系为：

$$U(s) = 10\left(1 + \frac{1}{s}\right)E(s)$$

（1）假设采样间隔为 $\Delta t = 0.1$，用速度形式写出 PI 控制器的实现式。

（2）假设反馈误差 $e(t_0) = -1$，$e(t_1) = -0.5$，$e(t_2) = -0.3$，$e(t_3) = -0.4$，$e(t_4) = 0.1$，且 t_0 时刻 $u(t_0) = 0.5$。还假设控制信号限制值为 ± 0.6（$-0.6 \leqslant u(t) \leqslant 0.6$），计算控制信号 $u(t_1)$、$u(t_2)$、$u(t_3)$、$u(t_4)$。

4.2 学习教程 4.1 中具有抗饱和机制的 PID 控制器实现，编写 MATLAB 实时函数用于基于 Simulink 的仿真。生成例 4.5 中所示的仿真结果来验证 PIDV.slx 程序。

4.3 直流电动机的传递函数模型为：

$$G(s) = \frac{0.6}{(s+3)s} \tag{4.55}$$

其中输入为电压，输出为角位移。要求角位移无稳态误差跟踪单位斜坡信号，且运行要求控制信号在 $(-7,5)$ 范围内，控制信号的微分在 $(-20,20)$ 范围内。期望的闭环多项式为 $(s^2 + 2\xi\omega_n s + \omega_n^2)(s+\lambda_1)^2$，其中 $\xi = 0.707$，$\omega_n = \lambda_1 = 3.5$。

（1）设计一个 PID 控制器。

（2）用 PIDV.slx 实现带有反馈和机制的速度式 PID 控制器，比例和积分控制均作用于给定信号。

（3）实现 IPD 控制器，其中积分控制作用于给定信号，比例控制和微分控制作用于输出。该 IPD 控制器能否无稳态误差跟踪斜坡给定信号？如果不能，问题出在哪里？

4.4 对于问题 4.3 中的系统，研究 PID 控制器设计，该设计可产生较小的控制器增益，以减小 $|u(t)|$ 和 $|\dot{u}(t)|$ 使这些信号位于运行限值内，可以减小参数 ω_n 和 λ_1 以达到要求。对闭环响应进行仿真，并将结果与问题 4.3 中的抗饱和控制相比较。

4.5 连续时间系统传递函数为：

$$G(s) = \frac{0.2}{s^2 + 0.1s + 1}$$

（1）设计一个带滤波器的 PID 控制器，其中所有期望的闭环极点均位于 -1。

（2）设执行器只能执行步长为 $q = 0.1$ 的控制信号 $u(t)$，在采样间隔 $\Delta t = 0.01$ 的情况下，对闭环响应的给定值跟踪和扰动抑制性能进行仿真，其中单位阶跃信号在 $t = 0$ 时刻进入系统，负的单位阶跃输入干扰在仿真进行到一半时进入系统。

第 5 章

基于扰动观测器的
PID 和谐振控制器

5.1 引言

第 1～4 章讨论了具有明确的比例控制、积分控制、微分控制功能的 PID 控制系统。由于积分控制在控制器结构中嵌入了临界稳定模式,当控制信号达到饱和限值时会使积分器饱和,因此在 PID 控制系统实现时,需要加以改进,以克服这一问题。谐振控制器也面临类似问题,而且情况更糟。

本章从与前几章不同的角度研究 PID 控制器和谐振控制器的设计。通过扰动估计引入积分模态和谐振模态,使设计变得更简单。更重要的是,PID 和谐振控制器的实现可自然地从具有抗饱和机制的设计中获得。这种改进对谐振控制器特别重要,因为对于实际应用而言,抗饱和机制实现的简单性至关重要。

5.2 基于扰动观测器的 PI 控制器

本节介绍扰动估计的思想,这会产生一个等价的 PI 控制系统。本节使用的数学模型为一阶模型,若系统具有更高阶传递函数,则需要进行近似。

5.2.1 带有控制的扰动估计

假设存在一个恒定的未知输入扰动 $d(t)$,那么用于描述一阶系统的微分方程可表示为:

$$\dot{y}(t) = -ay(t) + b(u(t) + d(t)) \tag{5.1}$$

其中 a 和 b 为模型系数,$u(t)$ 和 $y(t)$ 为输入和输出变量。图 5.1 给出了基于估计器设计 PI 控制器的数学模型。

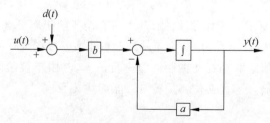

图 5.1　基于扰动观测器的 PI 控制器系统框图

假设 $d(t)$ 为常数,有:

$$\dot{d}(t) = 0 \tag{5.2}$$

指定两个期望的闭环极点 $-\alpha_1$ 和 $-\alpha_2$,其中 $\alpha_1 > 0, \alpha_2 > 0$。所提出的设计中,$\alpha_1$ 的取值主要影响比例增益 K_1,α_2 主要影响积分增益 K_2。

1. 比例控制器 K_1 的选择

K_1 的选择很简单。首先定义:

$$\bar{u}(t) = u(t) + d(t) \tag{5.3}$$

式(5.1)变成:

$$\dot{y}(t) = -ay(t) + b\bar{u}(t) \tag{5.4}$$

加上比例控制:

$$\bar{u}(t) = -K_1 y(t)$$

可得闭环系统为:

$$\dot{y}(t) = -(a + bK_1) y(t) \tag{5.5}$$

使实际的闭环极点 $-(a+bK_1)$ 与期望的闭环极点 $-\alpha_1$ 相等,求得比例增益 K_1 为:

$$K_1 = \frac{\alpha_1 - a}{b} \tag{5.6}$$

2. 稳态误差补偿

大家知道,对于一个恒定的给定信号或扰动信号,比例控制会使闭环系统存在稳态误差。为了消除稳态误差,需要在控制系统中引入积分作用。这里,可估计稳态误差,并在控制信号中进行补偿。为此,从式(5.1)中提取扰动信息:

$$bd(t) = \dot{y}(t) + ay(t) - bu(t) \tag{5.7}$$

可以尝试使用式(5.7)直接计算未知扰动 $d(t)$,并在控制信号中对其进行补偿。然而,由于模型参数的不确定性和实际应用中的其他缺陷,很容易验证该方法不能产生所需的控制信号。我们估计扰动信号 $d(t)$ 来对误差进行补偿。

令 $\hat{d}(t)$ 表示扰动信号的估计。给定和估计值之间的误差为:

$$\dot{o}(t) = bd(t) - b\hat{d}(t) = \dot{y}(t) + ay(t) - bu(t) - b\hat{d}(t) \tag{5.8}$$

将误差 $\varepsilon(t)$ 以增益 K_2 加权,并假设 $\dot{d}(t) = 0$,构造估计值 $\hat{d}(t)$ 为:

$$\frac{\mathrm{d}\hat{d}(t)}{\mathrm{d}t} = K_2(\dot{y}(t) + ay(t) - bu(t) - b\hat{d}(t)) \tag{5.9}$$

这就是所谓的观测器方程。选择增益 K_2,使误差 $\tilde{d}(t) = d(t) - \hat{d}(t)$ 收敛到零。

注意到:

$$\frac{\mathrm{d}\tilde{d}(t)}{\mathrm{d}t} = -K_2 b\tilde{d}(t) \tag{5.10}$$

然后,选择参数 K_2 使得 $-K_2 b = -\alpha_2$,有:

$$K_2 = \frac{\alpha_2}{b}$$

因此,

$$\frac{\mathrm{d}\tilde{d}(t)}{\mathrm{d}t} = -\alpha_2 \tilde{d}(t) \tag{5.11}$$

对任意给定的初始条件$|\tilde{d}(0)| < \infty$和$\alpha_2 > 0$,随着$t \to \infty$,估计误差$|\tilde{d}(t)| \to 0$。收敛速度取决于参数α_2,α_2越大,估计误差收敛到零的速度越快。

现在,为了计算具有稳态误差补偿的控制信号,将式(5.3)中的未知扰动$d(t)$替换为由式(5.9)得出的估计值$\hat{d}(t)$,控制信号为:

$$u(t) = -K_1 y(t) - \hat{d}(t) \tag{5.12}$$

3. 闭环极点

为了验证控制系统的闭环极点确实是$-\alpha_1$和$-\alpha_2$,将式(5.12)代入式(5.1),得:

$$\dot{y}(t) = -(a + bK_1)y(t) + b\tilde{d}(t) = -\alpha_1 y(t) + b\tilde{d}(t) \tag{5.13}$$

其中$\tilde{d}(t) = d(t) - \hat{d}(t)$。结合式(5.11),写出闭环系统方程:

$$\begin{bmatrix} \dfrac{\mathrm{d}y(t)}{\mathrm{d}t} \\ \dfrac{\mathrm{d}\tilde{d}(t)}{\mathrm{d}t} \end{bmatrix} = \overbrace{\begin{bmatrix} -\alpha_1 & b \\ 0 & -\alpha_2 \end{bmatrix}}^{A} \begin{bmatrix} y(t) \\ \tilde{d}(t) \end{bmatrix} \tag{5.14}$$

由于A为上三角矩阵,因此可以简单地将闭环极点(或特征值)作为特征方程的解来计算:

$$\det(s\boldsymbol{I} - \boldsymbol{A}) = (s + \alpha_1)(s + \alpha_2) = 0$$

其中,$\boldsymbol{I}$为维数2×2的单位矩阵,特征方程的解为$-\alpha_1$和$-\alpha_2$。

4. 实现过程

由于估计方程(5.9)包含输出信号$y(t)$的微分,直接离散化需要采样时刻t_i的信息$y(t_{i+1})$,这无法得到。

定义一个变量$\tilde{z}(t)$为:

$$\tilde{z}(t) = \hat{d}(t) - K_2 y(t) \tag{5.15}$$

将该变量代入估计式(5.9),得:

$$\begin{aligned} \frac{\mathrm{d}\hat{z}(t)}{\mathrm{d}t} &= -K_2 b\hat{z}(t) - (K_2^2 b - K_2 a)y(t) - K_2 bu(t) \\ &= -\alpha_2 \hat{z}(t) - K_2(\alpha_2 - a)y(t) - \alpha_2 u(t) \end{aligned} \tag{5.16}$$

如果给定信号$r(t) \neq 0$,则以$y(t) - r(t)$替换$y(t)$来修改式(5.15)和式(5.16)。此外,如果控制信号$u(t)$达到饱和限值,则饱和信息通过式(5.16)在扰动的估计$\hat{d}(t)$中更新。图5.2给出了使用扰动观测器的控制系统框图。为了离散化,在采样时刻t_i处,导数$\frac{\mathrm{d}\hat{z}(t)}{\mathrm{d}t}$使用一阶近似,为:

$$\frac{\mathrm{d}\hat{z}(t)}{\mathrm{d}t} \approx \frac{\hat{z}(t_{i+1}) - \hat{z}(t_i)}{\Delta t}$$

那么:

$$\hat{z}(t_{i+1}) = \hat{z}(t_i) - \left[\alpha_2 \hat{z}(t_i) + \frac{\alpha_2(\alpha_2 - a)}{b}(y(t_i) - r(t_i) + \alpha_2 u(t_i)) \right] \Delta t \tag{5.17}$$

控制信号的计算过程总结如下。选择闭环运行开始时的初始条件$\hat{z}(t_0)$,如果没有其

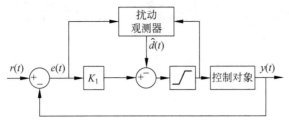

图 5.2　使用扰动观测器的控制系统框图

他可用信息，可取为零。利用采样时刻 t_i 的给定信号 $r(t_i)$ 和输出信号 $y(t_i)$，递归计算控制信号 $u(t_i)$，控制信号限制在 $u_{\min}$ 和 $u_{\max}$ 之间。

（1）计算采样时刻 t_i 的扰动信号估计值，为：

$$\hat{d}(t_i) = \hat{z}(t_i) + K_2(y(t_i) - r(t_i))$$

（2）用下式计算控制信号：

$$u(t_i) = -K_1(y(t_i) - r(t_i)) - \hat{d}(t_i)$$

（3）对控制信号加以饱和限制：

$$u(t_i) = \begin{cases} u_{\min} & \text{if } u(t_i) < u_{\min} \\ u(t_i) & \text{if } u_{\min} \leqslant u(t_i) \leqslant u_{\max} \\ u_{\max} & \text{if } u(t_i) > u_{\max} \end{cases}$$

（4）更新下一个采样时刻的扰动估计 $\hat{d}(t_{i+1})$：

$$\hat{z}(t_{i+1}) = \hat{z}(t_i) - \left[\alpha_2 \hat{z}(t_i) + \frac{\alpha_2(\alpha_2 - a)}{b}(y(t_i) - r(t_i)) + \alpha_2 u(t_i) \right] \Delta t$$

（5）输出控制信号 $u(t_i)$ 加以实现。当下一个采样周期到来时，对输出进行新的测量，并从步骤（1）开始重复补偿过程。

5.2.2　PI 控制器的等价

为了计算等价 PI 控制器，拉氏变换 $z(s)$ 表示为：

$$\hat{z}(s) = -\frac{K_2(\alpha_2 - a)}{(s + \alpha_2)} Y(s) - \frac{\alpha_2}{(s + \alpha_2)} U(s)$$

其中 $K_2 = \alpha_2 / b$，$\hat{D}(s)$ 的拉氏变换为：

$$\hat{D}(s) = \hat{z}(s) + K_2 Y(s) = \frac{K_2(s + a)}{s + \alpha_2} Y(s) - \frac{\alpha_2}{s + \alpha_2} U(s) \tag{5.18}$$

控制信号的拉氏变换 $U(s)$ 变成：

$$U(s) = -K_1 Y(s) - \frac{K_2(s + a)}{s + \alpha_2} Y(s) + \frac{\alpha_2}{s + \alpha_2} U(s)$$

即

$$U(s) = -\left[\frac{K_1(s + \alpha_2)}{s} + \frac{K_2 s + K_2 \alpha_2}{s} \right] Y(s) \tag{5.19}$$

由此可知，等效 PI 控制器为：

$$C(s) = \frac{K_1(s+\alpha_2)}{s} + \frac{K_2 s + K_2 \alpha_2}{s} = K_1 + K_2 + \frac{K_1 \alpha_2 + K_2 a}{s} \qquad (5.20)$$

PI 控制器参数为：

$$K_c = K_1 + K_2$$

$$\frac{K_c}{\tau_1} = K_1 \alpha_2 + K_2 a$$

其中 $K_1 = (\alpha_1 - a)/b$，$K_2 = \alpha_2/b$。可以验证闭环极点位于 $-\alpha_1$ 和 $-\alpha_2$ 处，这正是设计指标。

定义系数 $c_1 = K_c$，$c_0 = \dfrac{K_c}{\tau_1}$，饱和限制器为 Σ，图 5.3 给出了具有抗饱和机制的 PI 控制器的传递函数实现，该控制器根据给定信号 $R(s)$ 和输出信号 $Y(s)$ 计算控制信号 $U(s)$。

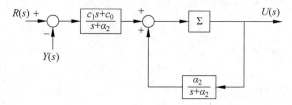

图 5.3　基于估计器的 PI 控制器的传递函数实现（Σ 为饱和限制）

5.2.3　通过估计实现 PI 控制器的 MATLAB 教程

在 Simulink 环境下对估计的嵌入式 PI 控制器进行仿真研究。

教程 5.1　本教程旨在说明如何实时实现基于估计器的 PI 控制算法。教程的核心是产生一个 MATLAB 内嵌函数，该函数可用于 Simulink 仿真，也可以在 MATLAB 中实时实现。MATLAB 内嵌函数完成了控制信号的一个计算周期。对于每个采样周期，将重复相同的计算过程。

步骤

（1）创建一个新的 Simulink 文件，命名为 PIEstimate.slx。

（2）在 Simulink"用户定义函数"目录，找到 MATLAB 内嵌函数图标，并将其复制到 PIEstim 模型中。

（3）单击内嵌函数图标，定义 PIEstim 模型的输入变量和输出变量，使内嵌函数具有如下形式：

```
function uCur = PIEstim(r,y,K1,K2,alpha2,a,deltat,umin,umax)
```

其中 uCur 为计算出的采样时刻 t_k 控制信号，输入变量中的前两个元素（r 和 y）为采样时刻 t_i 给定信号和输出信号的测量值，K1 和 K2 是控制器增益和估计器增益，deltat 是采样间隔，umin 和 umax 为控制信号 uCur 的下限和上限。

（4）在内嵌功能顶部的"工具"中找到"模型资源管理器"。打开"模型资源管理器"，"更新"方法选"离散"，在"采样时间"中输入 deltat。选择"支持"维数可变数组；整数溢出选择"饱和"；选择"定点"。单击"应用"保存更改。

（5）编辑输入和输出数据端口，使内嵌函数知道哪些输入是实时变量，哪些是参数。该编辑任务使用"模型资源管理器"完成。

- 单击 r,"示波器"选择为"输入","端口"指定为"1","大小"选为"—1","复杂度"选为"继承","类型"选为"继承：与 Simulink 相同"。对输出信号 y 重复相同的编辑过程。
- 内嵌函数的其余 5 个输入是计算所需的参数。单击 K1,在"示波器"上选择"参数",依次单击"可调"→"应用"保存更改。对其余参数重复相同的编辑过程。
- 编辑内嵌函数的"输出端口",单击 uCur,在"示波器"上选择为"输出","端口"选为"1","大小"选为"—1","采样模型"选为"基于样本","类型"选为"继承：与 Simulink 相同",然后单击"应用"按钮保存更改。

（6）程序将声明每次迭代存储在内嵌函数中的变量,以获取它们的维数和初始值。zhat 为采样时刻 t_i 时的扰动估计,它需要一个初始值,赋值为零。在文件中输入以下程序：

```
persistent zhat
if isempty(zhat)
    zhat = 0;
end
```

（7）更新 $\hat{z}(t_{i+1})$ 的估计。在文件中输入以下程序：

```
dhat = zhat + K2 * (y - r);
```

（8）结合比例控制和扰动估计更新控制信号。在文件中输入以下程序：

```
Cur = - K1 * (y - r) - dhat;
```

（9）使用抗饱和机制实现饱和限制。在文件中输入以下程序：

```
if (uCur > umax)
    uCur = umax;
end
if (uCur < umin)
    uCur = umin;
end
```

（10）计算下一个采样时刻的 $\hat{z}(t_{i+1})$。在文件中输入以下程序：

```
zhat = zhat - alpha2 * zhat * deltat - (y - r) * (alpha2 - a) * K2 * deltat …
    - alpha2 * uCur * deltat;
```

5.2.4　基于估计器的 PI 控制器示例

【例 5.1】　连续时间系统由以下一阶模型近似：

$$G(s) = \frac{0.1}{T_1 s + 1} \tag{5.21}$$

其中时间常数 T_1 为 10s。已知该系统具有可变的时延 T_D,其最大值为 1s,一个忽略的时间常数 T_2 的最大值为 5s。设计基于估计器的 PI 控制器,并对闭环控制性能和扰动抑制性能进行仿真,给定信号为单位阶跃变化,输入扰动为幅度 20 的阶跃信号。

解　由于系统存在忽略的时延和时间常数,因此模型的不确定性将限制期望的闭环性能指标。第一个好的起点是选择与系统的已知极点相等的闭环主导极点,该极点位于—0.1。

因此，$\alpha_1=0.1$。第二个期望的闭环极点$-\alpha_2$由 5.2.3 节中介绍的 MATLAB 实时函数通过闭环仿真确定。

在 $a=0.1,b=0.01,\alpha_1=0.1$ 的情况下，参数 K_1 的计算如下：

$$K_1=\frac{\alpha_1-a}{b}=0$$

参数 K_2 计算如下：

$$K_2=\frac{\alpha_2}{b}$$

取参数 α_2 为 0.1、0.2、0.3，计算出对应的 K_2 分别为 10、20 和 30。

取采样间隔 $\Delta t=0.01\text{s}$，并将 Simulink 仿真与 5.2.3 节中建立的 PIEstim.slx 函数配合使用，可以获得最坏情况下的闭环仿真结果，此时，仿真中使用的控制对象传递函数为：

$$G(s)=\frac{0.1\mathrm{e}^{-s}}{(10s+1)(5s+1)}$$

仿真中，单位阶跃给定信号在 $t=0$ 时刻进入系统，输入扰动在仿真时间进行到一半时进入系统。由图 5.4 所示的比较结果可以看出，随着 α_2 的增加，闭环系统给定值跟踪和扰动抑制的响应速度都提高了。可以验证，α_2 的进一步增大将导致闭环响应振荡增大。对于模型不确定性，$\alpha_2=0.3$ 是一个不错的选择。

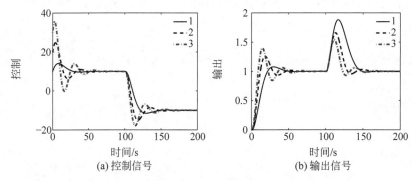

(a) 控制信号   (b) 输出信号

图 5.4 不同 α_2 值时，基于估计器的 PI 控制器闭环控制性能比较（例 5.1）

其中，1 线表示 $\alpha_2=0.1$；2 线表示 $\alpha_2=0.2$；3 线表示 $\alpha_2=0.3$

显然，取 $\alpha_2=0.3$ 用于基于估算器的 PI 控制器设计时，需要的控制幅值更大。实际上，由于驱动器的物理限制，如此大的控制幅值可能无法实现。这引出一个有趣的问题，如果控制信号幅值受限，闭环响应速度将如何变化。下面的例子将进行比较研究。

【例 5.2】 继续例 5.1。假设控制信号幅值受限：

$$-11\leqslant u(t)\leqslant 14 \tag{5.22}$$

比较单位阶跃给定信号作用下和振幅为 20 的阶跃输入扰动下的闭环响应。

解 考查最慢响应情况 $\alpha_2=0.1$ 和最快响应情况 $\alpha_2=0.3$，两种情况下均取 $\alpha_1=0.1$。

$\alpha_2=0.1$ 时，除了短时间内抑制扰动外，控制信号的最大值和最小值自然满足条件（见图 5.5）。因此，$\alpha_2=0.1$ 时，给定信号和扰动信号的闭环响应在控制信号受限时保持不变。但当 $\alpha_2=0.3$ 时，在给定值跟踪和扰动抑制仿真中，控制信号幅值超过其最大值和最小值。实际上，最大值需要从 35.60 降低到 14，最小值需要从 -17.92 增加到 -11。控制器设计中

取 $\alpha_2=0.3$ 时,控制信号的限制将使其幅值急剧减小。图 5.5(a)显示了阶跃给定信号和扰动信号作用下的闭环系统控制信号。可以看出,控制信号确实在限值范围内。图 5.5(b)比较了闭环系统阶跃给定信号和扰动信号作用下的输出响应。可以看出,阶跃给定信号下闭环响应速度相仿,但 α_2 越大,扰动抑制就越快。

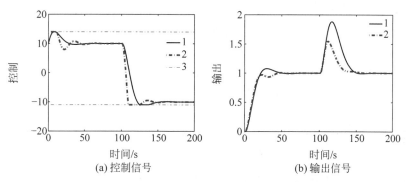

(a) 控制信号　　　　　　　(b) 输出信号

图 5.5　不同 α_2 值时,基于估计器的 PI 控制器闭环控制性能比较(例 5.2)

其中,1 线表示 $\alpha_2=0.1$;2 线表示 $\alpha_2=0.3$;3 线表示控制信号的限制

以上两个例子表明,在基于估计器的 PI 控制系统中,系统中未建模动态引起的模型不确定性限制了闭环性能。性能限制由 α_2 的值反映出来。控制信号的限制可以嵌入自然具有抗饱和机制的控制系统的实现中。

从 5.2.2 节可以明显看出,对基于估计的 PI 控制器,存在参数为 K_c 和 τ_1 的等价 PI 控制器。4.6 节讨论了具有抗饱和机制的速度式 PI 控制器的实现。同时我们想知道这两种实现是否会产生不同的结果。下面的例子将对两种具有抗饱和机制的 PI 控制器进行比较。

【例 5.3】　继续例 5.1 和例 5.2。对基于估计的 PI 控制器实现和原始速度式 PI 控制器实现进行评估比较。

　　解　当 $\alpha_1=0.1,\alpha_2=0.3$ 时,比例控制增益和积分时间常数的计算如下:

$$K_c=K_1+K_2=30,\qquad \frac{K_c}{\tau_I}=K_1\alpha_2+K_2 a=3,\qquad \tau_I=10$$

其中 $K_1=0,K_2=30$。图 5.6 表明,虽然达到饱和限制时闭环性能之间存在微小差异,但两种实现方式都包含了抗饱和机制。

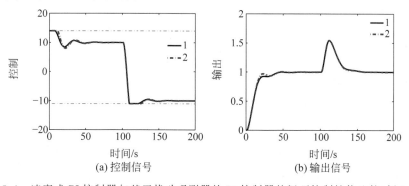

(a) 控制信号　　　　　　　(b) 输出信号

图 5.6　速度式 PI 控制器与基于扰动观测器的 PI 控制器的闭环控制性能比较(例 5.3)

其中,1 线表示速度式 PI 控制器;2 线表示基于扰动观测器的 PI 控制器

5.2.5　进一步思考

（1）在基于扰动观测器的 PI 控制器设计中，期望的闭环极点 $-\alpha_1$ 和 $-\alpha_2$ 对闭环性能有何影响？

（2）如果系统存在较大的模型误差，你会减小 α_1 和 α_2 吗？

（3）如果控制信号和输出信号的稳态值在初始时刻不为零，那么在基于扰动观测器的 PI 控制器实现中如何加入这些稳态值？

（4）是否有可能在控制系统中估计扰动 $d(t)$ 而不进行补偿？

（5）积分器的实施是否基于稳定的系统？

5.3　基于扰动观测器的 PID 控制器

为了用基于估计的方法设计 PID 控制器，考虑二阶传递函数

$$G(s) = \frac{b}{s^2 + a_1 s + a_0} = \frac{Y(s)}{U(s)} \tag{5.23}$$

其中，$U(s)$ 和 $Y(s)$ 是输入和输出信号的拉氏变换。假设 $b \neq 0$，并假设初始条件为零，则微分方程为：

$$\ddot{y}(t) = -a_1 \dot{y}(t) - a_0 y(t) + b u(t)$$

以矩阵形式表示为：

$$\begin{bmatrix} \dot{y}(t) \\ \ddot{y}(t) \end{bmatrix} = \begin{bmatrix} 0 & 1 \\ -a_0 & -a_1 \end{bmatrix} \begin{bmatrix} y(t) \\ \dot{y}(t) \end{bmatrix} + \begin{bmatrix} 0 \\ b \end{bmatrix} u(t) \tag{5.24}$$

5.3.1　比例微分控制

首先设计一个比例微分控制器。因此，反馈控制信号 $u(t)$ 为：

$$u(t) = -\begin{bmatrix} K_1 & K_2 \end{bmatrix} \begin{bmatrix} y(t) \\ \dot{y}(t) \end{bmatrix} \tag{5.25}$$

将式(5.25)代入式(5.24)，得到闭环方程：

$$\begin{aligned} \begin{bmatrix} \dot{y}(t) \\ \ddot{y}(t) \end{bmatrix} &= \left[\begin{bmatrix} 0 & 1 \\ -a_0 & -a_1 \end{bmatrix} - \begin{bmatrix} 0 & 0 \\ K_1 b & K_2 b \end{bmatrix} \right] \begin{bmatrix} y(t) \\ \dot{y}(t) \end{bmatrix} \\ &= \begin{bmatrix} 0 & 1 \\ -a_0 - K_1 b & -a_1 - K_2 b \end{bmatrix} \begin{bmatrix} y(t) \\ \dot{y}(t) \end{bmatrix} \end{aligned} \tag{5.26}$$

计算闭环特性多项式，为：

$$\det\left[\begin{bmatrix} s & 0 \\ 0 & s \end{bmatrix} - \begin{bmatrix} 0 & 1 \\ -a_0 - K_1 b & -a_1 - K_2 b \end{bmatrix} \right] = s(s + a_1 + K_2 b) + a_0 + K_1 b$$

显然这是二阶多项式。可以指定阻尼系数 $\xi = 0.707$，参数 ω_n 作为闭环性能参数。或者，也可以选择两个期望的闭环极点为 $-\alpha_1$ 和 $-\alpha_2$，其中 $\alpha_1 > 0, \alpha_2 > 0$。在任何情况下，要确定比例和微分控制器增益，可使实际的闭环特性多项式与期望的相等，从而有：

$$s^2 + (a_1 + K_2 b)s + a_0 + K_1 b = s^2 + 2\xi \omega_n s + \omega_n^2$$

求解多项式方程,得比例控制增益:

$$K_1 = \frac{\omega_n^2 - a_0}{b} \tag{5.27}$$

以及微分控制增益:

$$K_2 = \frac{2\xi\omega_n^2 - a_1}{b} \tag{5.28}$$

由于测量噪声的影响,必须对微分作用使用滤波器,计算一阶滤波器时间常数的一种快速方法是求出对应的增益 τ_D,即

$$\tau_D = \frac{K_2}{K_1}$$

基于式(5.25),积分滤波器常数为:

$$\tau_f = \beta\tau_D$$

通常取 $\beta = 0.1$。滤波后的微分输出信号表示为:

$$Y_{df}(s) = \frac{s}{\tau_f s + 1} Y(s)$$

对许多应用,最好将 PD 控制器与微分滤波器 τ_f 一起设计,以避免因近似而引入的额外误差。在 3.4.1 节中将详细讨论含滤波器的 PD 控制器设计,其中滤波器常数由期望的闭环性能指标来计算。

5.3.2 增加积分作用

为了给 PD 控制器增加积分作用,假设存在恒定输入扰动 $d(t)$,因而 $\dot{y}(t) = 0$。将微分方程模型即式(5.24)修改为:

$$\begin{bmatrix} \dot{y}(t) \\ \ddot{y}(t) \end{bmatrix} = \begin{bmatrix} 0 & 1 \\ -a_0 & -a_1 \end{bmatrix} \begin{bmatrix} y(t) \\ \dot{y}(t) \end{bmatrix} + \begin{bmatrix} 0 \\ b \end{bmatrix} (u(t) + d(t)) \tag{5.29}$$

与基于估计的 PI 控制器设计类似,将未知扰动项写为:

$$bd(t) = \ddot{y}(t) + a_1\dot{y}(t) + a_0 y(t) - bu(t) \tag{5.30}$$

假设 $\dot{d}(t) = 0$,构造 $d(t)$ 的估计式:

$$\frac{d\hat{d}(t)}{dt} = K_3(\ddot{y}(t) + a_1\dot{y}(t) + a_0 y(t) - bu(t) - b\hat{d}(t)) \tag{5.31}$$

取 $\alpha_3 > 0$,由下式确定估算器的增益 K_3:

$$K_3 = \frac{\alpha_3}{b}$$

由于式(5.31)具有输出信号 $y(t)$ 的一阶微分和二阶微分,不便计算。为此,定义一个新变量:

$$\hat{z}(t) = \hat{d}(t) + K_3\dot{y}(t)$$

并将式(5.31)改写为 $\hat{z}(t)$ 的函数:

$$\frac{d\hat{z}(t)}{dt} = -\alpha_3\hat{z}(t) + K_3(a_1 - \alpha_3)\dot{y}(t) + K_3 a_0 y(t) - \alpha_3 u(t) \tag{5.32}$$

假设给定信号在采样时刻 t_i 为 $r(t_i)$，输出信号及其微分的测量值为 $y(t_i)$ 和 $\dot{y}(t_i)$，采样间隔为 Δt，饱和限值为 u_{min} 和 u_{max}，使用以下步骤计算控制信号：

（1）更新扰动信号的估计。取初始条件 $\hat{z}(t_0)$，作为控制算法的开始。

$$\hat{d}(t_i) = \hat{z}(t_i) - K_3 \dot{y}(t_i)$$

（2）计算控制信号：

$$u(t_i) = -K_1(y(t_i) - r(t_i)) - K_2 \dot{y}(t_i) - \hat{d}(t_i)$$

（3）对控制信号进行饱和限制：

$$u(t_i) = \begin{cases} u_{min}, & u(t_i) < u_{min} \\ u(t_i), & u_{min} \leqslant u(t_i) \leqslant u_{max} \\ u_{max}, & u(t_i) > u_{max} \end{cases}$$

（4）更新 t_{i+1} 时刻的扰动估计：

$$\hat{z}(t_{i+1}) = \hat{z}(t_i) + \Delta t(-\alpha_3 \hat{z}(t_i) + K_3(a_1 - \alpha_3)\dot{y}(t_i)) +$$
$$\Delta t(K_3 a_0(y(t_i) - r(t_i)) - \alpha_3 u(t_i))$$

（5）下一个采样周期到来时，回到步骤（1），重复计算过程。

注意，在 PID 控制器的实现过程中，微分控制仅作用于输出，避免了给定信号 $r(t)$ 阶跃变化时控制信号产生尖峰。当滤波器用于微分信号 $\dot{y}(t_i)$ 时，信号 $\dot{y}(t_i)$ 替换为 $\dot{y}_f(t_i)$，如教程 5.2 所示。

5.3.3　PID 控制器的等价

为了寻找所提出的基于估计的 PID 控制器与以传递函数形式表示的 PID 控制器两种的等价关系，考察估计方程（5.31）的拉氏变换，即

$$s\hat{D}(s) = K_3(s^2 + a_1 s + a_0)Y(s) - \alpha_3 U(s) - \alpha_3 \hat{D}(s) \tag{5.33}$$

其中 $\alpha_3 = K_3 b$。求解 $\hat{D}(s)$ 得：

$$\hat{D}(s) = \frac{1}{s + \alpha_3}(K_3(s^2 + a_1 s + a_0)Y(s) - \alpha_3 U(s)) \tag{5.34}$$

注意，控制信号的拉氏变换表示为：

$$U(s) = -K_1 Y(s) - K_2 s Y(s) - \hat{D}(s) \tag{5.35}$$

将式（5.34）代入式（5.35），得到控制信号 $U(s)$ 的拉氏变换为：

$$U(s) = -\frac{s + \alpha_3}{s}(K_1 + K_2 s)Y(s) - \frac{K_3}{s}(s^2 + a_1 s + a_0)Y(s) \tag{5.36}$$

考虑负反馈，得到等效控制器的传递函数 $C(s)$ 为：

$$C(s) = \frac{(s + \alpha_3)(K_1 + K_2 s)}{s} + \frac{K_3(s^2 + a_1 s + a_0)}{s} = \frac{P(s)}{L(s)} \tag{5.37}$$

现在，可以验证闭环多项式为：

$$A(s)L(s) + B(s)P(s) = (s + \alpha_3)(s^2 + 2\xi\omega_n s + \omega_n^2) \tag{5.38}$$

其中 $B(s)$ 和 $A(s)$ 为式（5.23）给出的传递函数模型的分子和分母。此外，可以验证控制器传递函数可写成 PID 控制器的等价形式：

$$C(s) = \frac{c_2 s^2 + c_1 s + c_0}{s} \tag{5.39}$$

其中，参数 c_2、c_1、c_0 计算式为：

$$c_2 = K_2 + K_3 \tag{5.40}$$

$$c_1 = K_1 + K_2 \alpha_3 + K_3 a_1 \tag{5.41}$$

$$c_0 = K_1 \alpha_3 + K_3 a_0 \tag{5.42}$$

图 5.7 给出了基于扰动观测器的 PID 控制器的传递函数实现，其中 $\sum$ 为饱和限制。

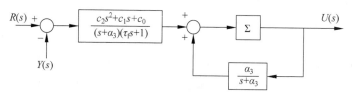

图 5.7 基于扰动观测器的 PID 控制器的传递函数实现

以下是几个相关的评论。首先，式(5.38)的关系表明，所设计的 PID 控制器有 3 个期望的闭环极点。当 $\xi = 0.707$ 或 1 时，位于 $-\xi\omega_n \pm j\omega_n\sqrt{1-\xi^2}$ 处的一对复极点用于确定参数 K_1 和 K_2，位于 $-\alpha_3$ 处的极点用于确定参数 K_3。其次，可以使用输入扰动的估计值实现 PID 控制器，从而为积分器提供稳定的实现方式。最后，式(5.39)中所示的控制器传递函数可以很容易地用于频率响应分析，从而可以计算所设计控制器的增益裕度、相位裕度、延迟裕度。

5.3.4 基于扰动观测器的 PID 控制器实现的 MATLAB 教程

本节介绍用于实现基于扰动观测器的 PID 控制器的 MATLAB 教程。当控制信号达到最大值或最小值时，此实现包含抗饱和机制。基于估计的内嵌 PID 控制器将在 Simulink 环境下用于仿真研究。

教程 5.2 本教程旨在说明如何实时实现基于扰动观测器的 PID 控制算法。本教程的核心是产生一个 MATLAB 内嵌函数，该函数可用于 Simulink 仿真，也可以在 MATLAB 中实时实现。对每个采样周期，将重复相同的计算过程。

步骤

(1) 创建一个新的 Simulink 文件，命名为 PIDEstimate. slx。

(2) 在 Simulink 用户定义函数目录中，找到内嵌 MATLAB 函数图标，将其复制到 PIDEstim 模型中。

(3) 单击内嵌函数图标，定义 PIDEstim 模型的输入和输出变量，使内嵌函数具有如下形式：

```
function uCur = PIDEstim(r,y,K1,K2,K3,tauf,alpha3,...
a1,a0,deltat,umin,umax)
```

其中 uCur 是采样时刻 t_i 计算出的控制信号，输入变量中的前两个元素(r 和 y)是采样时刻 t_i 时给定信号和输出信号的测量值，K1、K2、K3 为 PD 控制器增益和估计器增益，tauf 为微分滤波器时间常数，alpha3 为估计器的极点位置，deltat 为采样间隔，umin 和 umax 为控制信号 uCur 的下限和上限。

（4）在内嵌函数顶部，在"工具"中找到"模型资源管理器"。打开模型资源管理器时，选择"离散"的"更新"方法，然后在"采样时间"中输入 deltat。选择"支持可变大小数组"；对"整数溢出"选择"饱和"；并选择"定点"。单击"应用"保存更改。

（5）需要编辑输入和输出数据端口，以使内嵌函数知道哪些输入端口是实时变量，哪些是参数。使用模型资源管理器执行此编辑任务。

- 单击 r，在"示波器"上选择"输入"，并指定"端口 1"，"大小—1"，复杂度为"继承"，类型为"继承：与 Simulink 相同"。对输出信号 y 重复相同的编辑过程。

- 内嵌函数的其余 10 个输入是计算所需的参数。单击 K1，在"示波器"上选择"参数"，再单击"可调"，然后单击"应用"以保存更改。对其余参数重复相同的编辑过程。

- 编辑内嵌函数的"输出端口"，单击 uCur，在"示波器"上选择"输出"，"端口"选为"1"，"大小"选为"—1"，"采样模型"选为"基于样本"，"类型"选为"继承：与 Simulink 相同"，然后单击"应用"保存更改。

下面，程序将声明在每次迭代期间存储于内嵌函数中的变量，以获取它们的维数和初始值。zhat 是在采样时刻 t_i 时的扰动估计，它需要一个初始值并赋值为零。还声明了将存储于存储器中的上一时刻滤波后的输出微分和输出信号。在文件中输入以下程序：

```
persistent zhat
if isempty(zhat)
    zhat = 0;
end
persistent ydfpast
if isempty(ydfpast)
    ydfpast = 0;
end
persistent ypast
if isempty(ypast)
    ypast = 0;
end
```

（6）更新滤波后的输出微分信号，在文件中输入以下程序：

```
ydf = tauf/(tauf + deltat) * ydfpast + 1/(tauf + deltat) * (y − ypast);
```

（7）更新扰动估计 $\tilde{d}(t_i)$。在文件中输入以下程序：

```
dhat = zhat + K3 * ydf;
```

（8）结合比例微分控制和扰动估计来更新控制信号，在文件中输入以下程序：

```
uCur = − K1 * (y − r) − K2 * ydf − dhat;
```

（9）使用抗饱和机制实现饱和限制，在文件中输入以下程序：

```
if (uCur > umax) uCur = umax; end
if (uCur < umin) uCur = umin; end
```

（10）计算下一采样时刻的 $2(t_{i+1})$，在文件中输入以下程序：

```
zhat = zhat – deltat * alpha3 * zhat + …
deltat * (K3 * (a1 – alpha3) * ydf + K3 * a0 * (y – r) – alpha3 * uCur);
```

（11）更新上一时刻输出信号和滤波后的微分输出信号，为下一个采样周期做准备。在文件中输入以下程序：

```
ypast = y;
ydfpast = ydf;
```

该程序将使用 5.3.5 节给出的示例进行测试。

5.3.5　基于扰动观测器的 PID 控制器示例

【例 5.4】　不稳定系统传递函数为：

$$G(s) = \frac{0.1\mathrm{e}^{-0.05s}}{(s+2)(s-2)} \tag{5.43}$$

其中，延迟时间短的原因是动态模型来自执行器。设计基于估计器的 PID 控制器，控制器的一对主导极点均位于 -2，估计器极点位于 -10。在存在控制信号幅值限制的情况下，评估控制系统的给定值跟踪和扰动抑制性能。

解　取 $\xi=1$，$\omega_\mathrm{n}=2$，使闭环极点位于 -2。式（5.43）给出了参数 $a_1=0$，$a_0=-4$，$b=0.1$。计算 PD 控制器参数，为：

$$K_1 = \frac{\omega_\mathrm{n}^2 - a_0}{b} = 80$$

微分控制增益为：

$$K_2 = \frac{2\xi\omega_\mathrm{n} - a_1}{b} = 40$$

由于这是一个不稳定系统，其时延被忽略，因此仿真研究中考虑第 3 个极点 $-\alpha_3$ 的选择。当 α_3 过大时，忽略的时间延迟将导致闭环系统不稳定。但当 α_3 不够大时，控制幅值的限制也可能导致不稳定。当 α_3 的范围在 5～15 时，在控制信号幅值受限的情况下，闭环性能令人满意。$\alpha_3=10$ 时，计算参数 K_3 为：

$$K_3 = \frac{\alpha_3}{b} = 100$$

计算微分滤波器时间常数为：

$$\tau_\mathrm{f} = \frac{0.01K_2}{K_1} = 0.005$$

滤波时间常数非常小，因为它在系统中引入了额外的动态。如果系统有严重的噪声，需要更大的滤波器时间常数，则需要将微分滤波器设计为控制系统的一部分（参见 3.4.1 节）。通过 5.3.4 节中的 MATLAB 实时函数以及 Simulink 程序进行仿真研究，可以评估基于扰动观测器的 PID 控制系统。在仿真中，选择采样间隔 $\Delta t=0.001\mathrm{s}$，单位阶跃给定信号在 $t=0$ 时刻进入闭环系统，幅值为 20 的输入阶跃扰动在仿真进行到一半时进入系统。控制信号的幅值被限制在 -68～26。图 5.8(a)、(b) 为控制信号幅值受限的情况下闭环控制性能。为了比较，不受限制的控制信号和输出信号的响应也在同一个图中显示。可以看出，在仿真开始时，控制信号幅值就从 100 左右降低到 26。为了抑制扰动，控制信号由原来的 -73 被限制到—68。比较结果表明，在满足约束条件的情况下，闭环性能几乎没有下降。

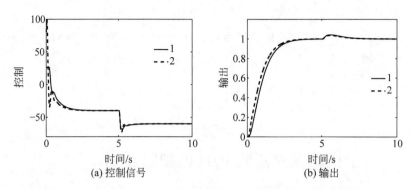

图 5.8　具有控制信号幅值约束的基于扰动观测器的 PID 控制器的闭环控制性能（例 5.4）
其中，1 线表示有限制时的响应；2 线表示无限制时的响应

还可以验证，4.6 节介绍的抗饱和 PID 控制器的实现将产生相同的扰动抑制结果，但是，如果比例控制仅作用于输出，则给定信号下的响应会变慢。这个问题留作练习。

5.3.6　进一步思考

（1）在基于扰动观测器的 PID 控制器的设计中，如何修改式（5.29）～式（5.32）以包含微分滤波器？

（2）你能否列出 3 个具有二阶传递函数且适用于 PD 控制器的物理系统？

（3）在基于扰动观测器的 PID 控制器的实现中，如何将控制信号和输出信号的稳态值包括在内？

（4）在 PD 控制器使系统稳定后，是否考虑通过减去扰动项达到增加积分作用的可能性？

5.4　基于扰动观测器的谐振控制器

本节将使用扰动估计方法研究具有抗饱和机制的谐振控制器设计和实现。

5.4.1　谐振控制器设计

假设一个动态系统由以下微分方程描述：

$$\dot{y}(t) = -ay(t) + b(u(t) + d(t)) \tag{5.44}$$

其中 a 和 b 为系数，$u(t)$ 和 $y(t)$ 为输入和输出信号，$d(t)$ 为输入扰动信号。特别地，假设 $d(t)$ 为频率 ω_0 已知时幅值 d_m 和相角 X_0 未知的正弦信号，表示为：

$$d(t) = d_m \sin(\omega_0 t + \psi_0)$$

谐振控制律表示为：

$$u(t) = -K_1(y(t) - r(t)) - \hat{d}(t)$$

其中，$d(t)$ 为未知扰动 $d(t)$ 的估计。

取期望的闭环极点位于 $-\alpha_1$，且 $\alpha_1 > 0$，比例反馈控制增益 K_1 可计算为：

$$K_1 = \frac{\alpha_1 - a}{b}$$

接下来的问题是如何计算输入正弦扰动信号的估计值 $d(t)$。该扰动信号的微分为：

$$\dot{d}(t) = d_m \omega_0 \cos(\omega_0 t + \psi_0)$$

二阶微分为：

$$\ddot{d}(t) = -d_m \omega_0^2 \sin(\omega_0 t + \psi_0) = -\omega_0^2 d(t)$$

现在，取 $x_1(t) = d(t)$ 和 $x_2(t) = \dot{y}(t)$。这样，可由以下微分方程来描述正弦扰动信号：

$$\begin{bmatrix} \dot{x}_1(t) \\ \dot{x}_2(t) \end{bmatrix} = \begin{bmatrix} 0 & 1 \\ -\omega_0^2 & 0 \end{bmatrix} \begin{bmatrix} x_1(t) \\ x_2(t) \end{bmatrix} \tag{5.45}$$

为了估计扰动信号 $d(t)$，由式(5.44)得：

$$bd(t) = \begin{bmatrix} b & 0 \end{bmatrix} \begin{bmatrix} x_1(t) \\ x_2(t) \end{bmatrix} = \dot{y}(t) + ay(t) - bu(t)$$

这就是估计的输出方程。构造估计变量 $\hat{x}_1(t)$ 和 $\hat{x}_2(t)$ 为：

$$\begin{bmatrix} \dfrac{d\hat{x}_1(t)}{dt} \\ \dfrac{d\hat{x}_2(t)}{dt} \end{bmatrix} = \begin{bmatrix} 0 & 1 \\ -\omega_0^2 & 0 \end{bmatrix} \begin{bmatrix} \hat{x}_1(t) \\ \hat{x}_2(t) \end{bmatrix} + \begin{bmatrix} \gamma_1 \\ \gamma_2 \end{bmatrix}$$

$$\begin{bmatrix} \dot{y}(t) + ay(t) - bu(t) - \begin{bmatrix} b & 0 \end{bmatrix} \begin{bmatrix} \hat{x}_1(t) \\ \hat{x}_2(t) \end{bmatrix} \end{bmatrix} \tag{5.46}$$

其中，γ_1 和 γ_2 为设计中待选择的估计器增益。

下一个问题是如何选择 γ_1 和 γ_2，以确保估计的扰动信号和真实扰动信号之间的误差在 $t \to \infty$ 时收敛到零。为此，定义 $\tilde{x}_1(t) = x_1(t) - \hat{x}_1(t)$，$\tilde{x}_2(t) = x_2(t) - \hat{x}_2(t)$，得到以下误差系统（该式的验证作为练习）：

$$\begin{bmatrix} \dfrac{d\tilde{x}_1(t)}{dt} \\ \dfrac{d\tilde{x}_2(t)}{dt} \end{bmatrix} = \begin{bmatrix} \begin{bmatrix} 0 & 1 \\ -\omega_0^2 & 0 \end{bmatrix} - \begin{bmatrix} \gamma_1 b & 0 \\ \gamma_2 b & 0 \end{bmatrix} \end{bmatrix} \begin{bmatrix} \tilde{x}_1(t) \\ \tilde{x}_2(t) \end{bmatrix} \tag{5.47}$$

这里使用了以下关系：

$$\begin{bmatrix} b & 0 \end{bmatrix} \begin{bmatrix} x_1(t) \\ x_2(t) \end{bmatrix} = \dot{y}(t) + ay(t) - bu(t)$$

显然，可以选择参数 γ_1 和 γ_2，使误差系统的极点（或特征值）位于复平面的左半部分，从而确保其稳定性。误差系统的特征多项式计算为：

$$\det \begin{bmatrix} \begin{bmatrix} s & 0 \\ 0 & s \end{bmatrix} - \begin{bmatrix} -\gamma_1 b & 1 \\ -\omega_0^2 - \gamma_2 b & 0 \end{bmatrix} \end{bmatrix} = s^2 + \gamma_1 b + \omega_0^2 + \gamma_2 b$$

现在，选择期望的特征多项式，性能指标为 $s^2 + 2\xi\omega_n s + \omega_n^2$。使误差系统的特征多项式与期望的特征多项式相等，求出系数 γ_1 和 γ_2 为：

$$\gamma_1 = \frac{2\xi\omega_n}{b}$$

$$\gamma_2 = \frac{\omega_n^2 - \omega_0^2}{b} \tag{5.48}$$

在应用中,阻尼参数 ξ 取 0.707,参数 ω_n 根据误差收敛到零的希望速度进行调整。

5.4.2 谐振控制器的实现

由式(5.46)计算估计的输入扰动需要输出信号的微分 $\dot{y}(t)$,这在物理上不可实现。为了解决这个问题,定义一对新变量:

$$\hat{z}_1(t) = \hat{x}_1(t) - \gamma_1 y(t); \quad \hat{z}_2(t) = \hat{x}_2(t) - \gamma_2 y(t)$$

由式(5.46)可得以下两个方程:

$$\frac{d\hat{z}_1(t)}{dt} = -2\xi\omega_n\hat{z}_1(t) + \hat{z}_2(t) + (a\gamma_1 + \gamma_2 - 2\xi\omega_n\gamma_1)y(t) - b\gamma_1 u(t) \tag{5.49}$$

$$\frac{d\hat{z}_2(t)}{dt} = -\omega_n^2\hat{z}_1(t) + (a\gamma_2 - \omega_n^2\gamma_1)y(t) - b\gamma_2 u(t) \tag{5.50}$$

前面介绍的控制律是比例反馈和扰动观测器的组合。本节将介绍如何在具有抗饱和机制的离散时间环境中实现此控制律。

观测式(5.49)和式(5.50)中的微分首先进行离散化,取采样间隔 Δt,得到采样时刻 t_i 的近似:

$$\frac{d\hat{z}_1(t)}{dt} \approx \frac{\hat{z}_1(t_{i+1}) - \hat{z}_1(t)}{\Delta t}; \frac{d\hat{z}_2(t)}{dt} \approx \frac{\hat{z}_2(t_{i+1}) - \hat{z}_2(t)}{\Delta t}$$

以下算法总结了实现具有抗饱和机制的谐振控制器的计算过程。

假设控制信号 $u(t)$ 受限于 u_{min} 和 u_{max} 之间,即

$$u_{min} \leqslant u(t) \leqslant u_{max}$$

选择 $\hat{z}_1$ 和 $\hat{z}_2$ 的初始条件,根据以下步骤迭代计算控制信号,其中 $r(t_i)$ 是采样时刻 t_i 的给定信号。

(1) 计算正弦扰动的估计 $d(t_i)$:

$$\hat{d}(t_i) = \hat{z}_1(t_i) + \gamma_1(y(t_i) - r(t_i))$$

(2) 计算控制信号 $u(t_i)$ 为:

$$u(t_i) = -K_1(y(t_i) - r(t_i)) - \hat{d}(t_i)$$

(3) 对控制信号进行饱和限制:

$$u(t_i) = \begin{cases} u_{min}, & u(t_i) < u_{min} \\ u(t_i), & u_{min} \leqslant u(t_i) \leqslant u_{max} \\ u_{max}, & u(t_i) > u_{max} \end{cases}$$

(4) 更新扰动信号的估计:

$$\hat{z}_1(t_{i+1}) = \hat{z}_1(t_i) + \Delta t(-2\xi\omega_n\hat{z}_1(t_i) + \hat{z}_2(t_i)) +$$
$$\Delta t((a\gamma_1 + \gamma_2 - 2\xi\omega_n\gamma_1)(y(t_i) - r(t_i)) - b\gamma_1 u(t_i))$$

$$\hat{z}_2(t_{i+1}) = \hat{z}_2(t_i) + \Delta t(-\omega_n^2\hat{z}_1(t_i) + (a\gamma_2 - \omega_n^2\gamma_1)(y(t_i) - r(t_i)) - b\gamma_2 u(t_i))$$

（5）当下一个采样周期到来时，从步骤（1）开始重复计算。

5.4.3 谐振控制器的等价

为了求取基于扰动估计的谐振控制器的拉普拉斯传递函数，注意到控制信号的拉氏变换表达式如下：

$$U(s) = -K_1 Y(s) - \hat{D}(s) \tag{5.51}$$

其中，$\hat{D}(s) = \hat{X}_1(s)$ 为正弦扰动估计的拉氏变换。可以验证式（5.46）的拉氏变换为：

$$\begin{bmatrix} \hat{w}_1(s) \\ \hat{w}_2(s) \end{bmatrix} = \begin{bmatrix} s + 2\xi\omega_n & -1 \\ \omega_n^2 & s \end{bmatrix}^{-1} \begin{bmatrix} \gamma_1 \\ \gamma_2 \end{bmatrix} (sY(s) + aY(s) - bU(s)) \tag{5.52}$$

计算矩阵求逆和相乘，得：

$$\hat{w}_1(s) = \frac{\gamma_1 s + \gamma_2}{s^2 + 2\xi\omega_n s + \omega_n^2}((s+a)Y(s) - bU(s)) \tag{5.53}$$

为了求出控制信号的拉氏变换，将式（5.53）代入式（5.51），并将包含 $U(s)$ 的项从等式的左边移到右边，从而得到控制信号的表达式：

$$U(s) = -K_1 \frac{s^2 + 2\xi\omega_n s + \omega_n^2}{s^2 + \omega_0^2} Y(s) - \frac{(\gamma_1 s + \gamma_2)(s+a)}{s^2 + \omega_0^2} Y(s) \tag{5.54}$$

其中，$b\gamma_1 = 2\xi\omega_n$，$b\gamma_2 = \omega_n^2 - \omega_0^2$。

由式（5.54）知谐振控制器的拉普拉斯传递函数为：

$$C(s) = K_1 \frac{s^2 + 2\xi\omega_n s + \omega_n^2}{s^2 + \omega_0^2} + \frac{(\gamma_1 s + \gamma_2)(s+a)}{s^2 + \omega_0^2} \tag{5.55}$$

该控制器在 $s_{1,2} = \pm j\omega_0$ 处有一对复极点。

为了验证闭环极点是否确实位于 $-\alpha_1$ 和 $-\xi\omega_n \pm j\omega_n \sqrt{1-\xi^2}$（$\xi=1$ 或 0.707），计算闭环特征多项式，为：

$$(s+a)(s^2 + \omega_0^2) + b(K_1(s^2 + 2\xi\omega_n s + \omega_n^2) + (\gamma_1 s + \gamma_2)(s+a))$$
$$= (s^2 + 2\xi\omega_n s + \omega_n^2)(s + \alpha_1) \tag{5.56}$$

其中 $K_1 = \dfrac{\alpha_1 - a}{b}$，$\gamma_1 = \dfrac{2\xi\omega_n}{b}$，$\gamma_2 = \dfrac{\omega_n^2 - \omega_0^2}{b}$。由闭环特征多项式（5.56）可知闭环极点位于指定位置。

图 5.9 为具有抗饱和机制的谐振控制器的传递函数实现。

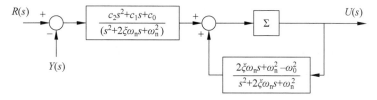

图 5.9 具有饱和限制的谐振控制器的传递函数实现

5.4.4 基于扰动观测器的谐振控制器实现的 MATLAB 教程

本节介绍当控制信号达到最大值或最小值时,如何实现基于扰动观测器同时具有抗饱和机制的谐振控制器的 MATLAB 教程。基于估计的内嵌谐振控制器将在 Simulink 环境下进行仿真研究。

教程 5.3 本教程的核心是产生一个 MATLAB 内嵌函数,该函数可用于 Simulink 仿真,也可以在 MATLAB 中实时实现。MATLAB 内嵌函数完成控制信号的一个计算周期。对于每个采样周期,将重复相同的计算过程。

步骤

(1) 创建一个新的 Simulink 文件,命名为 ResEstim. slx。

(2) 在 Simulink 的用户定义函数目录中,找到 MATLAB 内嵌函数图标,将其复制到 ResEstim 模型中。

(3) 单击内嵌函数图标,定义 ResEstim 模型的输入和输出变量,使内嵌函数具有如下形式:

```
function uCur = ResEstim(r, y, K1, gamma1, gamma2, xi, wn, …
a, omega0, deltat, umin, umax)
```

其中,uCur 是在采样时刻 t_i 计算出的控制信号,输入变量中的前两个元素(r 和 y)分别是采样时刻 t_i 的给定信号和输出信号的测量值,K_1 为比例控制器增益,gamma1,gamma2,xi,$\dot{x}n$,a,omega0 为估计器的参数,deltatWie 为采样间隔,umin 和 umax 为控制信号 uCur 的下限和上限。

(4) 在内嵌函数顶部,在"工具"中找到"模型资源管理器"。打开模型资源管理器时,选择"离散"的"更新"方法,然后在"采样时间"中输入 deltat。选择"支持可变大小数组";整数溢出选择"饱和";选择"定点"。单击"应用"保存更改。

(5) 需要编辑输入和输出数据端口,使嵌入式函数知道哪些输入端口是实时变量,哪些是参数。使用模型资源管理器执行此编辑任务。

- 单击 r,在"示波器"上选择"输入",分配"端口 1"和"大小−1",复杂度为"继承",类型为"继承:与 Simulink 相同"。对输出信号 y 重复相同的编辑过程。
- 内嵌函数的其余 10 个输入为计算所需的参数。单击 K1,在"示波器"上选择"参数",再单击"可调"按钮,然后单击"应用"按钮以保存更改。对其余参数重复相同的编辑过程。
- 编辑内嵌函数的"输出端口",单击 uCur 按钮,在"示波器"上选择"输出","端口"选"1","大小"选"−1","采样模型"选"基于样本","类型"选"继承:与 Simulink 相同",然后单击"应用"按钮保存更改。

下面,程序将声明在每次迭代期间存储在内嵌函数中的变量,以获取它们的维数和初始值。zhat1 和 zhat2 为采样时间 t_i 时的两个估计变量,需要初始值并赋为零。在文件中输入以下程序:

```
persistent zhat1
if isempty(zhat1)
```

```
    zhat1 = 0;
end
persistent zhat2
if isempty(zhat2)
    zhat2 = 0;
end
```

（6）用估算器的参数计算以下两个常数。可以在内嵌函数之外计算参数以节省内存。在文件中输入以下程序：

```
cz1 = a * gamma1 − 2 * xi * wn * gamma1 + gamma2;
cz2 = 2 * xi * wn;
```

（7）更新扰动的估计 $\hat{d}(t_i)$。在文件中输入以下程序：

```
dhat = zhat1 + gamma1 * (y − r);
```

（8）结合比例控制和扰动估计更新控制信号，在文件中输入以下程序：

```
uCur = − K1 * (y − r) − dhat;
```

（9）使用抗饱和机制实现饱和限制，在文件中输入以下程序：

```
if (uCur > umax) uCur = umax; end
if (uCur < umin) uCur = umin; end
```

（10）计算下一采样时刻的 $\hat{z}_1(t_{i+1})$ 和 $\hat{z}_2(t_{i+1})$，在文件中输入以下程序：

```
zhat1 = zhat1 + deltat * (( − cz2 * zhat1 + zhat2) + cz1 * (y − r) − cz2 * uCur);
zhat2 = zhat2 + deltat * ( − wn∧2 * zhat1 …
+ (a * gamma2 − wn∧2 * gamma1) * (y − r) …
− (wn∧2 − omega0∧2) * uCur);
```

该程序将使用 5.4.5 节给出的示例进行测试。

5.4.5　基于扰动观测器的谐振控制器示例

下例给出了基于扰动观测器的谐振控制器设计。

【例 5.5】　某电气系统可以由以下一阶延迟模型近似：

$$G(s) = \frac{0.3e^{-0.0015s}}{0.001s + 1} \tag{5.57}$$

其中，时延用于描述系统中其他电子元件忽略的时间常数。控制目标是使系统输出跟踪频率为 $\omega_0 = 2\pi \times 50 \text{rads}^{-1}$ 的给定正弦信号。设计一个谐振控制器，并以采样间隔 $\Delta t = 0.00001\text{s}$ 对闭环输出进行仿真。

解　使用一阶模型设计谐振控制器，模型参数为 $a = 1/0.001 = 1000$，$b = 0.3/1000 = 3000$。由于系统存在谐振控制器设计中未使用的时间延迟，这将影响闭环稳定性和性能。因此，需要根据实际的一阶延迟系统来选择比例控制增益和估计器增益。首先选择期望闭环极点 $-\alpha_1$，使控制器的增益 K_1 等于模型极点 $-a$，从而得到：

$$K_1 = \frac{\alpha_1 - a}{b} = 0$$

然后,选择估计器参数,使存在未建模延迟的情况下能满足闭环稳定性和性能。取 $\xi = 0.707$,由参数 ω_n 调整闭环响应速度和鲁棒性。参数选择可以通过闭环仿真和频率响应分析来进行。

使用 5.4.4 节教程 5.3 中创建的 Simulink 内嵌函数可以验证,$\omega_n = 1000$ 时,闭环系统不稳定。将 ω_n 减小至 500,可得出估计器增益为:

$$\gamma_1 = \frac{2\xi\omega_n}{b} = 2.3567; \quad \gamma_2 = \frac{\omega_n^2 - \omega_0^2}{b} = 504.3465$$

图 5.10(a) 和(b) 为闭环控制信号和频率为 $\omega_0 = 100\pi$ 的给定正弦信号和输出信号,可以看出,闭环系统是稳定的。但是,闭环响应在控制信号和输出信号的初始阶段都是振荡的,这是由于忽略了控制对象的时间延迟。

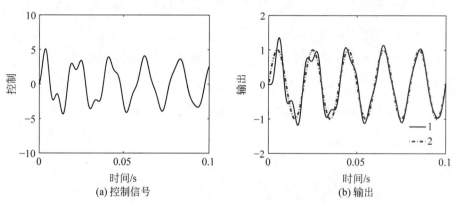

图 5.10 基于扰动观测器的谐振控制器闭环控制响应(例 5.5,$\omega_n = 500$)

其中,1 线表示输出响应;2 线表示给定信号

为了消除不良特性,有必要进一步减小 ω_n。取 $\omega_n = 300$ 时,估算器增益为:

$$\gamma_1 = \frac{2\xi\omega_n}{b} = 1.4140; \quad \gamma_2 = \frac{\omega_n^2 - \omega_0^2}{b} = -28.9868$$

图 5.11(a)、(b) 给出了闭环控制信号和正弦给定信号作用下的输出。可以看出,ω_n 的减小消除了控制信号和输出信号中不希望出现的模态。

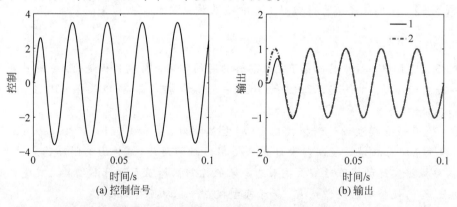

图 5.11 基于扰动观测器的谐振控制器的闭环控制响应(例 5.5,$\alpha_1 = 1000$,$\omega_n = 300$)

其中,1 线表示输出响应;2 线表示给定信号

另一种选择参数 α_1 和 ω_n 的方法是使 $\alpha_1 = \omega_n$,这可以简化谐振控制器的调节过程。可以通过仿真研究验证,当 $\alpha_1 = \omega_n = 600$ 时,闭环系统存在振荡模态。当参数 $\alpha_1 = \omega_n$ 减小到 400 时,控制器和估计器的增益计算如下:

$$K_1 = \frac{\alpha_1 - a}{b} = -2; \quad \gamma_1 = \frac{2\xi\omega_n}{b} = 1.8853; \quad \gamma_2 = \frac{\omega_n^2 - \omega_0^2}{b} = 204.3465$$

图 5.12(a)和(b)给出了控制信号和正弦给定信号作用下的输出响应。可以看出,选择此性能参数后,闭环系统的响应令人满意。

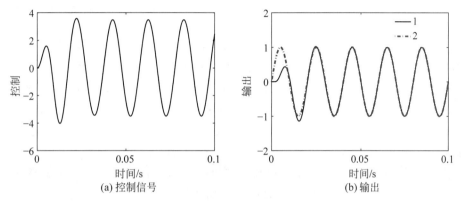

(a) 控制信号   (b) 输出

图 5.12 基于扰动观测器的谐振控制器的闭环控制响应(例 5.5,$\alpha_1 = \omega_n = 1000$)

其中,1线表示输出响应;2线表示给定信号

使用补灵敏度函数和时间延迟,容易分析未建模态的影响(参见 2.7 节)。标称补灵敏度函数使用传递函数 $G_0(s) = \dfrac{b}{s + a}$ 计算。如果对任意 $\omega > 0$,满足以下条件:

$$\Gamma(j\omega) = \left| \frac{G_0(j\omega)C(j\omega)}{1 + G_0(j\omega)C(j\omega)} \right| |e^{-j\omega d} - 1| < 1$$

其中 $d = 0.0015$,则可确保闭环系统稳定。图 5.13 比较了两种谐振控制器参数选择时的幅值 $|\Gamma(j\omega)|$。可以看出,对于任意 ω,有 $|\Gamma(j\omega)| < 1$,说明两个闭环系统都具有鲁棒稳定性。

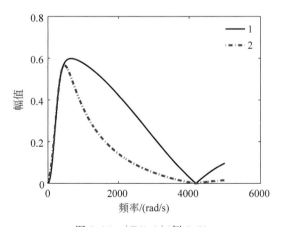

图 5.13 $|\Gamma(j\omega)|$(例 5.5)

其中,1线表示 $\alpha_1 = 1000,\omega_n = 300$;2线表示 $\omega_n = \alpha_1 = 400$

显然,这两种选择参数 α_1 和 ω_n 的方法产生了完全不同的控制器参数,尽管对给定信号的响应相似。问题是这两个谐振控制器在周期性扰动的情况下将如何工作。显然,如果扰动的频率正好等于 ω_0,则根据 2.5 节中的灵敏度分析,两个谐振控制器将在稳态运行下具有相同的扰动抑制性能。但是,当实际扰动频率不等于 ω_0 时,控制系统性能会有所不同。下面的例子将比较两个谐振控制器的闭环性能,以达到抑制扰动的目的。

【例 5.6】 继续例 5.5。假设存在一个正弦输入扰动,频率范围位于 $1.5\omega_0$ 和 $2\omega_0$ 之间,评估两个谐振控制器的闭环系统扰动抑制性能。

解 为了测量谐振控制器如何响应其他频率区域的扰动,研究灵敏度函数:

$$S(j\omega) = \frac{1}{1 + G(j\omega)C(j\omega)}$$

其中 $G(j\omega)$ 为系统的频率响应,系统传递函数参见式(5.57);$C(j\omega)$ 为谐振控制器的频率响应,谐振控制器的传递函数参见式(5.55)。图 5.14 比较了两个谐振控制系统灵敏度函数的幅值。由解析解可知,两个灵敏度函数在 $\omega = 100\pi$ 时的幅值均为 0。与 $\alpha_1 = \omega_n = 400$ 的第二种情况相比,取 $\alpha_1 = 1000$ 和 $\omega_n = 300$ 时,灵敏度函数在所有频率区域具有较低的增益。这意味着第一种选择将更好地达到抑制扰动的目的,因为灵敏度函数越小,抑制扰动效果越好。由于灵敏度函数的幅值在扰动信号频带范围($1.5\omega_0$,$2\omega_0$)不为零,因此无法通过谐振控制器完全消除扰动。为了评估实际的闭环性能,例 5.5 中 Simulink 仿真程序增加输入扰动:

$$d_i(t) = 0.6\sin(1.7\omega_0 t + 0.1)$$

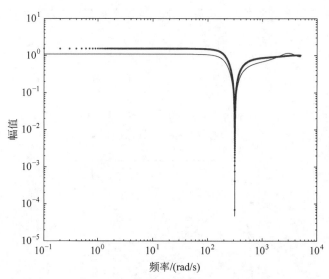

图 5.14　灵敏度函数的幅值(例 5.6)

其中,实线表示 $\alpha_1 = 1000$,$\omega_n = 300$;点表示 $\omega_n = \alpha_1 = 400$

其中 $\omega_0 = 100\pi\mathrm{rad/s}$。其余仿真参数和条件与前面例子一样。图 5.15(a)、(b)比较了两个谐振控制器的闭环输出响应。可以看出,由 $\alpha_1 = 1000$ 和 $\omega_n = 300$ 设计的谐振控制器产生的给定值跟踪结果要好于由 $\alpha_1 = \omega_n = 400$ 设计的谐振控制器。这种改进的原因在于:灵敏度函数在扰动信号频带的幅值越小,扰动抑制性能越好。

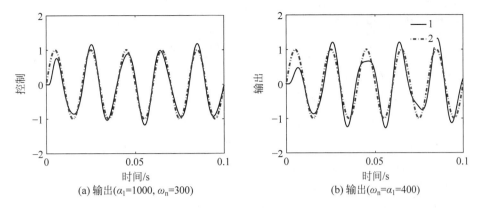

(a) 输出($\alpha_1=1000$, $\omega_n=300$)　　　　(b) 输出($\omega_n=\alpha_1=400$)

图 5.15　基于扰动观测器的谐振控制器的闭环控制响应(例 5.6, $\omega_n=500$)

其中,1 线表示 $\alpha_1=1000$, $\omega_n=300$; 2 线表示 $\omega_n=\alpha_1=400$

　　总之,为了更好地抑制扰动,应该选择尽可能大的 α_1,在存在未建模延迟的情况下,可调整估计器带宽 ω_n 以实现闭环稳定性和性能。值得强调的是,稳态时不能完全消除周期性扰动的原因是实际扰动的频率为 $1.7\omega_0$。

　　下面的例子说明谐振控制器中抗饱和机制的有效性。

　　【例 5.7】　继续例 5.5 和例 5.6。为了使闭环系统跟踪正弦给定信号并抑制正弦扰动,控制信号的幅值约为 4.2。假设物理系统仅允许控制信号的变化范围为 -3.6～$+3.6$,即

$$-3.6 \leqslant u(t) \leqslant 3.6$$

在控制信号幅值受限的情况下评估谐振控制系统。

　　解　使用 5.4.4 节教程 5.3 介绍的 MATLAB 内嵌函数,指定控制信号的最大值和最小值。其余的仿真条件与例 5.6 相同。

　　图 5.16(a)、(b)给出了闭环谐振控制系统对正弦给定信号和正弦扰动信号的响应。可以看出,控制信号被限制在指定范围内,抗饱和机制非常有效。图 5.16(b)表明,尽管控制信号幅值受限,但给定参考信号下的输出响应几乎没有性能损失。

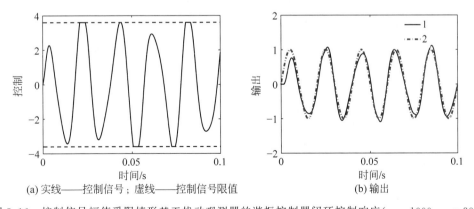

(a) 实线——控制信号；虚线——控制信号限值　　　　(b) 输出

图 5.16　控制信号幅值受限情形基于扰动观测器的谐振控制器闭环控制响应($\alpha_1=1000$, $\omega_n=300$)

其中,1 线表示受限时的控制；2 线表示不受限时的控制

5.4.6　进一步思考

（1）能否列出 3 个具有一阶动态模型的系统？这些系统需要谐振控制系统来抑制正弦扰动或跟踪给定正弦信号。

（2）对基于扰动观测器的谐振控制器，补灵敏度函数在频率 $\omega = \omega_0$ 处的幅值为 1，其中 ω_0 是正弦给定信号或扰动信号的频率，这种说法正确吗？

（3）在基于扰动观测器的谐振控制器的设计中，闭环性能参数 α_1 和 ω_n 代表什么？如果系统中存在被忽略的动态，如何选择这些参数？

（4）基于扰动观测器的谐振控制器实现中，产生抗饱和机制的关键是什么？

（5）具有抗饱和机制的谐振控制器很容易实现吗？

5.5　多频谐振控制器

5.4 节介绍了包含单一频率的谐振控制器，在许多应用中，给定和扰动为多频信号，使得单一频率谐振控制器不能很好地跟踪给定值和抑制扰动。可以将单频情况下使用的框架扩展到多频情形。

5.5.1　在谐振控制器中加入积分作用

考虑在 5.4 节中的一阶微分方程如下：

$$\dot{y}(t) = -ay(t) + b(u(t) + d(t)) \tag{5.58}$$

其中 a 和 b 为系数；$u(t)$ 和 $y(t)$ 为输入和输出信号；$d(t)$ 为输入扰动信号。与谐振控制器设计不同，假设 $d(t)$ 是正弦信号与常数的组合。将 $d(t)$ 表示为：

$$d(t) = d_1(t) + d_0$$

其中，$d_1(t) = d_m \sin(\omega_0 t + \psi_0)$，$d_0$ 为未知常数。确定反馈控制律为：

$$u(t) = -K_1(y(t) - r(t)) - \hat{d}(t)$$

其中，$\hat{d}(t)$ 是未知扰动 $d(t)$ 的估计。

指定期望的闭环极点为 $-\alpha_1$，$\alpha_1 > 0$，得出比例反馈控制增益 K_1 为：

$$K_1 = \frac{\alpha_1 - a}{b}$$

现在，将 5.4 节中介绍的估计算法扩展到包括对未知常数的估计。设 $x_1(t) = d_1(t)$，$x_2(t) = \dot{d}_1(t)$，$x_3(t) = d_0$。注意，由于 d_0 为一个常数，所以 $\dot{x}_3(t) = 0$。由以下微分方程描述未知扰动 $d(t)$，其中含附加状态 $x_3(t)$：

$$\begin{bmatrix} \dot{x}_1(t) \\ \dot{x}_2(t) \\ \dot{x}_3(t) \end{bmatrix} = \begin{bmatrix} 0 & 1 & 0 \\ -\omega_0^2 & 0 & 0 \\ 0 & 0 & 0 \end{bmatrix} \begin{bmatrix} x_1(t) \\ x_2(t) \\ x_3(t) \end{bmatrix} \tag{5.59}$$

为了估计扰动信号 $d(t)$，由式（5.58）得：

$$bd(t) = b \begin{bmatrix} 1 & 0 & 1 \end{bmatrix} \begin{bmatrix} x_1(t) \\ x_2(t) \\ x_3(t) \end{bmatrix} = \dot{y}(t) + ay(t) - bu(t)$$

此为估计的输出方程。因此，估计变量 $\hat{x}_1(t)$、$\hat{x}_2(t)$、$\hat{x}_3(t)$ 表示为：

$$\begin{bmatrix} \dfrac{\mathrm{d}\hat{x}_1(t)}{\mathrm{d}t} \\[2mm] \dfrac{\mathrm{d}\hat{x}_2(t)}{\mathrm{d}t} \\[2mm] \dfrac{\mathrm{d}\hat{x}_3(t)}{\mathrm{d}t} \end{bmatrix} = \begin{bmatrix} 0 & 1 & 0 \\ -\omega_0^2 & 0 & 0 \\ 0 & 0 & 0 \end{bmatrix} \begin{bmatrix} \hat{x}_1(t) \\ \hat{x}_2(t) \\ \hat{x}_3(t) \end{bmatrix} + \begin{bmatrix} \gamma_1 \\ \gamma_2 \\ \gamma_3 \end{bmatrix} \tag{5.60}$$

$$\left(\dot{y}(t) + ay(t) - bu(t) - b \begin{bmatrix} 1 & 0 & 1 \end{bmatrix} \begin{bmatrix} \hat{x}_1(t) \\ \hat{x}_2(t) \\ \hat{x}_3(t) \end{bmatrix} \right)$$

其中，γ_1、γ_2、γ_3 为选择的估计器增益。

如 5.4 节所述，选择参数 γ_1、γ_2、γ_3，使误差系统的极点位于复平面的左半部分，以确保估计误差收敛。这里，计算误差系统的特征多项式为：

$$\det M = \det \left(\begin{bmatrix} s & 0 & 0 \\ 0 & s & 0 \\ 0 & 0 & s \end{bmatrix} - \begin{bmatrix} 0 & 1 & 0 \\ -\omega_0^2 & 0 & 0 \\ 0 & 0 & 0 \end{bmatrix} + \begin{bmatrix} \bar{\gamma}_1 \\ \bar{\gamma}_2 \\ \bar{\gamma}_3 \end{bmatrix} \begin{bmatrix} 1 & 0 & 1 \end{bmatrix} \right) \tag{5.61}$$

其中，为简化计算设 $\bar{\gamma}_i = b\gamma_i (i = 1, 2, 3)$。

式(5.61)给出的行列式有解析表达式，由此可求出参数 γ_1、γ_2 和 γ_3 的解析解。首先将 $\boldsymbol{M}$ 矩阵划分为分块矩阵，如下所示：

$$\boldsymbol{M} = \begin{bmatrix} \boldsymbol{M}_{11} & \boldsymbol{M}_{12} \\ \boldsymbol{M}_{21} & \boldsymbol{M}_{22} \end{bmatrix}$$

其中：

$$\boldsymbol{M}_{11} = \begin{bmatrix} s + \bar{\gamma}_1 & -1 \\ \omega_0^2 & s \end{bmatrix}; \quad \boldsymbol{M}_{12} = \begin{bmatrix} \bar{\gamma}_1 \\ \bar{\gamma}_2 \end{bmatrix}$$

$$\boldsymbol{M}_{21} = \begin{bmatrix} \bar{\gamma}_3 & 0 \end{bmatrix}; \quad \boldsymbol{M}_{22} = s + \bar{\gamma}_3$$

这样，分块矩阵的行列式变为

$$\det(\boldsymbol{M}) = \det(\boldsymbol{M}_{11}) \det(\boldsymbol{M}_{22} - \boldsymbol{M}_{21} \boldsymbol{M}_{11}^{-1} \boldsymbol{M}_{12})$$

注意，$\boldsymbol{M}_{11}$ 与 5.4 节中正弦信号估计的行列式完全相同，即

$$\det(\boldsymbol{M}_{11}) = s^2 + \bar{\gamma}_1 s + \omega_0^2 + \bar{\gamma}_2$$

第二个行列式为：

$$\det(\boldsymbol{M}_{22} - \boldsymbol{M}_{21} \boldsymbol{M}_{11}^{-1} \boldsymbol{M}_{12}) = \frac{s^3 + (\bar{\gamma}_1 + \bar{\gamma}_3) s^2 + (\omega_0^2 + \bar{\gamma}_2) s + \gamma_3 \omega_0^2}{s^2 + \bar{\gamma}_1 s + \omega_0^2 + \bar{\gamma}_2}$$

闭环误差系统的特征多项式变为：

$$\det(\boldsymbol{M}) = s^3 + (\bar{\gamma}_1 + \bar{\gamma}_3)s^2 + (\omega_0^2 + \bar{\gamma}_2)s + \gamma_3\omega_0^2 \tag{5.62}$$

选择满足性能指标的期望特征多项式，该多项式由一对复极点和一个实极点组成，形如 $(s+\alpha)(s^2+2\xi\omega_n s+\omega_n^2)$，求出系数 $\bar{\gamma}_1$，$\bar{\gamma}_2$，$\bar{\gamma}_3$ 为：

$$\bar{\gamma}_3 = \frac{\alpha\omega_n^2}{\omega_0^2}$$

$$\bar{\gamma}_1 = 2\xi\omega_n + \alpha - \bar{\gamma}_3$$

$$\bar{\gamma}_2 = \omega_n^2 - \omega_0^2 + 2\xi\omega_n\alpha \tag{5.63}$$

估计中使用的实际增益以系数缩放，得 $\gamma_i = \dfrac{\bar{\gamma}_i}{b}$，其中 $i = 1$、2、3。

定义 $\hat{z}_1(t) = \hat{x}_1(t) - \gamma_1 y(t)$，$\hat{z}_2(t) = \hat{x}_2(t) - \gamma_2 y(t)$，$\hat{z}_3(t) = \hat{x}_3(t) - \gamma_3 y(t)$，可以证明估计扰动的实现方程变为：

$$\begin{bmatrix} \dfrac{\mathrm{d}\hat{z}_1(t)}{\mathrm{d}t} \\[2mm] \dfrac{\mathrm{d}\hat{z}_2(t)}{\mathrm{d}t} \\[2mm] \dfrac{\mathrm{d}\hat{z}_3(t)}{\mathrm{d}t} \end{bmatrix} = \Omega \begin{bmatrix} \hat{z}_1(t) \\ \hat{z}_2(t) \\ \hat{z}_3(t) \end{bmatrix} + \Omega \begin{bmatrix} \gamma_1 \\ \gamma_2 \\ \gamma_3 \end{bmatrix} y(t) + a \begin{bmatrix} \gamma_1 \\ \gamma_2 \\ \gamma_3 \end{bmatrix} y(t) - \begin{bmatrix} \bar{\gamma}_1 \\ \bar{\gamma}_2 \\ \bar{\gamma}_3 \end{bmatrix} u(t) \tag{5.64}$$

其中，Ω 是系统矩阵，定义为：

$$\Omega = \begin{bmatrix} -\bar{\gamma}_1 & 1 & -\bar{\gamma}_1 \\ \omega_0^2 - \bar{\gamma}_2 & 0 & -\bar{\gamma}_2 \\ -\bar{\gamma}_3 & 0 & -\bar{\gamma}_3 \end{bmatrix}$$

Ω 的特征值即为特征方程的解：

$$(s+\alpha)(s^2 + 2\xi\omega_n s + \omega_n^2) = 0$$

因此，由式(5.64)实现的估计器稳定。

由估计得到的 $\hat{z}_1(t)$ 和 $\hat{z}_3(t)$，有：

$$\hat{d}_1(t) = \hat{z}_1(t) + \gamma_1 y(t); \quad \hat{d}_0(t) = \hat{z}_3(t) + \gamma_3 y(t); \quad \hat{d}(t) = \hat{d}_1(t) + \hat{d}_0(t)$$

5.5.2 增加更多周期分量

如果系统的扰动或给定信号具有一对以上的周期成分，则需要对扰动估计器进行设计，使其包含这些成分。

假设系统由微分方程(5.58)描述。如前所述，$d(t)$ 为输入扰动信号，是正弦信号和常数的组合。将 $d(t)$ 表示为：

$$d(t) = d_1(t) + d_2(t) + d_0$$

其中，$d_1(t) = d_{m1}\sin(\omega_1 t + \psi_1)$，$d_2(t) = d_{m2}\sin(\omega_2 t + \psi_2)(\omega_1 \neq \omega_2)$，$d_0$ 为未知常数。

继续 5.5.1 节的设计，设 $x_1(t) = d_1(t)$，$x_2(t) = \dot{y}_1(t)$，$x_3(t) = d_0(t)$，$x_4(t) =$

$d_2(t), x_5(t) = \dot{y}_2(t)$。以下微分方程用于描述输入扰动 $d(t)$：

$$
\begin{bmatrix} \dot{x}_1(t) \\ \dot{x}_2(t) \\ \dot{x}_3(t) \\ \dot{x}_4(t) \\ \dot{x}_5(t) \end{bmatrix} = \begin{bmatrix} 0 & 1 & 0 & 0 & 0 \\ -\omega_1^2 & 0 & 0 & 0 & 0 \\ 0 & 0 & 0 & 0 & 0 \\ 0 & 0 & 0 & 0 & 1 \\ 0 & 0 & 0 & -\omega_2^2 & 0 \end{bmatrix} \begin{bmatrix} x_1(t) \\ x_2(t) \\ x_3(t) \\ x_4(t) \\ x_5(t) \end{bmatrix} \tag{5.65}
$$

其中包含两个附加状态。为了估算动态系统式(5.58)的扰动信号 $d(t)$，将扰动项表示为：

$$
bd(t) = b \begin{bmatrix} 1 & 0 & 1 & 1 & 0 \end{bmatrix} \begin{bmatrix} x_1(t) \\ x_2(t) \\ x_3(t) \\ x_4(t) \\ x_5(t) \end{bmatrix} = \dot{y}(t) + ay(t) - bu(t) = \eta(t)
$$

估计变量 $\hat{x}_1(t), \hat{x}_2(t), \hat{x}_3(t), \hat{x}_4(t), \hat{x}_5(t)$ 表示为：

$$
\begin{bmatrix} \frac{d\hat{x}_1(t)}{dt} \\ \frac{d\hat{x}_2(t)}{dt} \\ \frac{d\hat{x}_3(t)}{dt} \\ \frac{d\hat{x}_4(t)}{dt} \\ \frac{d\hat{x}_5(t)}{dt} \end{bmatrix} = \overbrace{\begin{bmatrix} 0 & 1 & 0 & 0 & 0 \\ -\omega_1^2 & 0 & 0 & 0 & 0 \\ 0 & 0 & 0 & 0 & 0 \\ 0 & 0 & 0 & 0 & 1 \\ 0 & 0 & 0 & -\omega_2^2 & 0 \end{bmatrix}}^{A} \begin{bmatrix} \hat{x}_1(t) \\ \hat{x}_2(t) \\ \hat{x}_3(t) \\ \hat{x}_4(t) \\ \hat{x}_5(t) \end{bmatrix} +
$$

$$
\begin{bmatrix} \gamma_1 \\ \gamma_2 \\ \gamma_3 \\ \gamma_4 \\ \gamma_5 \end{bmatrix} \left(\eta(t) - \overbrace{b \begin{bmatrix} 1 & 0 & 1 & 1 & 0 \end{bmatrix}}^{C} \begin{bmatrix} \hat{x}_1(t) \\ \hat{x}_2(t) \\ \hat{x}_3(t) \\ \hat{x}_4(t) \\ \hat{x}_5(t) \end{bmatrix} \right) \tag{5.66}
$$

其中，γ_1、γ_2、γ_3、γ_4、γ_5 为设计中待选择的估计器增益。

为了求出估计器增益，考虑矩阵对 A 和 C。由于它们的维数较大，不再容易计算出估计器增益的解析解。但我们可以由 MATLAB 程序求出估算器的增益矩阵。为此，定义式(5.66)中所示的矩阵 A 和 C，并为误差系统选择五个期望的闭环极点，以确保估计变量收敛。MATLAB 程序 place.m 用于计算 γ_i，其中 $i=1、2、3、4、5$，程序如下：

```
Gamma = place(A',C',P)
```

其中，P 包含误差系统的五个期望的闭环极点，而 γ 是包含 γ_i 的向量，其中 $i=1、2、3、4、5$。

5.5.3 进一步思考

（1）在基于扰动观测器的多频信号谐振控制器设计中，为了估算多频扰动信号，估计器的复杂性增加了，这种说法正确吗？

（2）在一般情况下，要估计更多的频率分量需要更高的模型精度吗？

（3）是否可以设计一种多频控制的谐振控制器方案，以便能按顺序一次输入一个周期分量？

5.6 小结

从扰动估计的角度讨论了 PID 控制器和谐振控制器的设计。使用基于扰动观测器的方法，通过输入扰动的估计，引入积分控制或谐振控制，并假设对于积分模式扰动恒定，对谐振模式扰动为正弦信号。所提方法的优点包括：①简化控制器的设计；②在控制信号饱和的情况下，利用抗饱和机制直接实现稳定的控制器结构。其他重要内容总结如下：

- 对于存在恒值扰动的一阶系统，控制器是比例控制，估计器基于一阶模型。这与具有比例和积分增益的 PI 控制器等价。控制器增益和估计器增益的选择分别有独立的性能指标。
- 对于具有恒值扰动的二阶系统，控制器具有比例和微分控制功能，估计器基于一阶模型。这与具有比例、积分、微分增益的 PID 控制器等价。控制器和估计器的闭环性能分别由闭环极点的位置指定。
- 对于谐振控制器设计，假定系统具有一阶模型且存在输入正弦扰动。正弦扰动包括单频或多频信号。控制函数采用比例控制器，并采用内嵌正弦模态的估计器对扰动进行估计。这等价于前面讨论的谐振控制器。因为扰动估计基于稳定的系统，当控制信号达到饱和限值时自然纳入抗饱和机制，这种实现方法在数值上是合理的。

对于具有较高阶动态模型的系统，使用本章提出的设计方法时，需要进行模型降阶。

5.7 进一步阅读

（1）一本专门介绍基于扰动观测器的线性和非线性控制系统的图书［Li 等（2014）］。Chen 等（2016）的一篇综述文章，该课题组还研究了控制系统中扰动观测器的各种主题［Li 等（2012）、Yang 等（2012）］。

（2）Komada 等（1991）使用扰动观测器进行了运动控制的早期工作。Schrijver 和 van Dijk（2002）将扰动观测器用于刚性机械系统，Chen 等（2000）将扰动观测器用于机械臂；Jia（2009）提出一种利用扰动观测器进行扰动抑制的控制器设计，同时估计频率；Sariyildiz 和 Ohnishi（2015）使用扰动观测器分析运动控制的稳定性和鲁棒性。

（3）Han（2009）介绍了 PID 控制和主动扰动抑制。

（4）Mita 等（1998）将 H_∞ 控制与基于扰动观测器的控制方法进行了比较。

（5）She 等（2011）讨论了两级进给驱动控制系统的扰动抑制。

（6）最近的一篇综述文章［Yang 等（2017）］利用扰动观测器的框架对 PMSM 驱动器进

行扰动估计和衰减。

（7）McNabb 等（2017）使用基于扰动观测器的谐振控制器控制单相电压转换器，并进行实验验证。

问题

5.1 使用基于扰动观测器的方法为以下系统设计并实现 PI 控制器：

$$G(s) = \frac{1}{(s+1)(s+10)}$$

$$G(s) = \frac{2e^{-0.5s}}{(s+0.1)(s+10)}$$

$$G(s) = \frac{0.5e^{-2s}}{(s+0.01)(s+10)}$$

（1）在保持稳态增益不变的情况下，忽略相对较小的时间常数和较小的时间延迟，求近似的一阶模型 $G_A(s) = \dfrac{b}{s+a}$。

（2）为比例控制器 K_1 选择期望的闭环极点为 $-2a$，其中 a 为系统的主导极点，估计器的极点为 $-3a$，以获得估计器增益 K_2。

（3）计算控制器、灵敏度函数、输入扰动灵敏度函数、补灵敏度函数的频率响应 $C(j\omega)$、$S(j\omega)$、$S_i(j\omega)$、$T(j\omega)$。调整控制器和估计器期望闭环极点，并观察其对灵敏度函数的影响。

（4）用奈奎斯特图评估闭环稳定性。如果闭环系统不稳定，调整控制器和估计器极点使闭环系统稳定。

（5）对于任意 $\omega > 0$ 评估鲁棒稳定性条件：

$$|T(j\omega)| \, |\Delta G_m(j\omega)| < 1$$

（6）你从奈奎斯特图和鲁棒稳定性条件中可以观察到什么？如何提高闭环系统的鲁棒性？

（7）按 5.2.3 节教程 5.1 构建 MATLAB 实时函数 PIEstim.slx，并对闭环阶跃响应和输入扰动抑制进行，选择采样间隔 $\Delta t = 0.001$，将控制信号幅值限制设为足够大。在仿真研究中使用单位阶跃给定信号，其中振幅为 -1 的阶跃输入扰动在仿真进行到一半时进入系统。

（8）评估控制信号幅值受限的影响，其中约束参数 u_{max} 和 u_{min} 取上一步控制信号最大幅值的 85%。

（9）从控制信号受限的系统仿真中可以观察到什么？

5.2 使用基于扰动观测器的方法为以下系统设计 PID 控制器：

$$G(s) = \frac{2}{(s-1)(s+1)}$$

$$G(s) = \frac{3}{s^2}$$

$$G(s) = \frac{1}{s^2 + 0.1s + 3}$$

（1）为比例微分控制器选择期望的闭环特征多项式为 $s^2 + 2\xi\omega_n s + \omega_n^2$，其中 $\xi = 0.707$，$\omega_n = 3$，取估算器的极点为 -4，求出估算器增益 K_3。

（2）按照 5.3.4 节教程 5.2 构建 MATLAB 实时函数 PIDEstim.slx，采样间隔取 $\Delta t = 0.001$，对闭环阶跃响应和输入扰动抑制性能进行仿真，其中将控制信号幅值限制设为足够大。在仿真中，微分滤波器时间常数取 $\tau_f = 0.1\tau_D$。给定信号为单位阶跃信号，输入扰动信号幅值为 -2，在仿真进行到一半时进入系统。

（3）评估控制信号幅值受限的影响，其中约束参数 u_{max} 和 u_{min} 取上一步控制信号最大幅值的 85%。

（4）从控制信号受限的系统仿真中观察到了什么？

5.3 对问题 5.2 中的 3 个系统设计基于扰动观测器的 PID 控制器。除了设计带滤波器的比例微分控制器（参阅 3.4.1 节）外，其他所有条件均保持不变，在此过程中考虑了滤波器时间常数。PD 控制器的另一个极点取 $-2\omega_n$。

（1）与问题 5.2 中获得的参数相比，你对 PD 控制器参数有何看法？

（2）按照问题 5.2 中所述的约束条件进行仿真研究，并将仿真结果与问题 5.2 获得的结果进行比较。你的观察结果是什么？

5.4 将微分滤波器嵌入 PID 控制器的设计和分析是理想的。在 5.3 节中，引入微分滤波器 τ_f 将改变式（5.39）中 PID 控制器的传递函数。求出该 PID 控制器的传递函数：

$$C(s) = \frac{c_2 s^2 + c_1 s + c_0}{s(s + l_0)}$$

这与基于扰动观测器的 PID 控制器等价。

5.5 由式（5.18）可知，基于扰动观测器的 PI 控制等价于利用输入和输出信号计算扰动传递函数：

$$\hat{D}(s) = \frac{\alpha_2}{s + \alpha_2} \frac{s + a}{b} Y(s) - \frac{\alpha_2}{s + \alpha_2} U(s) \tag{5.67}$$

本质上，它是将控制对象模型的反演与单位稳态增益的一阶稳定滤波器一起实现，这是基于扰动观测器方法的重要组成部分[Li 等（2014）]。

（1）基于式（5.67）给出扰动估计的离散化方案。

（2）绘制控制信号幅值受限的闭环反馈图。此实现是否包含了抗饱和机制？

5.6 式（5.34）表明，基于扰动观测器的 PID 控制器等价于由以下传递函数计算扰动信息：

$$\hat{D}(s) = \frac{\alpha_3}{s + \alpha_3} \frac{s^2 + a_1 s + a_0}{b} Y(s) - \frac{\alpha_3}{s + \alpha_3} U(s) \tag{5.68}$$

这是对具有单位稳态增益含一阶滤波器的控制对象模型的反演。

（1）基于扰动观测给出含一阶滤波器的传递函数[见式（5.68）]的离散化方案，使其可实现。

（2）绘制控制信号幅值受限的闭环反馈图。

5.7 在问题 5.6 中,如果控制对象传递函数为:

$$G(s) = \frac{b_1 s + b_0}{s^2 + a_1 s + a_0}$$

其中 $b_1 \neq 0$,b_1 和 b_0 符号相同,意味着有一个稳定的零点。

(1) 用控制对象模型的反演表示 $\hat{D}(s)$。

(2) 如果 $|b_1| \gg |b_0|$ 或 $|b_1| \ll |b_0|$,该稳定的零点会导致扰动抑制变慢吗?

(3) 考察两种情况下的输入扰动灵敏度函数 $S_i(s)$ 来验证你的答案。

5.8 对以下系统设计谐振控制器,给定频率 ω_0:

$$G(s) = \frac{0.3 e^{-0.01s}}{s + 2}, \quad \omega_0 = 0.5$$

$$G(s) = \frac{1}{(s+1)(s+10)}, \quad \omega_0 = 0.3$$

$$G(s) = \frac{2}{(s+0.5)(s+10)^2}, \quad \omega_0 = 0.1$$

(1) 忽略小的延迟或小的时间常数(s),基于一阶模型 $\dfrac{b}{s+a}$ 设计谐振控制器,其中比例控制器极点取 $-2a$,估计器的期望闭环特性多项式为 $(s + \omega_n)^2$,其中 $\omega_n = 3a$。

(2) 计算补灵敏度函数的频率响应 $T(j\omega)$ 和乘性建模误差 $\Delta G_m(j\omega)$,对任意 $\omega > 0$,检查鲁棒稳定性条件:

$$|T(j\omega)| \, |\Delta G_m(j\omega)| < 1$$

是否满足? 如果不满足,减小参数 ω_n 直到满足。

(3) 按照 5.4.4 节教程 5.3 构建 MATLAB 实时函数 ResEstim.slx,并对正弦给定信号 $r(t) = \sin(\omega_0 t)$ 的闭环响应进行仿真,其中 $\Delta t = 0.001$。

(4) 在仿真进行到一半时加入正弦输入扰动 $d_i = 3\cos(\omega_0 t)$,并对闭环系统的扰动抑制性能进行仿真。

(5) 为了评估抗饱和机制,可以将瞬态响应中最大和最小控制信号的 85% 取控制信号限值 u_{max} 和 u_{min}。

5.9 在许多应用中,需要跟踪斜坡给定信号。可以通过假设频率 $\omega_0 = 0$ 修改 5.4 节介绍的基于扰动观测器的谐振控制器,以跟踪斜坡给定信号。假设一阶系统由以下传递函数模型描述:

$$G(s) = \frac{0.3}{s + 1}$$

(1) 修改基于扰动观测器的谐振控制器以跟踪斜坡输入信号。

(2) 将期望闭环极点置于 -2,求出比例控制器增益 K_1,选择期望的闭环特性多项式为 $s^2 + 2\xi\omega_n s + \omega_n^2$,其中 $\xi = 1$,$\omega_n = 2$,求估算器增益 γ_1 和 γ_2。

(3) 利用终值定理证明这种基于扰动观测器的控制系统能够无稳态误差跟踪斜坡给定信号。

(4) 在给定信号为 $0.5t$ 的情况下,使用 MATLAB 实时函数 ResEstim.slx 对闭环响应进行仿真,其中采样间隔 $\Delta t = 0.01$。

5.10 考虑以下一阶系统：

$$G(s) = \frac{300}{s + 100}$$

设计一个谐振控制器，使其跟踪给定信号 $r(t) = 10 + \sin t$，并抑制输入扰动 $d_i(t) = \cos 3t$，其中控制器和估计器的所有期望闭环极点均位于 -200。

5.11 谐振控制器的一项应用是单相交流电流调节器领域，目标是精确跟踪频率与电网匹配的正弦给定信号。

利用电感-电阻滤波网络，建立与反电动势耦合的单相电压源逆变器（Voltage Soutle Inverter，VSI）的动态模型：

$$\frac{\mathrm{d}i(t)}{\mathrm{d}t} = -\frac{R}{L}i(t) + \frac{1}{L}(v(t) - \varepsilon_g(t)) \tag{5.69}$$

其中，$i(t)$ 为逆变器的输出电流；$v(t)$ 为输入变量，即 VSI 的脉宽调制（PWM）开关电压；$\varepsilon_g(t)$ 为反电动势电压，为标称频率 ω_0 的正弦波；参数 R 为电阻；L 为电感，与电感-电阻滤波器网络相关。

控制信号 $v(t)$ 等于调制信号 $m(t)$ 与逆变器直流侧电压 V_{dc} 的乘积：

$$v(t) = m(t)V_{\mathrm{dc}} \tag{5.70}$$

在单相电压源逆变器的数学模型中，取物理参数 $V_{\mathrm{dc}} = 200\text{V}, L = 12 \times 10^{-3}\text{H}, R = 1\Omega$。反电动势电压 $\varepsilon_g = 130V_{\mathrm{RMS}}$，频率为 $50\text{Hz}(\omega_0 = 100\pi)$。

（1）为单相电压源逆变器设计一个谐振控制器，其中 $\omega_0 = 100\pi$。对以下两种情况，分别考虑闭环性能指标。

① 选择反馈控制器增益 K_1，使闭环控制系统极点等于开环系统极点，估计器的参数为 $\omega_n = 200\pi, \xi = 0.707$。

② 选择反馈控制器增益 K_1，使闭环控制系统极点的大小为开环系统极点的两倍，估计器的参数为 $\omega_n = 100\pi$ 和 $\xi = 0.707$。

（2）对这两种情况比较灵敏度函数 $|S(\mathrm{j}\omega)|$ 和补灵敏度函数 $|T(\mathrm{j}\omega)|$，确定谐振控制系统可以承受的最大时间延迟，有什么观察结果？（提示：对忽略的时间延迟 d，乘性建模误差为 $\Delta G_{\mathrm{m}}(\mathrm{j}\omega) = 1 - \mathrm{e}^{-\mathrm{j}d\omega}$。）

（3）取采样间隔 $\Delta t = 0.0001\text{s}$，对闭环系统的给定值跟踪和扰动抑制性能进行仿真，其中给定信号为 $r(t) = 3\cos(\omega_0 t)$，扰动为 $\varepsilon_g = 130\cos(\omega_0 t)$。为简化，在仿真模型中，控制信号为 $v(t)$。

（4）限制 $v(t)$ 的幅值，限值取无约束情况瞬态响应中控制信号的最大值和最小值的 85%。

（5）针对两种期望闭环性能指标的情况讨论闭环控制性能。

第 6 章

非线性系统的 PID 控制

6.1　引言

获取控制系统设计模型的方法之一是使用质量平衡、牛顿定律、电流定律、电压定律等基本原理对系统动态进行分析。这类模型中多数是非线性的。因此，为了将它们用于 PID 控制器设计或其他线性时不变控制器设计，这些非线性模型需要在系统工况附近进行线性化。

本章通过几个例子和案例研究介绍非线性模型的线性化，还将展示如何使用增益调度控制技术将 PID 控制器应用于非线性控制对象。

6.2　非线性模型的线性化

要对非线性控制对象设计 PID 控制器，首先需要得到线性时不变模型，这通过在系统工况附近线性化来完成。

6.2.1　非线性函数的近似

假设非线性模型的一般形式为：

$$\dot{x}(t) = f\left[x(t), u(t), t\right] \tag{6.1}$$

其中，$f[\cdot]$ 为非线性函数。线性化的目的是找到一个线性函数（一组线性函数）来描述非线性模型在给定工况的动态特性。

为了说明线性化如何进行，首先考察非线性函数的线性化，从泰勒级数展开和非线性函数近似开始。众所周知，变量为 x 的函数 $f(x)$ 可以表示为在 $x = x^{0①}$ 处的泰勒级数展开式：

$$f(x) = f(x^0) + \frac{\mathrm{d}f(x)}{\mathrm{d}x}\bigg|_{x=x^0}(x - x^0) + \frac{1}{2!}\frac{\mathrm{d}^2 f(x)}{\mathrm{d}x^2}\bigg|_{x=x^0}(x - x^0)^2 + \cdots \tag{6.2}$$

其中，x^0 是常数。如果函数 $f(x)$ 平滑，且任意阶导数均存在，则可计算 $x = x^0$ 处所有阶导数的值。

---

① 原书中角标的标注方式与中文不同，此处为原书中的 x^0，对应于中文书的 x_0，余同。

取泰勒级数展开式的前两项,可以得出原始函数 $f(x)$ 在特定点 x^0 处的近似值:

$$f(x) \approx f(x^0) + \frac{\mathrm{d}f(x)}{\mathrm{d}x}\bigg|_{x=x^0}(x-x^0) \tag{6.3}$$

该一阶泰勒级数使用函数在 x^0 处的值和在 $x=x^0$ 处的一阶导数来近似原始非线性函数 $f(x)$,在 $x=x^0$ 附近近似成立。图 6.1 说明了一个非线性函数线性近似的例子,其中 $x^0 = 5.3, f(x^0) = 140, \frac{\mathrm{d}f(x)}{\mathrm{d}x}\bigg|_{x=x^0} = 85$。可以看出,对于 x^0 附近区域的 x,$f(x)$ 由一阶泰勒级数展开式(6.3)近似。直观地,可以将原始变量 x 视为一个"大"变量,因为它覆盖了一个大区域;而将被摄动的变量 $x-x^0$ 视为一个"小"变量,因为它覆盖了 x^0 周围的一个小区域。

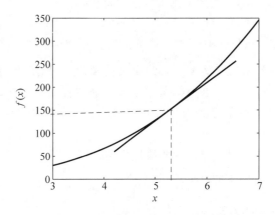

图 6.1   非线性函数在 $x^0 = 5.3$ 处的近似

如果非线性函数 $f(x)$ 包含 n 个变量,这意味着 $x = [x_1 \ x_2 \cdots x_n]^{\mathrm{T}}$ 是维数为 n 的向量,则使用多变量泰勒级数展开式中的前 $n+1$ 项来近似该函数,为:

$$f(x_1, x_2, x_3, \cdots, x_n) \approx f(x_1^0, x_2^0, x_3^0, \cdots, x_n^0) + \frac{\partial f(x)}{\partial x_1}\bigg|_{x_1=x_1^0, x_2=x_2^0 \cdots}(x_1 - x_1^0) +$$

$$\frac{\partial f(x)}{\partial x_2}\bigg|_{x_1=x_1^0, x_2=x_2^0 \cdots}(x_2 - x_2^0) + \cdots + \frac{\partial f(x)}{\partial x_n}\bigg|_{x_1=x_1^0, x_2=x_2^0 \cdots}(x_n - x_n^0)$$

$$\tag{6.4}$$

请注意,这里需要非线性函数对所有变量的偏导数。与单变量情况类似,多变量泰勒级数展开式由常数项和带扰动的偏导数组成,常数项为非线性函数在 $x_1^0, x_2^0, x_3^0, \cdots, x_n^0$ 处的取值,偏导数项中扰动为 $x_1 - x_1^0, x_2 - x_2^0, \cdots, x_n - x_n^0$。进一步,如果变量 $x_1, x_2, x_3, \cdots, x_n$ 在 $x_1^0, x_2^0, x_3^0, \cdots, x_n^0$ 附近,则一阶泰勒级数展开式非常接近原始非线性函数。

6.2.2   非线性微分方程的线性化

通过使用物理定律的基本原理获得的非线性模型是微分方程。假设用于描述物理系统的非线性微分方程采用以下一般形式:

$$\dot{x}(t) = f(x(t), u(t), t) \tag{6.5}$$

其中,$x(t)$ 为维数 n 的状态变量组成的向量,$u(t)$ 为维数 m 的控制信号向量。

在非线性动力系统的线性化时,首先选择常数向量 $x^0 = \begin{bmatrix} x_1^0 & x_2^0 & \cdots & x_n^0 \end{bmatrix}^{\mathrm{T}}$ 和 $u^0 = \begin{bmatrix} u_1^0 & u_2^0 & \cdots & u_m^0 \end{bmatrix}^{\mathrm{T}}$,然后应用 6.2.1 节所述非线性函数的线性化过程。可以将最终结果写成矩阵-向量形式。

常数向量 x^0 和 u^0 在线性化模型中起重要作用,为了使线性化系统真正线性,需要仔细选择这些向量。对非线性动力学系统式(6.5),感兴趣的点被称为平衡点,这源自非线性控制[参见 Bay(1999)]。在控制系统设计和实现中,这些平衡点通常指静态点,代表动力学方程(6.5)的稳态解。一般而言,平衡点由常数向量 x^{e} 定义,如果 $x(t_0) = x^{\mathrm{e}}$,$u(t) = 0$,则 $x(t) = x^{\mathrm{e}}$。

由于平衡点是一个常数向量,因此非线性微分方程(6.5)满足以下关系:

$$\dot{x}(t) = f(x^{\mathrm{e}}, 0, t) = 0 \tag{6.6}$$

将平衡点的概念扩展到常数向量 x^0 和 u^0,使得非线性微分方程(6.5)的稳态解成立:

$$\dot{x}(t) = f(x^0, u^0) = 0 \tag{6.7}$$

这些常数向量不依赖于时间,但它们可以按期望的轨迹变化。实际上,它们对应于之前 PID 控制系统实现中讨论的系统稳态值(见第 4 章)。

在控制应用中,通常需要为状态变量 x^0 选择期望值,求解由式(6.7)给出的非线性代数方程,以确定常数向量 u^0。但是,由于与物理参数相关的不确定性和未知扰动,x^0 和 u^0 对系统工作点的描述可能非常不准确,与实际情况相去甚远。

由于这些差异被建模为系统的恒值输入扰动,因此可通过控制器中包含的积分器的作用来克服由稳态参数不准确引起的问题。积分作用将自动调整输入信号的稳态值,使输出信号稳态误差为零。

6.2.3   案例研究:耦合水箱模型的线性化

如图 6.2 所示,两个立方体水箱串联连接。水流入第一个水箱并从第二个水箱流出。一个水泵控制流入第一水箱的水流速率 $u_1(t)(\mathrm{m}^3 \cdot \mathrm{s}^{-1})$;另一个水泵控制从第二水箱流出的水流速率 $u_2(t)(\mathrm{m}^3 \cdot \mathrm{s}^{-1})$。水以流速 $f_{ab}(t)$ 从水箱 A 流入水箱 B。流速的单位为 $\mathrm{m}^3 \cdot \mathrm{s}^{-1}$,水位的单位为 m。

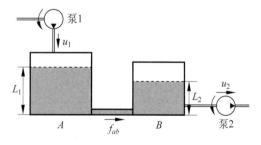

图 6.2   双水箱示意图

由于质量平衡,水箱 A 中水量的变化率 $V_1(t)$ 为:

$$\frac{\mathrm{d}V_1(t)}{\mathrm{d}t} = u_1(t) - f_{ab}(t) \tag{6.8}$$

水量也可以表示为 $V_1(t)=S_1L_1(t)$，其中 S_1 是水箱 A 的横截面积，$L_1(t)$ 是水箱 A 的水位。水位 $L_1(t)$（水箱 A）的变化率为：

$$S_1 \frac{\mathrm{d}L_1(t)}{\mathrm{d}t} = u_1(t) - f_{ab}(t) \tag{6.9}$$

同样地，水位 $L_2(t)$ 的变化率为：

$$S_2 \frac{\mathrm{d}L_2(t)}{\mathrm{d}t} = f_{ab}(t) - u_2(t) \tag{6.10}$$

其中 S_2 为水箱 B 的横截面积。对于横截面积为 $a_s(\mathrm{m}^2)$ 的小孔，$f_{ab}(t)$ 通过以下关系与水箱液位 $L_1(t)$ 和 $L_2(t)$ 关联：

$$f_{ab}(t) = a_s \sqrt{2g(L_1(t) - L_2(t))} \tag{6.11}$$

其中 g 为重力加速度（$=9.81\mathrm{m} \cdot \mathrm{s}^{-2}$），$f_{ab}(t)$ 为流速（$\mathrm{m}^3 \cdot \mathrm{s}^{-1}$）。

将式（6.11）代入式（6.19）和式（6.10），可得：

$$\frac{\mathrm{d}L_1(t)}{\mathrm{d}t} = -\frac{a_s}{S_1} \sqrt{2g(L_1(t) - L_2(t))} + \frac{1}{S_1}u_1(t) \tag{6.12}$$

$$\frac{\mathrm{d}L_2(t)}{\mathrm{d}t} = -\frac{a_s}{S_2} \sqrt{2g(L_1(t) - L_2(t))} - \frac{1}{S_2}u_2(t) \tag{6.13}$$

这两个模型都是非线性的。

【例 6.1】 求水箱的线性化模型，并讨论可能的工况以及它们如何影响线性化模型。

解 线性化中，独立变量为 $L_1(t)$、$L_2(t)$、$u_1(t)$ 和 $u_2(t)$，根据这几个独立变量分别线性化两个方程即式（6.12）和式（6.13）。设 L_1^0 和 L_2^0 表示水箱的工作点，系数 $\gamma_1 = \dfrac{a_s\sqrt{2g}}{S_1}$ 和 $\gamma_2 = \dfrac{a_s\sqrt{2g}}{S_2}$ 用于简化式（6.12）和式（6.13）。

式（6.12）中第一项由一阶泰勒级数展开近似为：

$$\gamma_1\sqrt{L_1(t) - L_2(t)} \approx \gamma_1\sqrt{L_1^0 - L_2^0} + \gamma_1 \left.\frac{\partial(\sqrt{L_1(t) - L_2(t)})}{\partial L_1}\right|_{L_1^0, L_2^0}(L_1(t) - L_1^0) +$$

$$\gamma_1 \left.\frac{\partial(\sqrt{L_1(t) - L_2(t)})}{\partial L_2}\right|_{L_1^0, L_2^0}(L_2(t) - L_2^0) \tag{6.14}$$

注意：

$$\left.\frac{\partial(\sqrt{L_1(t) - L_2(t)})}{\partial L_1}\right|_{L_1^0, L_2^0} = \frac{1}{2}\frac{1}{\sqrt{L_1^0 - L_2^0}} \tag{6.15}$$

$$\left.\frac{\partial(\sqrt{L_1(t) - L_2(t)})}{\partial L_2}\right|_{L_1^0, L_2^0} = -\frac{1}{2}\frac{1}{\sqrt{L_1^0 - L_2^0}} \tag{6.16}$$

因此，式（6.14）写成：

$$\gamma_1\sqrt{L_1(t) - L_2(t)} = \gamma_1\sqrt{L_1^0 - L_2^0} + \frac{\gamma_1}{2}\frac{1}{\sqrt{L_1^0 - L_2^0}}(L_1(t) - L_1^0)$$

$$-\frac{\gamma_1}{2}\frac{1}{\sqrt{L_1^0-L_2^0}}(L_2(t)-L_2^0) \tag{6.17}$$

微分方程(6.12)中的第二项相对于 $u_1(t)$ 已经为线性,因此,保持不变。将泰勒级数近似式(6.17)代入微分方程(6.12),获得水箱 A 的线性化模型(别忘了有一个负号):

$$\frac{\mathrm{d}L_1(t)}{\mathrm{d}t}=-\gamma_1\sqrt{L_1^0-L_2^0}-\frac{\gamma_1}{2}\frac{1}{\sqrt{L_1^0-L_2^0}}(L_1(t)-L_1^0)+$$

$$\frac{\gamma_1}{2}\frac{1}{\sqrt{L_1^0-L_2^0}}(L_2(t)-L_2^0)+\frac{1}{S_1}u_1(t) \tag{6.18}$$

首先注意到,为了使线性化有效,工作点 $L_1^0>L_2^0$。其次,因为 $L_1^0\neq L_2^0$,第一项为非零常数,可以根据该常数选择 $u_1(t)$ 的稳态值。为此,将式(6.18)重写为:

$$\frac{\mathrm{d}L_1(t)}{\mathrm{d}t}=-\frac{\gamma_1}{2}\frac{1}{\sqrt{L_1^0-L_2^0}}(L_1(t)-L_1^0)+$$

$$\frac{\gamma_1}{2}\frac{1}{\sqrt{L_1^0-L_2^0}}(L_2(t)-L_2^0)+\frac{1}{S_1}\left(u_1(t)-S_1\gamma_1\sqrt{L_1^0-L_2^0}\right) \tag{6.19}$$

为了找到水箱 A 的小信号模型,将偏差变量定义为:

$$\widetilde{L}_1(t)=L_1(t)-L_1^0;\ \widetilde{L}_2(t)=L_2(t)-L_2^0;\quad \widetilde{u}_1(t)=u_1(t)-S_1\gamma_1\sqrt{L_1^0-L_2^0}$$

这样水箱 A 的线性化模型为:

$$\frac{\mathrm{d}\widetilde{L}_1(t)}{\mathrm{d}t}=-\frac{\gamma_1}{2}\frac{1}{\sqrt{L_1^0-L_2^0}}\widetilde{L}_1(t)+\frac{\gamma_1}{2}\frac{1}{\sqrt{L_1^0-L_2^0}}\widetilde{L}_2(t)+\frac{1}{S_1}\widetilde{u}_1(t) \tag{6.20}$$

注意,控制信号 $S_1\gamma_1\sqrt{L_1^0-L_2^0}$ 的稳态值为系统参数 S_1 和 γ_1 的函数。如果这些参数存在误差,则控制信号的稳态值将存在误差。将该误差建模作为输入扰动,可使用基于估算器的PID控制器估算该输入扰动(参见第5章)。

水箱 B 非线性模型的线性化步骤与上述步骤类似,细节留作练习。

6.2.4　案例研究:感应电动机模型的线性化

文献中几种感应电动机的标准模型可用于控制系统设计[Quang 和 Dittrich(2008),Wang 等(2015)]。其中一种模型源于磁场定向控制理论[Quang 和 Dittrich(2008),Wang 等(2015)],由具有交直(dq)坐标系的 4 个微分方程组成。当忽略诸如涡流、磁场饱和等寄生效应时,感应电动机的动态模型由以下微分方程确定[Wang 等(2015)]:

$$i_{sd}(t)+\tau'_\sigma\frac{\mathrm{d}i_{sd}(t)}{\mathrm{d}t}=\tau'_\sigma\omega_s(t)i_{sq}(t)+\frac{k_r}{r_\sigma\tau_r}\psi_{rd}(t)+\frac{1}{r_\sigma}u_{sd}(t) \tag{6.21}$$

$$i_{sq}(t)+\tau'_\sigma\frac{\mathrm{d}i_{sq}(t)}{\mathrm{d}t}=-\tau'_\sigma\omega_s(t)i_{sd}(t)-\frac{k_r}{r_\sigma}\omega(t)\psi_{rd}(t)+\frac{1}{r_\sigma}u_{sq}(t) \tag{6.22}$$

$$\psi_{rd}(t)+\tau_r\frac{\mathrm{d}\psi_{rd}(t)}{\mathrm{d}t}=L_z i_{sd}(t) \tag{6.23}$$

$$f_d\omega(t)+J_E\frac{\mathrm{d}\omega(t)}{\mathrm{d}t}=\frac{3Z_pL_h}{2L_r}i_{sq}(t)\psi_{rd}(t)-T_L(t) \tag{6.24}$$

$$\omega_s(t) = \omega(t) + \frac{L_h i_{sq}(t)}{\tau_r \psi_{rd}(t)} \tag{6.25}$$

其中 $i_{sd}(t)$ 和 $i_{sq}(t)$ 为 dq 坐标的定子电流，$\psi_{rd}(t)$ 为 d 轴转子磁通，输入变量 $u_{sd}(t)$ 和 $u_{sq}(t)$ 表示 dq 坐标的定子电压，$\omega_s(t)$ 和 $\omega(t)$ 分别为同步速度和转子速度，$T_L(t)$ 为随时间变化的负载转矩，其余参数为物理参数，在 Wang 等（2015）的文献中进行了描述。例如，R_s 和 L_s 为定子电阻和电感，R_r 和 L_r 为转子电阻和电感，L_h 为机械互感；f_d 为摩擦系数，J_E 为惯性常数，Z_p 为极对数。感应电动机控制问题中的控制量为定子电压 $u_{sd}(t)$ 和 $u_{sq}(t)$，输出量为转子速度 $\omega(t)$ 和 d 轴的转子磁通量 $\psi_{rd}(t)$。

上述模型中，式（6.21）~式（6.24）中包含 4 个双线性项。但是，由于同步速度 $\omega_s(t)$ 不是状态变量，因此需要用滑移方程（6.25）代替，这产生了以下非线性项：

$$\omega_s(t) i_{sq}(t) = \omega(t) i_{sq}(t) + \frac{L_h}{\tau_r} \frac{i_{sq}^2(t)}{\psi_{rd}(t)} \tag{6.26}$$

$$\omega_s(t) i_{sd}(t) = \omega(t) i_{sd}(t) + \frac{L_h}{\tau_r} \frac{i_{sq}(t) i_{sd}(t)}{\psi_{rd}(t)} \tag{6.27}$$

通过预定义工况和稳态参数，ω_s^0、ω^0、i_{sq}^0、i_{sd}^0 和 ψ_{rd}^0 可以在稳态值附近进行一阶泰勒级数展开来近似非线性项。具体而言，在线性化模型的推导中使用以下近似值：

$$\omega(t) i_{sq}(t) \approx \omega^0 i_{sq}^0 + i_{sq}^0(\omega(t) - \omega^0) + \omega^0(i_{sq}(t) - i_{sq}^0) \tag{6.28}$$

$$\omega(t) i_{sd}(t) \approx \omega^0 i_{sd}^0 + i_{sd}^0(\omega(t) - \omega^0) + \omega^0(i_{sd}(t) - i_{sd}^0) \tag{6.29}$$

$$\omega(t) \psi_{rd}(t) \approx \omega^0 \psi_{rd}^0 + \psi_{rd}^0(\omega(t) - \omega^0) + \omega^0(\psi_{rd}(t) - \psi_{rd}^0) \tag{6.30}$$

$$i_{sq}(t) \psi_{rd}(t) \approx i_{sq}^0 \psi_{rd}^0 + \psi_{rd}^0(i_{sq}(t) - i_{sq}^0) + i_{sq}^0(\psi_{rd}(t) - \psi_{rd}^0) \tag{6.31}$$

$$\frac{i_{sq}^2(t)}{\psi_{rd}(t)} \approx i_{sq}^0 \psi_{rd}^0 + \frac{2 i_{sq}^0}{\psi_{rd}^0}(i_{sq}(t) - i_{sq}^0) - \frac{(i_{sq}^0)^2}{(\psi_{rd}^0)^2}(\psi_{rd}(t) - \psi_{rd}^0) \tag{6.32}$$

$$\frac{i_{sq}(t) i_{sd}(t)}{\psi_{rd}(t)} \approx \frac{i_{sq}^0 i_{sd}^0}{\psi_{rd}^0} + \frac{i_{sq}^0}{\psi_{rd}^0}(i_{sd}(t) - i_{sd}^0) - \frac{i_{sq}^0 i_{sd}^0}{(\psi_{rd}^0)^2}(\psi_{rd}(t) - \psi_{rd}^0) +$$
$$\frac{i_{sd}^0}{\psi_{rd}^0}(i_{sq}(t) - i_{sq}^0) \tag{6.33}$$

尽管变量 $\omega(t)$、$i_{sq}(t)$、$i_{sd}(t)$、$X_{rd}(t)$ 为实际物理变量，而不是偏差变量，但近似关系仅在工作点附近有效，因为它们是基于泰勒级数展开的。由式（6.28）~式（6.33）可以看出，需要 ω^0、i_{sd}^0、i_{sq}^0、ψ_{rd}^0 的稳态值信息才能获得线性项的参数。由于输出变量是 $\omega(t)$ 和 ψ_{rd}，因此取稳态参数为期望的给定信号。特别地，在感应电动机控制的应用中，转子磁通的给定信号通常固定为常数，其值取决于感应电动机的运行速度和负载状况。例如，建议 X_{rd} 的给定信号取 0.35Wb，以确保在额定转速和无负载运行条件下的能源效率。转子速度 $\omega(t)$ 的给定信号根据运行条件的变化而变化。因此，首先根据感应电动机的工况确定 ψ_{rd}^0 和 ω^0 的稳态条件。接下来，由式（6.23）开始，使 $\dfrac{d\psi_{rd}(t)}{dt} = 0$，通过稳态计算确定 i_{sd}^0 的稳态解，为 $i_{sd}^0 = \dfrac{1}{L_h}\psi_{rd}^0$。另外，令 $\dfrac{d\omega(t)}{dt} = 0$，由式（6.24）和线性近似式（6.31）来计算 i_{sq} 的稳态工况：

$$i_{sq}^0 = \frac{2L_r}{3Z_p L_h \psi_{rd}^0}(f_d \omega^0 + T_L^0) \tag{6.34}$$

定义了所有稳态运行参数之后，下一步把式(6.28)～式(6.33)替换为式(6.21)～式(6.25)，以获得线性时不变(LTI)模型，该模型在稳态参数 ω^0、i_{sd}^0、i_{sq}^0、ψ_{rd}^0 指定的运行条件下有效。通过收集适当项，可验证线性模型具有以下形式：

$$\frac{\mathrm{d}x(t)}{\mathrm{d}t} = Ax(t) + Bu(t) + \mu^0 \tag{6.35}$$

其中，$x(t) = [i_{sd}(t)-i_{sd}^0 \quad i_{sq}(t)-i_{sq}^0 \quad \psi_{rd}(t)-\psi_{rd}^0 \quad \omega(t)-\omega^0]^T$，$u(t) = [u_{sd}(t)-u_{sd}^0 \quad u_{sq}(t)-u_{sq}^0]^T$，系数 $\kappa_t = \frac{3Z_p L_h}{2L_r J_E}$，矩阵 A 和 B 定义为：

$$A = \begin{bmatrix} -\dfrac{1}{\tau'_\sigma} & \omega^0 + \dfrac{2L_h}{\tau_r}\dfrac{i_{sq}^0}{\psi_{rd}^0} & \dfrac{k_r}{r_\sigma \tau_r \tau'_\sigma} - \dfrac{L_h}{\tau_r}\dfrac{(i_{sq}^0)^2}{(\psi_{rd}^0)^2} & i_{sq}^0 \\[3mm] -\omega^0 - \dfrac{L_h}{\tau_r}\dfrac{i_{sq}^0}{\psi_{rd}^0} & -\dfrac{1}{\tau'_\sigma} - \dfrac{L_h}{\tau_r}\dfrac{i_{sd}^0}{\psi_{rd}^0} & -\dfrac{k_r}{r_\sigma \tau'_\sigma}\omega^0 + \dfrac{L_h}{\tau_r}\dfrac{i_{sq}^0 i_{sd}^0}{(\psi_{rd}^0)^2} & -\dfrac{k_r}{r_\sigma \tau'_\sigma}\psi_{rd}^0 - i_{sd}^0 \\[3mm] \dfrac{L_h}{\tau_r} & 0 & -\dfrac{1}{\tau_r} & 0 \\[3mm] 0 & \kappa_t \psi_{rd}^0 & \kappa_t i_{sq}^0 & -\dfrac{f_d}{J_E} \end{bmatrix}$$

$$B = \begin{bmatrix} \dfrac{1}{r_\sigma \tau'_\sigma} & 0 \\[3mm] 0 & \dfrac{1}{r_\sigma \tau'_\sigma} \\[3mm] 0 & 0 \\[3mm] 0 & 0 \end{bmatrix}$$

常数向量 δ^0 表示与物理参数和稳态参数变化相关的不确定性。可以看出，不确定性作为系统的恒值输入扰动。

6.2.5　进一步思考

(1) 一阶泰勒级数展开是非线性模型线性化的基础吗？

(2) 你会使用二阶泰勒级数展开来提高逼近的精度吗？

(3) 对于双水箱系统的线性模型，直接测量的实际物理变量是什么？建立的偏差变量是什么？

(4) 根据闭环控制系统的给定信号来选择非线性系统的稳态值是一种好策略吗？

(5) 是否可以通过建立一个 Simulink 程序求解非线性动态方程来找到稳态值？

(6) 对于一个复杂的系统，是否考虑使用实验测试，通过稳态实验找到实际的工况？

6.3　案例研究：板球平衡系统

本节基于 John Lee 先生[Lee(2013)]最后一年执行的项目，John Lee 曾是澳大利亚

RMIT 大学的电气工程专业四年级的学生。作为该项目的一部分,John Lee 构建了板球平衡系统的原型,并为此自制系统设计了 PID 控制系统。更重要的是,实验结果表明该方法已成功实现。有关该项目的详细信息,参见 Lee(2013)。

6.3.1 板球平衡系统的动态特性

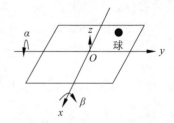

板球平衡系统如图 6.3 所示,它由一个球、一个刚性板以及一组执行器、传感器、控制器组成。球在板上的位置通过控制板围绕 x 轴和 y 轴的倾斜度来控制。

图 6.3 板球平衡系统原理图

该系统具有 4 个变量需要控制。第一对是板在 x 和 y 轴上的倾斜度,由板在 x 轴和 y 轴上的倾角 θ_x 和 θ_y 获取,第二对是球在 x 轴和 y 轴上的位置,用 x 和 y 表示。两个直流电动机驱动器用于控制系统。电动机转矩与板的倾斜度之间的关系由以下两个微分方程式描述:

$$(J_p + J_b + mx^2)\ddot{\theta}_x + 2mx\dot{x}\dot{\theta}_x + mxy\ddot{\theta}_y + m\dot{x}y\dot{\theta}_y + mx\dot{y}\dot{\theta}_y + mgx\cos(\theta_x) = \tau_x \tag{6.36}$$

$$(J_p + J_b + my^2)\ddot{\theta}_y + 2my\dot{y}\dot{\theta}_y + mxy\ddot{\theta}_x + m\dot{x}y\dot{\theta}_x + mx\dot{y}\dot{\theta}_x + mgy\cos(\theta_y) = \tau_y \tag{6.37}$$

其中,J_p 和 J_b 分别是板和球的质量转动惯量,m 是球的质量,g 是重力加速度($g = 9.8\text{m} \cdot \text{s}^{-2}$)。变量 τ_x 和 τ_y 是 x 和 y 方向上的转矩。

球在板上的运动由以下两个方程来描述:

$$\left(m + \frac{J_b}{R^2}\right)\ddot{x} - mx(\dot{\theta}_x)^2 - my\dot{\theta}_x\dot{\theta}_y = -mg\sin(\theta_x) \tag{6.38}$$

$$\left(m + \frac{J_b}{R^2}\right)\ddot{y} - my(\dot{\theta}_y)^2 - mx\dot{\theta}_x\dot{\theta}_y = -mg\sin(\theta_y) \tag{6.39}$$

其中,R 为球的半径。

在控制系统的实现中,触摸屏用作传感器来测量球在板上的位置。因此,使用一个重球,其惯性参数 J_b 为:

$$J_b = \frac{2}{5}mR^2$$

因此,板动态方程可以改写为:

$$\frac{7m}{5}\ddot{x} - mx(\dot{\theta}_x)^2 - my\dot{\theta}_x\dot{\theta}_y = -mg\sin(\theta_x) \tag{6.40}$$

$$\frac{7m}{5}\ddot{y} - my(\dot{\theta}_y)^2 - mx\dot{\theta}_x\dot{\theta}_y = -mg\sin(\theta_y) \tag{6.41}$$

显然,式(6.36)和式(6.37)描述了具有严重非线性的执行机构动态特性,式(6.40)和式(6.41)描述了与输入变量 θ_x 和 θ_y 相关的位置输出 x 和 y。从这两组方程式中可明显看出,应采用串级控制系统(请参见第 7 章)分别控制执行器和控制对象。

但是,由于在控制系统的实现中,两个直流电动机作为执行器,其角位置由制造商控制,因此忽略执行器动态特性,而是找出直流电机角位置与板倾角(由 θ_x 和 θ_y 控制)之间的稳态关系。通过这种简化,控制系统的设计关注板的动态特性,如式(6.40)和式(6.41)所示,其中输入为 θ_x 和 θ_y,输出为球的位置,由 x 和 y 坐标表示。

6.3.2 非线性模型的线性化

控制系统设计的下一步是推导非线性动态系统的线性模型。球板平衡系统的工况定义如下。

(1) 在平衡状态下,球稳定在板的中心,即 $x^0=0$ 和 $y^0=0$。

(2) 板在 x 轴和 y 轴上的角度均为零,即 $\theta_x^0=\theta_y^0=0$。

(3) 板的角度没有变化,即 $\dot{\theta}_x^0=\dot{\theta}_y^0=0$。

为了得到如式(6.40)的线性模型,考虑逐项进行线性化。

式(6.40)中的第一项本身是线性的,不需要线性化。第二项中的非线性函数由泰勒级数展开,近似为:

$$
\begin{aligned}
x\dot{\theta}_x^2 &\approx x^0(\dot{\theta}_x^0)^2 + \frac{\partial(x\dot{\theta}_x^2)}{\partial x}\bigg|_{x=x^0,\dot{\theta}_x=\dot{\theta}_x^0}(x-x^0) + \frac{\partial(x\dot{\theta}_x^2)}{\partial\dot{\theta}_x}\bigg|_{x=x^0,\dot{\theta}_x=\dot{\theta}_x^0}(\dot{\theta}_x-\dot{\theta}_x^0) \\
&= x^0(\dot{\theta}_x^0)^2 + \dot{\theta}_x^2\bigg|_{x=x^0,\dot{\theta}_x=\dot{\theta}_x^0}(x-x^0) + 2x\dot{\theta}_x\bigg|_{x=x^0,\dot{\theta}_x=\dot{\theta}_x^0}(\dot{\theta}_x-\dot{\theta}_x^0) \\
&= 0
\end{aligned}
$$

这是因为 $x^0=\dot{\theta}_x^0=0$。

式(6.40)的第三项由泰勒级数展开近似为:

$$
\begin{aligned}
y\dot{\theta}_x\dot{\theta}_y &\approx y^0\dot{\theta}_x^0\dot{\theta}_y^0 + \frac{\partial(y\dot{\theta}_x\dot{\theta}_y)}{\partial x}\bigg|_{y=y^0,\dot{\theta}_x=\dot{\theta}_x^0,\dot{\theta}_y=\dot{\theta}_y^0}(y-y^0) + \\
&\quad \frac{\partial(y\dot{\theta}_x\dot{\theta}_y)}{\partial\dot{\theta}_x}\bigg|_{y=y^0,\dot{\theta}_x=\dot{\theta}_x^0,\dot{\theta}_y=\dot{\theta}_y^0}(\dot{\theta}_x-\dot{\theta}_x^0) + \\
&\quad \frac{\partial(y\dot{\theta}_x\dot{\theta}_y)}{\partial\dot{\theta}_y}\bigg|_{y=y^0,\dot{\theta}_x=\dot{\theta}_x^0,\dot{\theta}_y=\dot{\theta}_y^0}(\dot{\theta}_y-\dot{\theta}_y^0) = 0
\end{aligned}
$$

这是因为 $y^0=\dot{\theta}_x^0=\dot{\theta}_y^0=0$。

式(6.40)右边的非线性量近似为:

$$
\sin\theta_x \approx \sin\theta_x^0 + \frac{\mathrm{d}\sin\theta_x}{\mathrm{d}\theta_x}\bigg|_{\theta_x=\theta_x^0}(\theta_x-\theta_x^0) = \sin\theta_x^0 + \cos\theta_x\bigg|_{\theta_x=\theta_x^0}(\theta_x-\theta_x^0) = \theta_x
$$

将所有线性化的量结合在一起,得出一个线性模型,该模型描述了板球平衡系统在工作点的动态特性,如下所示:

$$
\frac{7m}{5}\ddot{x} = -mg\theta_x \tag{6.42}
$$

这表示在平衡点,板球平衡系统是一个双积分器系统。系统的输入为板的角度 θ_x,输出为球在板上的位置 x。

通过非线性模型[见式(6.41)]的线性化获得 y 轴的动态模型,如下所示:

$$\frac{7m}{5}\ddot{y} = -mg\theta_y \tag{6.43}$$

可以看出,线性化的模型是相同的,而且,原始非线性模型中的耦合关系也消失了,这意味着可以使用两个相同的 PID 控制器分别控制 x 轴和 y 轴。

6.3.3 PID 控制器设计

由于在板球平衡系统中所有稳态变量均为零,因此 x 轴的模型式(6.42)的拉普拉斯传递函数变为:

$$\frac{w(s)}{\Theta_x(s)} = -\frac{5}{7}g\frac{1}{s^2} \tag{6.44}$$

由于该系统为双积分器系统,而自身的积分器会处理阶跃给定信号的跟踪精度,因此可以尝试使用 PD 控制器进行位置控制——如果系统是真正的双积分器,这是可以的。但由于双积分器是非线性模型线性化的结果,与工况有很小的偏差,从原始物理模型式(6.40)看,该特性会消失。因此,选择具有微分滤波器的 PID 控制器来实现位置控制。

根据 3.4 节中的 PID 控制器设计,控制器结构选择为:

$$C(s) = \frac{c_2 s^2 + c_1 s + c_0}{s(s + l_0)} \tag{6.45}$$

期望的闭环多项式取:

$$A_{\text{cl}} = (s^2 + 2 \times 0.707\omega_\text{n} s + \omega_\text{n}^2)(s + \omega_\text{n})^2 = s^4 + t_3 s^3 + t_2 s^2 + t_1 s + t_0$$

其中,参数 ω_n 是用于闭环性能的调整参数。

对于二阶模型,有

$$G(s) = \frac{b_0}{s^2}$$

其中 $b_0 = -\frac{5}{7}g$,用于求解 PID 控制器参数的多项式方程变为:

$$s^4 + l_0 s^3 + b_0 c_2 s^2 + b_0 c_1 s + b_0 c_0 = s^4 + t_3 s^3 + t_2 s^2 + t_1 s + t_0 \tag{6.46}$$

式(6.46)的解为:

$$l_0 = t_3; \quad c_2 = \frac{t_2}{b_0}; \quad c_1 = \frac{t_1}{b_0}; \quad c_0 = \frac{t_0}{b_0}$$

为了确定性能参数 ω_n,使用 Simulink 仿真,针对不同给定信号,建立考虑非线性控制对象和执行器动态特性的非线性系统仿真模型。基于非线性仿真模型的仿真研究表明,$\omega_\text{n} = 3$ 是一个令人满意的选择,将该 ω_n 值用于实际应用中,并对特殊情况进行了微调整。

值得注意的是,对于参数 ω_n,由非线性系统校准的 PID 控制器设计,板球平衡系统的线性模型足够准确。通过调整 ω_n,可以针对实际物理系统有效调整期望的闭环带宽,以减少建模误差的影响。

但是,当由线性模型式(6.44)设计谐振控制器时,尽管进行了多次尝试,反馈控制器仍无法使实际物理系统稳定。造成该问题可能的关键原因是,在较高频率区域,谐振控制器对被控对象模型的精度有更高要求。当使用谐振控制器时,被忽略的来自执行器和传感器的动态将对闭环稳定性和性能产生较大影响。

因此,为了跟踪正弦给定信号,使用相同的 PID 控制器对给定信号进行前馈补偿,先测量稳态输出误差,然后通过修改给定信号的幅值和相位对其进行补偿。这种来自给定信号的补偿对模型的精度不再有额外要求。

6.3.4　实现与实验结果

控制系统实现时,将控制器式(6.45)中的参数转换为 K_c、τ_1、τ_d、τ_f,再进行离散化,并实现 3.4 节中所示的两自由度 PID 控制器;其中,比例控制和微分控制仅作用于输出,采样间隔取 $\Delta t = 0.01\mathrm{s}$。

另外,为了保护设备,控制信号的微分和控制信号的幅值受到抗饱和机制的限制,如 4.7 节教程 4.1 所示。实现时,将教程 4.1 中的 MATLAB 实时函数 PIDV.slx 转换为 C 代码,以便使用微控制器实时执行。

板球平衡控制系统的设计和实现是一项耗费巨大精力的工作,需要周密地考虑和执行硬件电子设计和软件设计。Lee 的报告[Lee(2013)]对其设计和实现进行了详细介绍,作为案例研究,这里选择部分实验结果进行介绍。

1. 扰动抑制

在扰动抑制实验中,球位于板的中心,即坐标中 $x=0$ 和 $y=0$ 的位置。x 轴和 y 轴的给定信号均为零,通过手指变动球的位置,对球施加外部脉冲扰动。x 轴和 y 轴对未知扰动的响应如图 6.4(a)、(b)所示。图 6.4(c)给出了扰动抑制的 x-y 平面图。可以看出,PID 控制系统在无稳态误差的情况下成功地抑制了扰动。

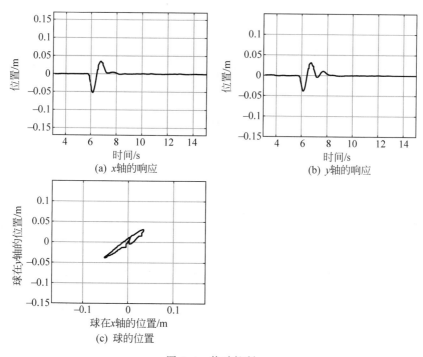

(a) x轴的响应

(b) y轴的响应

(c) 球的位置

图 6.4　扰动抑制

2. 正方形运动

为了进行正方形运动,选择两组阶跃信号作为 x 轴和 y 轴的期望给定信号,如图 6.5(a)、(b)中的虚线所示。在同一图中比较了 x 和 y 给定信号下的输出响应。图 6.5(c)给出了球在板上的运动,可以看出,它为方形轨迹。

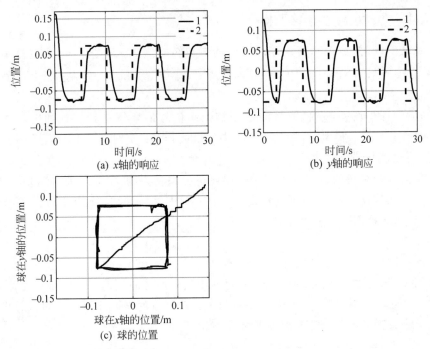

(a) x轴的响应

(b) y轴的响应

(c) 球的位置

图 6.5 正方形运动

其中,1 线表示输出响应,2 线表示给定信号

3. 圆周运动

为了进行圆周运动,选择 x 轴和 y 轴的给定信号为:

$$x^*(t) = 0.075\cos\left(\frac{2\pi}{2.5}t\right)$$

$$y^*(t) = 0.075\sin\left(\frac{2\pi}{2.5}t\right)$$

这里,球运动的期望角速度为 $2\pi/2.5\,\mathrm{rad \cdot s^{-1}}$,圆半径为 $0.075\mathrm{m}$。

如前文所述,分母嵌入模态 $s^2 + \left(\frac{2\pi}{2.5}\right)^2$ 的谐振控制器闭环控制可能不稳定,这可能是由于建模误差造成的。采用 PID 控制,通过改变给定信号进行预补偿,可以解决该问题。

为了找到适合圆周运动的给定信号,需要将正弦给定信号 $x^*(t)$ 和 $y^*(t)$ 应用于相同的 PID 控制系统。然后,在稳态运行时,计算给定信号与输出信号峰值之间的比为 0.2566,并且期望正弦信号 $x^*(t)$ 和 $y^*(t)$ 之间的相位滞后为 $3.8973\mathrm{rad}$。因此,修改 PID 控制系统的给定信号以进行预补偿,如下所示:

$$\bar{x}^*(t) = \frac{0.075}{0.2566}\cos\left(\frac{2\pi}{2.5}t - 3.8973\right)$$

$$\bar{y}^*(t) = \frac{0.075}{0.2566}\sin\left(\frac{2\pi}{2.5}t - 3.8973\right)$$

图 6.6(a)、(b)比较了 x 轴和 y 轴对原始期望正弦给定信号的响应。实际上,通过预补偿,输出信号可以很好地跟踪期望的给定信号。图 6.6(c)给出了球在 x-y 平面的运动,可以看出,它为圆周运动。

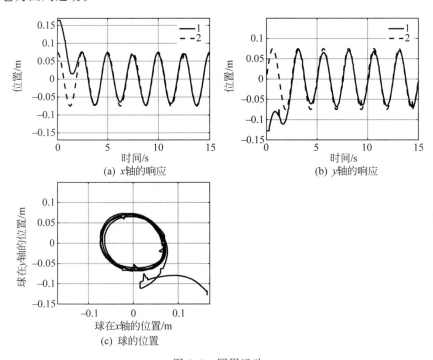

图 6.6　圆周运动

其中,1 线表示输出响应,2 线表示给定信号

4. 更复杂的运动

某项目论文[Lee(2013)]通过仔细选择 x 轴和 y 轴上的阶跃给定信号,将球的方形运动控制扩展到更复杂的迷宫运动,将球的圆周运动控制扩展到数字"8"的运动。它们均已在板球平衡系统中成功实施并验证。

6.3.5　进一步思考

(1) 对于板球平衡系统,是否可以选择其他稳态值对非线性模型进行线性化?

(2) 当发现如此复杂的系统其线性模型是增益易于确定的双积分器时,是否感到有些惊讶?

(3) 你能否列出导致双积分器模型与实际的板球平衡系统之间的建模误差的三个因素?

(4) 在实际的球板平衡系统中,为了克服建模误差,你认为 John 对闭环 PID 控制器的哪个参数进行了调节?

6.4 增益调度的 PID 控制系统

在许多工程应用中,非线性控制对象的增益调度控制已被证明是一种成功的设计方法。增益调度控制系统使用线性控制策略来控制非线性控制对象,并且闭环线性系统族(the family of closed-loop linear systems)在每个线性模型附近都是稳定的。

增益调度控制系统的设计一般包含 4 个步骤,如下所示:

(1) 确定非线性系统的工况,针对这些条件获得一族线性模型;

(2) 对具有特定闭环性能的线性模型族进行线性控制系统设计;

(3) 形成线性闭环控制系统族之间的插值,完成实际的增益调度;

(4) 验证和仿真增益调度控制系统。

在前面章节中,已经讨论了步骤(1)和步骤(2)的任务。本节重点关注步骤(3)。步骤(4)已由感应电机控制[Wang 等(2015)]和固定翼无人飞行器[Poksawat 等(2017)]的实验验证进行了说明。

6.4.1 权重参数

增益调度控制系统设计中使用的一种方法是分配一组加权参数,其值为 0~1,对应于非线性系统的各种工况。6.4.2 节将使用这些加权参数计算控制信号,其中包含增益调度分量。

作为例子,对交流电动机的增益调度速度控制系统进行了可视化分析。这里,参数 λ^l、λ^m、λ^h 分别为电动机低速、中速、高速运行的权重。基本思想是根据运行条件分配权重参数值,该值可通过测量物理变量来确定。对于电机控制应用,其速度很容易测量,这也会影响线性模型的参数。

第一种方法,也是最简单的方法,是根据系统的给定信号分配权重参数。有以下三种情况。低速运行时,取交流电动机给定信号 ω^* 为 ω^l,则 $\lambda^l=1$、$\lambda^m=0$、$\lambda^h=0$。中速运行时,取给定信号 ω^* 为 ω^m,则 $\lambda^l=0$、$\lambda^m=1$、$\lambda^h=0$。当期望速度为高速时,$\omega^*=\omega^h$,则 $\lambda^l=0$、$\lambda^m=1$、$\lambda^h=1$。

这种方法考虑了由于给定值变化引起的控制对象的动态特性变化;但是,没有考虑扰动导致控制对象动态特性发生重大变化的可能性。因此,如果控制对象运行中遇到严重扰动,这种简单的方法可能导致闭环不稳定。

更普遍的方法是根据速度 ω 的实测值计算权重参数 λ^l、λ^m、λ^h。为了避免在存在噪声和瞬态响应的情况下模型发生随机变化,在期望速度附近形成一个频带。给期望的速度范围分配一个容差常数 δ,将权重参数 λ^l、λ^m、λ^h 定义为:

$$-\delta+\omega^l\leqslant\omega\leqslant\omega^l+\delta,\lambda^l=1;\quad \lambda^m=0;\quad \lambda^h=0$$
$$-\delta+\omega^m\leqslant\omega\leqslant\omega^m+\delta,\lambda^l=0;\quad \lambda^m=1;\quad \lambda^h=0$$
$$-\delta+\omega^h\leqslant\omega\leqslant\omega^h+\delta,\lambda^l=0;\quad \lambda^m=0;\quad \lambda^h=1$$

在期望速度的范围之外,没有一个线性模型可以准确地描述动态特性系统。传统的方法是在最接近的区域结合使用这两种模型。例如,假设实际工况介于期望的中速和期望的高速范围($\omega^m+\delta\leqslant\omega(t)\leqslant\omega^h-\delta$),定义 $\omega(t)$ 的函数 $\lambda^h(0\leqslant\lambda^h\leqslant1)$,$\lambda^h(t)$ 的计算由中速和高速两个边界的线性解释来进行：

$$\lambda^{\mathrm{h}}(t)=\frac{\omega(t)-\omega^{\mathrm{m}}-\delta}{\omega^{\mathrm{h}}-\omega^{\mathrm{m}}-2\delta} \tag{6.47}$$

权重参数 λ^{m} 遵循 $\lambda^{\mathrm{m}}=1-\lambda^{\mathrm{h}}(0\leqslant\lambda^{\mathrm{m}}\leqslant1)$，并且此区域 $\lambda^{\mathrm{l}}=0$。类似地，对于 $\omega^{\mathrm{l}}+\delta\leqslant\omega(t)\leqslant$ $\omega^{\mathrm{m}}-\delta$，有：

$$\lambda^{\mathrm{m}}(t)=\frac{\omega(t)-\omega^{\mathrm{l}}-\delta}{\omega^{\mathrm{m}}-\omega^{\mathrm{l}}-2\delta} \tag{6.48}$$

且 $\lambda^{\mathrm{l}}(t)=1-\lambda^{\mathrm{m}}(t),\lambda^{\mathrm{h}}=0$。

图 6.7 给出了用于表示交流电动机工作区域的权重参数。

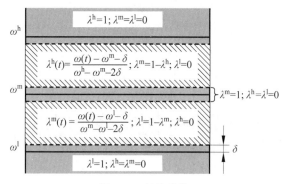

图 6.7 权重参数

6.4.2 由 PID 速度形式实现增益调度

实现增益调度控制系统的关键之一是要求计算的控制信号等于实际控制信号，而不是控制信号的偏差量。两者之差是控制信号的稳态值 U_{ss}。因为正如我们在线性化练习中注意到的那样，当工况发生变化时，U_{ss} 的值也会改变。这意味着，如果计入控制变量的偏差，则工况变化时需要调整稳态值。

但是，在第 4 章所示的 PID 控制器实现中，对控制信号进行了离散化，并增加了稳态值以提供实际控制信号，如式(4.27)，在采样时刻 t_i 处，有：

$$u_{\mathrm{act}}(t_i)=u_{\mathrm{act}}(t_{i-1})+K_{\mathrm{c}}(e(t_i)-e(t_{i-1}))+\frac{K_{\mathrm{c}}\Delta t}{\tau_{\mathrm{I}}}e(t_i)-u_{\mathrm{D}}(t_i)+u_{\mathrm{D}}(t_{i-1})$$

$$\tag{6.49}$$

其中反馈误差的计算式为 $e(t_i)=r_{\mathrm{act}}(t_i)-y_{\mathrm{act}}(t_i)$，以实际输出信号 $y_{\mathrm{act}}(t_i)$ 表示的微分控制信号 $u_{\mathrm{D}}(t_i)$ 为：

$$u_{\mathrm{D}}(t_i)=\frac{\tau_{\mathrm{f}}}{\tau_{\mathrm{f}}+\Delta t}u_{\mathrm{D}}(t_{i-1})+\frac{K_{\mathrm{c}}\tau_{\mathrm{D}}}{\tau_{\mathrm{f}}+\Delta t}(y_{\mathrm{act}}(t_i)-y_{\mathrm{act}}(t_{i-1}))$$

因此，增益调度的 PID 控制器实现中，剩余的任务是在线性闭环控制系统族之间进行插值。

假设选择 3 个工况，设计并仿真 3 个 PID 控制器，以获得每种运行条件下的期望闭环性能。为了清楚起见，使用上标 l、m、h 分别表示在低、中、高工况获得的 PID 控制器参数。由实际输出 $y_{\mathrm{act}}(t_i)$ 实时计算参数 $\lambda^{\mathrm{l}}、\lambda^{\mathrm{m}}、\lambda^{\mathrm{h}}，y_{\mathrm{act}}(t_i)$ 等于 6.3 节的速度 $\omega(t_i)$。此时，使用增益调度控制器计算的实际控制信号为：

$$u_{\mathrm{act}}(t_i) = u_{\mathrm{act}}(t_{i-1}) +$$

$$\lambda^1 \left[K_{\mathrm{c}}^1 (e(t_i) - e(t_{i-1})) + \frac{K_{\mathrm{c}}^1 \Delta t}{\tau_1^1} e(t_i) - u_{\mathrm{D}}(t_i) + u_{\mathrm{D}}(t_{i-1}) \right] +$$

$$\lambda^{\mathrm{m}} \left[K_{\mathrm{c}}^{\mathrm{m}} (e(t_i) - e(t_{i-1})) + \frac{K_{\mathrm{c}}^{\mathrm{m}} \Delta t}{\tau_1^{\mathrm{m}}} e(t_i) - u_{\mathrm{D}}(t_i) + u_{\mathrm{D}}(t_{i-1}) \right] + \tag{6.50}$$

$$\lambda^{\mathrm{h}} \left[K_{\mathrm{c}}^{\mathrm{h}} (e(t_i) - e(t_{i-1})) + \frac{K_{\mathrm{c}}^{\mathrm{h}} \Delta t}{\tau_{\mathrm{I}}^{\mathrm{h}}} e(t_i) - u_{\mathrm{D}}(t_i) + u_{\mathrm{D}}(t_{i-1}) \right]$$

其中，u_{D} 使用以下调度表达式来计算：

$$u_{\mathrm{D}}(t_i) = \lambda^1 \left[\frac{\tau_{\mathrm{f}}^1}{\tau_{\mathrm{f}}^1 + \Delta t} u_{\mathrm{D}}(t_{i-1}) + \frac{K_{\mathrm{c}}^1 \tau_{\mathrm{D}}^1}{\tau_{\mathrm{f}}^1 + \Delta t} (y_{\mathrm{act}}(t_i) - y_{\mathrm{act}}(t_{i-1})) \right] +$$

$$\lambda^{\mathrm{m}} \left[\frac{\tau_{\mathrm{f}}^{\mathrm{m}}}{\tau_{\mathrm{f}}^{\mathrm{m}} + \Delta t} u_{\mathrm{D}}(t_{i-1}) + \frac{K_{\mathrm{c}}^{\mathrm{m}} \tau_{\mathrm{D}}^{\mathrm{m}}}{\tau_{\mathrm{f}}^{\mathrm{m}} + \Delta t} (y_{\mathrm{act}}(t_i) - y_{\mathrm{act}}(t_{i-1})) \right] + \tag{6.51}$$

$$\lambda^{\mathrm{h}} \left[\frac{\tau_{\mathrm{f}}^{\mathrm{h}}}{\tau_{\mathrm{f}}^{\mathrm{h}} + \Delta t} u_{\mathrm{D}}(t_{i-1}) + \frac{K_{\mathrm{c}}^{\mathrm{h}} \tau_{\mathrm{D}}^{\mathrm{h}}}{\tau_{\mathrm{f}}^{\mathrm{h}} + \Delta t} (y_{\mathrm{act}}(t_i) - y_{\mathrm{act}}(t_{i-1})) \right]$$

为了开启增益调度 PID 控制器，控制信号 $u_{\mathrm{act}}(t_0)$ 的第一个样本采用实际的开环控制信号，该信号是在工况下对稳态值 U_{ss} 的估计。使用实际输出或其他物理参数不断更新 λ^1、λ^{m}、λ^{h} 的值，以确定非线性系统的工况。

6.4.3 使用基于估计器的 PID 控制器实现增益调度

本节将讨论基于估计器的 PI 控制器增益调度的实现。使用估算器对 PID 控制器进行扩展则留待练习。

假设系统存在 3 个工况，分别由上标 l、m、h 表示。在每个工况，均获得一阶模型以及输入信号和输出信号的稳态值 U_{ss} 和 Y_{ss}。

工况下稳态值 U_{ss} 和 Y_{ss} 用于获取一阶微分方程：

$$\dot{y}(t) = -ay(t) + b(u(t) + d(t)) \tag{6.52}$$

其中，a 和 b 是在工况下获得的模型系数，$u(t)$ 和 $y(t)$ 是输入和输出偏差量（或小信号），定义为：

$$u(t) = u_{\mathrm{act}}(t) - U_{\mathrm{ss}}; \quad y(t) = y_{\mathrm{act}}(t) - Y_{\mathrm{ss}}$$

注意，该式稳态值 Y_{ss} 可以取工况下对给定信号的响应，这在实际应用中已知。要精确地确定 U_{ss} 的值比较困难，但是与速度控制器的实现方式一样，可以使用初始开环控制信号粗略估算 U_{ss}；然后，由式(6.52)估计的恒值扰动 $\hat{d}(t)$ 将补偿控制信号稳态值 U_{ss} 中的误差。

如第 5 章所述，指定两个期望的闭环极点 $-\alpha_1$ 和 $-\alpha_2$，其中 $\alpha_1 > 0, \alpha_2 > 0$。计算控制器和估计器参数在低速工况下为：

$$K_1^1 = \frac{\alpha_1 - a^1}{b^1}$$

$$K_2^1 = \frac{\alpha_2}{b^1}$$

在中速工况下为:

$$K_1^m = \frac{\alpha_1 - a^m}{b^m}$$

$$K_2^m = \frac{\alpha_2}{b^m}$$

在高速工况下为:

$$K_1^h = \frac{\alpha_1 - a^h}{b^h}$$

$$K_2^h = \frac{\alpha_2}{b^h}$$

由于控制信号和输出信号是小信号,将根据工况对其进行计算。为此,在采样时刻 t_i 处,定义 3 种工况下的输出信号:

$$y^l(t_i) = y_{act}(t_i) - Y_{ss}^l$$

$$y^m(t_i) = y_{act}(t_i) - Y_{ss}^m$$

$$y^h(t_i) = y_{act}(t_i) - Y_{ss}^h$$

偏差形式的控制信号由 6.4.1 节中引入的参数 λ^l、λ^m、λ^h 计算,形如:

$$
u(t_i) = -\lambda^l((K_1^l + K_2^l)y^l(t_i) + \hat{z}^l(t_i)) - \lambda^m((K_1^m + K_2^m)y^m(t_i) + \hat{z}^m(t_i)) - \lambda^h((K_1^h + K_2^h)y^h(t_i) + \hat{z}^h(t_i))
\tag{6.53}
$$

在采样时刻 t_i,三个估算器并行运行,以估算不同工况下的扰动项:

$$\hat{z}^l(t_{i+1}) = \hat{z}^l(t_i) - \left[\alpha_2\hat{z}^l(t_i) + \frac{\alpha_2(\alpha_2 - a^l)}{b^l}y^l(t_i) + \alpha_2 u(t_i)\right]\Delta t$$

$$\hat{z}^m(t_{i+1}) = \hat{z}^m(t_i) - \left[\alpha_2\hat{z}^m(t_i) + \frac{\alpha_2(\alpha_2 - a^m)}{b^m}y^m(t_i) + \alpha_2 u(t_i)\right]\Delta t$$

$$\hat{z}^h(t_{i+1}) = \hat{z}^h(t_i) - \left[\alpha_2\hat{z}^h(t_i) + \frac{\alpha_2(\alpha_2 - a^h)}{b^h}y^h(t_i) + \alpha_2 u(t_i)\right]\Delta t$$

实际控制信号为:

$$u_{act}(t_i) = u(t_i) + U_{ss}$$

由于估计扰动,稳态值 U_{ss} 不需要精确。在闭环控制开始时,U_{ss} 可以取开环控制信号的值。当工况改变时,可以取前一工况控制信号的稳态值作为工况改变后的新稳态值。

6.4.4　进一步思考

(1) 在计算权重参数 λ^l、λ^m、λ^h 时,是否可以使用输出变量之外的其他物理参数来确定工况?

(2) 使用速度形式的增益调度 PID 控制器时,是否需要控制对象输入和输出的稳态信息?

(3) 在基于增益调度扰动观测器的 PID 控制器中,是否需要控制对象输入和输出的稳态信息?

6.5 小结

许多物理模型都由非线性微分方程表示，为了给这些物理系统设计 PID 控制器，需要对非线性模型线性化。本章讨论当一个非线性模型以微分方程形式给出时，如何获得线性模型，以及如何为非线性系统设计增益调度控制系统。本章的其他重要内容总结如下。

- 选择工况以获得给定非线性模型的线性模型。线性模型对于所选工况有效。如果工况发生变化，则线性模型将发生变化。
- 在线性化过程中，由于参数的不确定性，并非总能找到正确的平衡点。如果发生这种情况，可以用系统的恒值扰动对不确定性进行建模，抑制这种恒值扰动可以通过控制器中的积分作用，或者使用第 5 章中提出的扰动估计从控制信号中减去。
- 如果非线性严重，则需要一个增益调度控制系统。使用增益调度的 PID 控制系统，首先要获得一系列线性模型和控制器，当工况发生变化时，控制器可以平稳切换。可以使用速度形式的 PID 控制器或基于扰动观测器的 PID 控制器来实现增益调度的 PID 控制系统。

6.6 进一步阅读

（1）非线性控制的文献包括 Isidori(2013)，Khalil(2002)，Nijmeijer 和 Van der Schaft (1990)。

（2）Henson 和 Seborg(1997)提出了非线性过程控制进一步的主题。

（3）pH 中和过程是非线性系统的典型例子［Henson 和 Seborg(1994)、Kalafatis 等 (1995)、Böling 等(2007)］。这是一个 Wiener 非线性模型，Kalafatis 等(1997)辨识了其静态逆，然后用逆非线性进行补偿，从而得到增益调度控制系统［卡拉法蒂斯等(2005)］。Hamerstein-Wiener 模型与增益调度控制系统的另一个成功应用是共享资源软件环境中的服务质量（Quality of Service，QoS）性能和资源供应的运行时管理［Patikirikorala 等 (2012)］。

（4）本章介绍的增益调度 PID 控制算法已成功应用于固定翼无人机的姿态控制，并通过实验进行验证［Poksawat 等(2017)］。将增益调度算法扩展到连续时间模型预测控制，并在感应电动机控制中成功验证［Wang 等(2015)］。

问题

6.1 对以下微分方程进行线性化，并在工况下找到它们的传递函数。

（1）描述动态系统的微分方程为：

$$\dot{x}(t) = 2x(t)u(t) + x^2(t)u^2(t) + u^2(t)$$

求在 $x^0 = 1$ 和 $u^0 = 1$ 处的线性模型。该系统在此工况下稳定吗？

（2）描述一个动态系统的微分方程为：

$$\ddot{x}(t) = 2\sqrt{x(t) + 6} + x^2(t)u(t) + u^2(t)$$

求出在 $x^0=1$ 和 $u^0=1$ 处的线性化模型。这个线性化系统的极点在哪里?

6.2 对小车上倒立摆的微分方程进行线性化。描述倒立摆运动的微分方程为:

$$(m+M)\ddot{x}+ml\ddot{\theta}\cos\theta-ml\dot{\theta}^2\sin\theta=F \tag{6.54}$$

$$(I+ml^2)\ddot{\theta}+ml\ddot{x}\cos\theta-mgl\sin\theta=0 \tag{6.55}$$

其中,$\theta(t)$ 是摆的角度,$x(t)$ 是小车的水平位置,$2l$ 是摆的长度,M 和 m 分别是小车和摆的质量,I 是摆重心的转动惯量,F 为施加于车身的力。

摆的工作点选择为 $\theta^0=\dot{\theta}^0=\ddot{\theta}^0=0$ 和 $x^0=\dot{x}^0=\ddot{x}^0=0$,且 $F^0=0$。

(1) 验证工作点处的线性化微分方程为:

$$(m+M)\ddot{x}+ml\ddot{\theta}=F \tag{6.56}$$

$$(I+ml^2)\ddot{\theta}+ml\ddot{x}-mgl\theta=0 \tag{6.57}$$

(2) 求出力 F(输入变量)和摆角 θ 之间的拉普拉斯传递函数。

6.3 永磁同步电动机(PMSM)采用 d-q 旋转坐标系下的微分方程来描述:

$$\frac{\mathrm{d}i_d(t)}{\mathrm{d}t}=\frac{1}{L_d}(v_d(t)-Ri_d(t)+\omega_e(t)L_q i_q(t)) \tag{6.58}$$

$$\frac{\mathrm{d}i_q(t)}{\mathrm{d}t}=\frac{1}{L_q}(v_q(t)-Ri_q(t)-\omega_e(t)L_d i_d(t)-\omega_e(t)\phi_{\mathrm{mg}}) \tag{6.59}$$

$$\frac{\mathrm{d}\omega_e(t)}{\mathrm{d}t}=\frac{p}{J}\left[T_e-\frac{B}{p}\omega_e(t)-T_L\right] \tag{6.60}$$

$$T_e=\frac{3}{2}p\phi_{\mathrm{mg}}i_q \tag{6.61}$$

其中,ω_e 为角速度,与转子速度相关;$\omega_e=p\omega_{\mathrm{m}}$,其中 p 表示极对数。v_d 和 v_q 代表 dq 结构中定子电压;i_d 和 i_q 代表定子电流;T_L 为负载转矩,如果电动机没有负载,则假定为零。

PMSM 的工作点定义为 i_d^0、i_q^0、ω_e^0。求出该工作点描述电机动态特性的线性微分方程。

6.4 用微分方程描述连续时间系统:

$$\dot{x}(t)=-x(t)^2+2x(t)u(t)-u(t)^3 \tag{6.62}$$

假设输入信号的工作点 $u^0=1$,则 $x(t)$ 的工作点可以通过使 $\dot{x}(t)=0$ 并求解 $u^0=1$ 的代数方程来确定,得出:

$$-(x^0)^2+2(x^0)-1=0 \tag{6.63}$$

(1) $x(t)$ 的工作点是什么?根据工作点 x^0 和 u^0 求出线性化模型。

(2) 求出输入变量 $u(t)-u^0$ 和输出变量 $x(t)-x^0$ 之间的拉普拉斯传递函数。该系统在工作点是否稳定?

(3) 为系统设计一个 PI 控制器,其中闭环极点位于 -3 处。

6.5 描述动态系统的微分方程为:

$$\ddot{y}(t)=-y(t)+y(t)|u(t)|+u^2(t)$$

(1) 求 $y^0=1$ 和 $u^0=1$ 处的线性化模型。提示:需要分别考虑 $u(t)>0$ 和 $u(t)<0$ 的

情况,以获得取决于控制信号 $u(t)$ 符号的两个线性系统。

(2) 为系统设计 $u(t)$ 为正和 $u(t)$ 为负两个 PID 控制器,其中所有闭环极点均位于 $-\alpha$ ($\alpha > 0$)处,使产生性能满意的稳定闭环系统;两个控制器 α 可能有所不同,可从 $\alpha = 1$ 开始取。

(3) 用控制信号 $u(t)$ 的符号作为工况的标识,实现增益调度 PID 控制系统。修改 PIDV.slx 实时函数以包含增益调度控制功能。在仿真中,取给定信号为零,并在仿真中添加输入扰动,该扰动信号为周期 2、振幅 ± 2 的方波信号。取采样间隔 Δt 为 0.01。

6.6 考虑问题 6.5 中给出的线性化模型和非线性控制对象。

(1) 根据控制信号的符号,为同一非线性控制对象设计两个基于扰动观测器的 PID 控制器,其中控制器和估计器的所有期望闭环极点均位于 $-\alpha(\alpha > 0)$,使产生性能满意的稳定闭环系统;两个控制器 α 可能有所不同,可从 $\alpha = 1$ 开始取。

(2) 修改 5.3.4 节教程 5.2 中引入的 MATLAB 实时函数 PIDEstim.slx,以包括增益调度控制功能。与问题 6.5 中相同条件下对闭环控制系统的输入扰动抑制性能进行仿真。

第 7 章

串级 PID 控制系统

7.1 引言

串级 PID 控制系统的成功应用非常重要。大多数物理系统动态模型十分复杂,串级 PID 控制系统则有效解决了其控制问题。串级控制将复杂的系统分解为几个更小、更简单的系统,并对每个子系统单独设计 PID 控制系统。

本章将介绍串级控制系统的一般设计过程,通过仿真对存在扰动和执行器非线性时采用串级控制的优势进行研究。

7.2 串级 PID 控制系统的设计

前几章介绍的 PID 控制器和谐振控制器是串级控制系统设计的基础,串级控制系统的设计是这些简单控制系统的组合。

7.2.1 串级 PID 控制系统的设计步骤

图 7.1 为适用于串级控制的典型系统,数学模型由 $G_s(s)G_p(s)$ 描述,其中 s 为时域下的微分算子,系统存在输入扰动 $d_i(t)$;更重要的是,传递函数之间的变量 $x_1(t)$ 可测量。

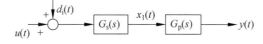

图 7.1 适用于串级控制的系统框图

设变量 $x_1(t)$ 可测量,则串级反馈控制系统如图 7.2 所示,其中内环系统参考信号为 $x_1^*(t)$,反馈来自 $x_1(t)$,$x_1^*(t)$ 由外环控制器 $C_p(s)$ 产生。

内环系统称为副系统,由传递函数模型 $G_s(s)$ 和控制器 $C_s(s)$ 表示。外环系统称为主系统,由传递函数模型 $G_p(s)$ 和控制器 $C_p(s)$ 表示。显然,副控制系统和主控制系统之间由参考信号 $x_1^*(t)$ 连接,$x_1^*(t)$ 为主控制器的输出。

串级控制系统的设计包含以下 4 个步骤。

(1) 基于对物理关系和可测量性的考虑,将复杂系统分解为一系列一阶或二阶子系统。

(2) 根据要求为每个子系统设计 P、PI、PID 或 PD 控制器。通常,外环系统需要采用积

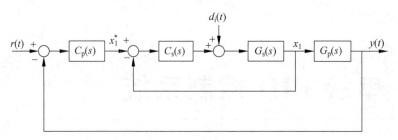

图 7.2　串级控制系统框图

分器消除稳态误差。在设计过程中,首先设计内环控制系统,并获得内环系统的闭环传递函数。外环控制系统是在外环系统的基础上设计的,其中忽略由内闭环系统产生的相对较小的时间常数,但需要考虑其稳态增益。如果可以获取内环控制系统动态并将其纳入外环控制器的设计,一般可以改善串级控制系统的闭环性能(见9.7.3节)。

(3)进行鲁棒稳定性和性能分析,并使用内环和外环系统的带宽调整闭环性能。由于串级控制系统中存在被忽略动态,所以这一步非常重要。原则上,内环控制的带宽应比外环控制的带宽大得多。即,为了获得串级控制系统的闭环稳定性,内环控制系统应具有更快的响应速度。

(4)在实现时,期望副控制系统的带宽更宽,且将比例控制 K_c 作用于反馈误差上。

7.2.3　简单的设计举例

【例 7.1】 其物理系统由两个串联连续时间传递函数描述(如图 7.1),其中 $G_s(s)$ 为执行器动态,$G_p(s)$ 为被控的主系统,变量 $x_1(t)$ 可测量,可作为反馈信号。传递函数为:

$$G_s(s) = \frac{5}{s+10}; \quad G_p(s) = \frac{0.005}{s+0.05}$$

基于如图 7.2 所示的结构图,设计一个有两个 PI 控制器的串级控制系统。为简单起见,设内环和外环控制系统的阻尼系数 $\xi = 0.707$,并将带宽 ω_{ns} 和 ω_{np} 分别用作内环(副)和外环(主)系统的整定参数。

解　根据主系统和副系统的开环极点选择参数 ω_{ns} 和 ω_{np}。对内环控制系统,取 $\omega_{ns} = 5 \times 10 = 50$,则一对闭环极点位于 $-35.35 \pm j35.35$。对外环系统,取 $\omega_{np} = 4 \times 0.05 = 0.2$,则一对闭环极点 $-0.1414 \pm j0.1414$。这些选择使内环与外环带宽之比为 250。

串级控制系统的设计首先从内环控制器开始。根据第 3 章介绍的极点配置 PI 控制器设计,得出内环控制器的 PI 控制器参数为:

$$K_{cs} = \frac{2\xi\omega_{ns} - a}{b} = \frac{2\xi\omega_{ns} - 10}{5} = 12.14$$

$$\tau_{Is} = \frac{2\xi\omega_{ns} - a}{\omega_{ns}^2} = \frac{2\xi\omega_{ns} - 10}{\omega_{ns}^2} = 0.0243$$

内环系统的参数 $a = 10, b = 5, \omega_{ns} = 50$,阻尼系数 $\xi = 0.707$。计算出参考信号 $w_1^*(s)$ 与输出信号 $w_1(s)$ 之间的闭环传递函数为:

$$\frac{w_1(s)}{w_1^*(s)} = \frac{(2\xi\omega_{ns} - 10)s + \omega_{ns}^2}{s^2 + 2\xi\omega_{ns}s + \omega_{ns}^2} \tag{7.1}$$

为了设计外环控制器，考虑 $w_1^*(s)$ 和输出 $Y(s)$ 之间的传递函数，为：

$$\frac{Y(s)}{w_1^*(s)} = \frac{(2\xi\omega_{ns} - 10)s + \omega_{ns}^2}{s^2 + 2\xi\omega_{ns}s + \omega_{ns}^2} \frac{0.005}{s + 0.05} \tag{7.2}$$

外环控制器的设计中，假设内环系统的动态响应比外环（主）系统快得多，忽略内环系统的动态。例如，当 ω_{ns} 为 50 时，内环传递函数近似为单位增益，即

$$\frac{w_1(s)}{w_1^*(s)} = \frac{\dfrac{(2\xi\omega_{ns} - 10)}{\omega_{ns}^2}s + 1}{\dfrac{1}{\omega_{ns}^2}s^2 + \dfrac{2\xi}{\omega_{ns}}s + 1} \approx 1 \tag{7.3}$$

当内环闭环传递函数的时间常数比外环系统的时间常数小得多时，可作此近似。此外，内环控制器的积分作用可确保闭环传递函数稳态值为 1；因此仅考虑外环模型，即可简化外环控制器的设计。此例中，外环控制器的 PI 控制器参数为：

$$K_{cp} = \frac{2\xi\omega_{np} - 0.05}{0.005} = 46.56; \quad \tau_{Ip} = \frac{2\xi\omega_{np} - 0.05}{\omega_{np}^2} = 5.82$$

其中 $\omega_{np} = 0.2, \xi = 0.707$。因为外环控制器的设计忽略了内环动态，所以串级控制系统的鲁棒性有待研究。此例可以通过内环控制系统来计算串级控制系统的实际闭环极点。

可以验证存在 4 个闭环极点，分别为 $-35.2335 \pm j35.4441$ 和 $-0.1415 \pm j0.1415$。有趣的是，其中一对闭环极点几乎等于外环控制系统的性能指标，另外一对接近于内环控制系统的性能指标，这意味着内环控制器设计与外环控制器设计之间的耦合几乎被消除，因为式(7.3)给出的近似值非常准确。

还可以取 $\omega_{ns} = 25$ 和 $\omega_{np} = 0.1$ 使内环和外环带宽之比为 250 来验证。串级闭环控制系统将具有四个闭环极点为 $-17.6293 \pm j17.7002$，$-0.0707 \pm j0.0708$，它们非常接近期望的内环控制系统极点 $-17.6750 \pm j17.6803$ 和外环极点 $-0.0707 \pm j0.0707$。但是，若取 $\omega_{ns} = 25$ 和 $\omega_{np} = 2.5$，比率为 10，则串级闭环控制系统四个闭环极点为 $-15.8796 \pm j18.4590$，$-1.8204 \pm j1.8096$；而理想的闭环极点为 $-17.6750 \pm j17.6803$，$-1.7675 \pm j1.7680$。可以清楚地看出，内环和外环系统指定的闭环极点与串级控制系统中实际极点之间存在差异。但是，比率为 10 时，串级控制系统的闭环极点仍然与最初指定的极点接近。

在串级控制系统的应用中，可以选择内环系统的控制器为比例控制器。由于比例控制器可以简单地调整控制器参数 K_c，这对于内环系统非线性且模型不易获得的情况十分有用。下例串级控制系统副控制对象使用比例控制器、主控制对象使用 PID 控制器。

【例 7.2】 一个串级控制系统中的副系统为一个电机，传递函数为：

$$G_s(s) = \frac{0.03}{s(s + 30)} \tag{7.4}$$

电机的输出是角位置。主系统为无阻尼振荡器，传递函数为：

$$G_p(s) = \frac{0.6}{s^2 + 1} \tag{7.5}$$

设计一个内环比例控制和外环 PID 控制的串级控制系统。外环控制系统 $\xi = 0.707, \omega_{np} = 1$，其余极点位于 -2 处。

解 该系统为四阶系统，其中 3 个极点位于虚轴，要找到使闭环系统稳定的 PID 控制

器非常困难。本例说明由两个简单的控制器即可获得令人满意的闭环控制效果。

副系统由积分模型 $G_s(s) \approx \dfrac{0.001}{s}$ 近似,其中忽略了稳定模态。要求主控制系统的自然频率为 $\omega_{np} = 1$,所以取副控制系统的闭环极点位于 -10 处,得到比例控制器 $K_{cs} = 10000$,内环与外环带宽比为 10。

由于副控制对象包含一个积分器,并且由于需要快速的闭环响应,因此外环 PID 控制器的设计忽略内环动态。带滤波器的 PID 控制器由教程 3.2 的 MATLAB 函数 pidplace.m 设计。在 PID 控制器的设计中,假设期望的闭环多项式为:

$$A_{cl}(s) = (s^2 + 2\xi\omega_{np}s + \omega_{np}^2)(s+2)^2$$

其中,$\omega_{np} = 1, \xi = 0.707$。由 pidplace.m 函数,可得到 PID 控制器和微分滤波器参数:

$$K_{cp} = 1.0784; \quad \tau_{Ip} = 0.8758; \quad \tau_{Dp} = 2.5717; \quad \tau_{fp} = 0.1847$$

闭环控制性能由闭环仿真研究进行评估,取采样间隔 $\Delta t = 0.01s$,在给定单位阶跃信号 $t = 0$ 时加入,在 $t = 20s$ 时,加入幅值为 30 的阶跃输入扰动,置于输入信号和副控制对象之间。图 7.3(a) 为副控制对象的控制信号,图 7.3(b) 为闭环输出响应。可以看出,串级闭环系统是稳定的,其特性与给定的主控制系统的性能($\omega_{np} = 1, \xi = 0.707$)类似。注意到:阶跃输入扰动被完全消除,没有产生稳态误差。该例副控制对象和主控制对象在虚轴上均存在极点。稳定和保持闭环性能的关键是选择足够大的控制系统带宽比,该例取 10。由于采用了串级控制结构,控制系统的设计被简化为一个比例控制器和一个 PID 控制器的设计,而二者都很容易实现。还可以验证,当副控制对象具有积分器时,内环系统的 PI 控制器在串级结构中没有太多的额外优势。但是,如果副控制对象不含积分器,则将 PI 控制器用于内环系统将具有一定优势。由于副控制器中的积分作用使内环控制系统稳态增益为 1,因此外环控制器设计只需考虑主控制对象的动态特性。

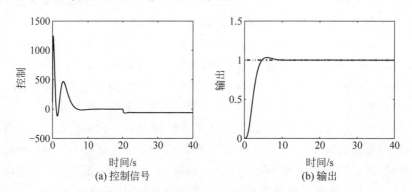

图 7.3 串级闭环响应信号(例 7.2,主控制器 PID 和副控制器 P)

7.2.3 在串级结构中实现闭环性能不变性(近似)

在串级控制系统的设计中,主控制系统的设计忽略了副系统的闭环动态,如例 7.1 和例 7.2 所示。了解被忽略动态如何影响串级控制系统的闭环性能对于设计和应用十分重要。

考察串级控制系统闭环极点的变化是根本。设副控制器、主控制器、控制对象的传递函数如图 7.4 所示。

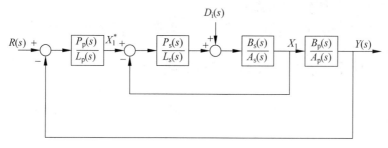

图 7.4 闭环串级控制系统

$w_1^*(s)$ 和 $w_1(s)$ 之间的内环传递函数为:

$$\frac{w_1(s)}{w_1^*(s)} = \frac{P_s(s)B_s(s)}{L_s(s)A_s(s) + P_s(s)B_s(s)} = \frac{P_s(s)B_s(s)}{A_{cls}(s)} \tag{7.6}$$

其中,$A_{cls}(s)$ 为副系统的闭环多项式。串级控制系统的闭环传递函数变为:

$$\frac{Y(s)}{R(s)} = \frac{P_p(s)B_p(s)P_s(s)B_s(s)}{L_p(s)A_p(s)A_{cls}(s) + P_p(s)B_p(s)P_s(s)B_s(s)} \tag{7.7}$$

因此,实际串级控制系统闭环多项式为:

$$\begin{aligned} A_{cl}(s) &= L_p(s)A_p(s)A_{cls}(s) + P_p(s)B_p(s)P_s(s)B_s(s) \\ &= A_{cls}(s)\left[L_p(s)A_p(s) + P_p(s)B_p(s)\frac{P_s(s)B_s(s)}{A_{cls}(s)}\right] \end{aligned} \tag{7.8}$$

显然,副控制系统和主控制系统的极点存在耦合,这会导致串级控制系统的闭环性能存在不确定性。但是,在设计中忽略副闭环系统时,假设:

$$\frac{P_s(s)B_s(s)}{A_{cls}(s)} = T(s)_s \approx 1$$

该式是副控制对象的闭环传递函数,同时也是补灵敏度函数。上式的近似可以通过副闭环系统的带宽在频域中进行量化。如果近似成立,则实际的闭环多项式 $A_{cl}(s)$ 可近似为:

$$A_{cl}(s) \approx A_{cls}(s)(L_p(s)A_p(s) + P_p(s)B_p(s)) = A_{cls}(s)A_{clp}(s) \tag{7.9}$$

其中 $A_{clp}(s)$ 为主控制系统的闭环多项式。因此,串级控制系统的闭环极点通过下式得到:

$$A_{cl}(s) \approx A_{cls}(s)A_{clp}(s) = 0$$

该式等价于:

$$A_{cls}(s) = 0; \quad A_{clp}(s) = 0$$

这意味着在串级控制系统的设计中,如果副控制系统具有足够大的带宽且稳态增益为1,则串级控制系统的闭环极点包含来自副控制系统和主控制系统的闭环极点。那么,只要来自副控制系统的闭环传递函数时间常数较小且稳态值为1,则可以分别设计副控制系统和主控制系统。

7.2.4 进一步思考

(1) 请列举 3 个使用串级控制系统结构的控制应用。

(2) 为什么主系统的 PID 控制器设计忽略闭环副系统的动态?

(3) 如果副系统自身不含积分作用,并且使用了比例控制器,那么在设计外环控制器时,是否应考虑内环的稳态误差影响?

（4）串级控制结构是否提供了一种解决高阶复杂系统 PID 控制系统设计问题的方法?

7.3　输入扰动抑制的串级控制系统

使用串级控制的主要优势之一在于其扰动抑制能力。本节通过频率响应分析和仿真研究来验证串级控制输入扰动抑制性能。

7.3.1　扰动抑制的频率特性

为了验证扰动抑制的有效性,计算图 7.4 所示扰动 $D_i(s)$ 与输出 $Y(s)$ 之间的闭环传递函数。这里假设参考信号 $R(s)=0$,有

$$w_1(s) = \overbrace{\frac{B_s(s)P_s(s)}{A_s(s)L_s(s)+B_s(s)P_s(s)}}^{T(s)_s}w_1(s)^* + \overbrace{\frac{B_s(s)P_s(s)}{A_s(s)L_s(s)+B_s(s)P_s(s)}}^{S_i(s)_s}D_i(s)$$

(7.10)

此关系式由副控制对象的补灵敏度函数 $T(s)_s$ 和输入灵敏度函数 $S_i(s)_s$ 决定,具有以下紧凑形式:

$$w_1(s) = T(s)_s w_1(s)^* + S_i(s)_s D_i(s)$$

(7.11)

主输出 $Y(s)$ 表示为:

$$Y(s) = \frac{B_p(s)}{A_p(s)}w_1(s) = \frac{B_p(s)}{A_p(s)}(T(s)_s w_1(s)^* + S_i(s)_s D_i(s))$$

(7.12)

主控制器产生的控制信号 $w_1(s)^*$ 为:

$$w_1(s)^* = -\frac{P_p(s)}{L_p(s)}Y(s)$$

输入扰动 $D_i(s)$ 到输出 $Y(s)$ 的闭环传递函数为:

$$\frac{Y(s)}{D_i(s)} = \frac{G_p(s)S_i(s)_s}{1+G_p(s)C_p(s)T(s)_s}$$

(7.13)

其中,$G_p(s)=\dfrac{B_p(s)}{A_p(s)}$ 和 $C_p(s)=\dfrac{P_p(s)}{L_p(s)}$ 分别为主控制对象和主控制器的传递函数。

在频域,频率响应的幅值 $|Y(j\omega)|$ 为:

$$|Y(j\omega)| = \left|\frac{G_p(j\omega)S_i(j\omega)_s}{1+G_p(j\omega)C_p(j\omega)T(j\omega)_s}\right||D_i(j\omega)|$$

$$= \left|\frac{G_p(j\omega)}{1+G_p(j\omega)C_p(j\omega)T(j\omega)_s}\right||S_i(j\omega)_s||D_i(j\omega)|$$

(7.14)

注意,副控制对象的输入灵敏度函数对内环系统抑制扰动起着重要作用。通常,由于副控制系统的动态响应要比主控制系统快得多,中、低频区域输入灵敏度函数会很小,因此串级控制结构可更有效地抑制副控制对象中的扰动。

7.3.2　仿真研究

下例说明了串级控制系统用于抑制输入扰动的频率响应特性,并进行仿真研究。

【例7.3】　对存在未知负载 T_L 的直流电动机的位置进行控制。输入电压 $V(s)$ 和电动机 $\Omega(s)$ 的角速度之间的关系由拉普拉斯传递函数归一化描述：

$$\frac{\Omega(s)}{V(s)} = \frac{e^{-ds}}{s+1} \tag{7.15}$$

其中,小的时延 $d=0.0016s$ 用于对传感器和驱动装置引起的时延进行建模。角位置 $\Theta(s)$ 为角速度的积分：

$$\frac{\Theta(s)}{\Omega(s)} = \frac{1}{s}$$

设计一个用于直流电动机位置控制的串级控制系统,并在抑制未知负载扰动方面显示其优势。

解　对于串级控制系统设计,副传递函数为

$$G_s(s) = \frac{e^{-ds}}{s+1}$$

忽略时延并根据极点配置设计控制器,比例控制器增益和积分时间常数分别为：

$$K_{cs} = 2\xi\omega_{ns} - 1 = 34.35; \quad \tau_{Is} = \frac{2\xi\omega_{ns} - 1}{\omega_{ns}^2} = 0.0550$$

其中,$\xi = 0.0707, \omega_{ns} = 25$。主传递函数为：

$$G_p(s) = \frac{1}{s}$$

比例控制器增益和积分时间常数分别为：

$$K_{cp} = 2\xi\omega_{ns} = 3.535; \quad \tau_{Ip} = \frac{2\xi}{\omega_{np}} = 0.5656$$

其中,$\xi = 0.0707, \omega_{np} = 2.5$。

串级结构使用这两个PI控制器,灵敏度函数根据频率响应的幅值计算,如图 7.5 所示。副控制对象的补灵敏度函数如图 7.5(a)所示,内环系统带宽非常宽,对应幅值 $|T(j\omega)_s| = \frac{1}{\sqrt{2}}$ 约为 $52 \text{rad} \cdot \text{s}^{-1}$。副控制对象的输入扰动灵敏度[如图 7.5(b)]在 $\omega = 25 \text{rad} \cdot \text{s}^{-1}$ 时幅值最大,为 0.029,并且在低频和中频区域幅值较小,这表明内环控制器对于副系统中发生的扰动具有良好的输入扰动抑制性能。对于主控制系统,补灵敏度[如图 7.5(c)]表明闭环带宽显著降低;与主控制系统的带宽相比,没有太大变化,数值为 $5.2 \text{rad} \cdot \text{s}^{-1}$。有趣的是,与图 7.5(b)相比,主控制对象的输入灵敏度的幅值[如图 7.5(d)]进一步降低了,最大幅值约为 0.0016,在 $5 \leqslant \omega \leqslant 18$ 的范围内几乎恒定,约为内环控制系统输入灵敏度最大幅值的 5%。这从根本上说明,串级控制结构在副系统的扰动抑制方面具有出色的性能。

取采样间隔 $\Delta t = 0.0001s$ 进行闭环仿真。设给定信号为零,对调整电机负载使电机角位置保持恒定的情况进行仿真。负载扰动取幅值 0 到 100 之间变化的方波信号。图 7.6 (a)为串级系统抑制该扰动的控制信号。图 7.6(b)给出了负载扰动下的闭环输出响应。尽管负载变化很大,但输出变化非常小,表明在负载扰动抑制方面具有性能优异。

副系统的PI控制器实现总是使用一自由度PI控制器,它对内环系统的反馈误差进行比例和积分控制,这种实现使内环补灵敏度 $T(j\omega)_s$ 的带宽更宽,从而具有更好的闭环控制效果。

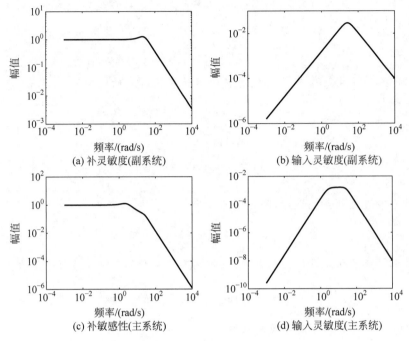

图 7.5　串级控制系统的灵敏度函数(例 7.3)

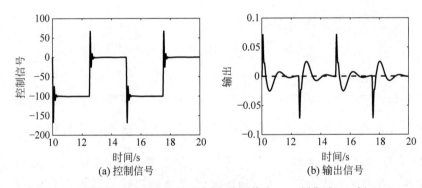

图 7.6　方波扰动下串级闭环响应,方波幅值为 100,周期为 10(例 7.3)

　　作为比较研究,如图 7.7 所示不使用串级控制结构的设计留作练习。你可能会发现,例 7.3 中主控制器的简单实现会导致系统不稳定,并且希望尝试使用带滤波器的 PID 控制器,将副系统动态[如式(7.15)]的影响纳入设计。

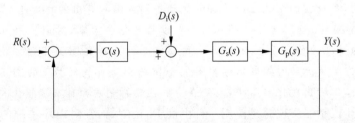

图 7.7　用于抑制扰动的控制器

7.3.3　进一步思考

（1）请列举3个由于系统不确定性而存在输入扰动的应用实例。

（2）串级控制结构是否可以改善内环系统发生的输出扰动抑制性能？

（3）如果内环系统存在传感器偏置误差，会影响主控制系统吗？如果影响，是以何种方式？

（4）通常，串级控制系统的实现不考虑对副控制器进行IP控制，即，将积分和比例控制作用于反馈误差，这是为什么？

7.4　执行器非线性的串级控制系统

串级控制系统的重要应用之一是其处理执行器非线性方面的优势。

7.4.1　带死区的执行器串级控制

执行器的死区非线性由磨损引起，描述如下：

$$x(t)=\begin{cases} e(t)-\delta, & e(t)>\delta \\ 0, & -\delta \leqslant e(t) \leqslant \delta \\ e(t)+\delta, & e(t)<\delta \end{cases} \tag{7.16}$$

其中，$x(t)$ 为死区的输出，$e(t)$ 为死区的输入。图 7.8 通过输入信号 $e(t)$ 和输出信号 $x(t)$ 的关系说明了死区非线性。对于这类非线性问题，如果已知 δ 的大小，则可以由其逆函数作预补偿：

$$e(t)=\begin{cases} \hat{e}(t)+\delta & \hat{e}(t) \geqslant 0 \\ \hat{e}(t)-\delta & \hat{e}(t)<0 \end{cases} \tag{7.17}$$

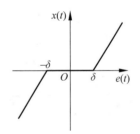

图 7.8　死区非线性

预补偿将消除死区对控制系统的影响。但是，预补偿需要死区大小的信息，而这个信息不易获得。为了获得参数 δ，通常采集执行器实验数据进行非线性系统辨识。此外，死区的大小 δ 可能会随时间变化。需要不断由实验数据更新，以适应变化。

反馈控制提供了一种获得非线性逆（the inversion of the nonlinearity）的手段，通过仿真研究表明，为执行器引入副控制回路是一种有效的补偿死区影响的方法。当死区的大小变化时尤其有效。

为了突出串级反馈控制的重要性，以下第一个例子说明死区对没有串级控制的闭环控制性能的影响，第二个例子说明引入串级控制对性能的改进。

【例 7.4】　某物理系统的执行器传递函数为：

$$G_s(s)=\frac{0.5}{s+15}$$

主控制对象传递函数为：

$$G_p(s)=\frac{0.8}{(0.1s+1)(s+0.1)} \tag{7.18}$$

执行器存在死区。

忽略执行器动态,设计 PI 控制器来控制主系统,并说明由于死区而导致的性能下降。其中,期望闭环性能为自然频率 $\omega_n = 1$,阻尼系数 $\xi = 0.707$。

解 传递函数 $G_p(s)$ 存在一个主导极点 -0.1 和小时间常数 0.1。忽略小时间常数并考虑执行器的稳态增益为 $\dfrac{0.5}{15}$,可得到 PI 控制器设计的近似被控模型为

$$G(s) = \frac{0.5}{15} \frac{0.8}{s + 0.1} = \frac{b}{s + a}$$

其中,$a = 0.1$,$b = 0.0267$,$\omega_n = 1$,$\xi = 0.707$,可计算 PI 控制器的参数为:

$$K_c = \frac{2\xi\omega_n - a}{b} = 49.275; \quad \tau_I = \frac{2\xi\omega_n - a}{\omega_n^2} = 1.314$$

对闭环控制系统的性能进行仿真,取采样间隔 $\Delta t = 0.001\text{s}$,单位阶跃信号 $t = 0$ 时进入系统。图 7.9(a)、(b)比较了有死区和无死区的闭环响应,其中死区的大小分别为 $\delta = 20$ 和 $\delta = 40$。由图 7.9 可知,PI 控制器输出响应没有稳态误差,并且控制信号会自动找到一个新的稳态值以补偿死区影响。但是,随着死区的引入,闭环控制系统瞬态性能下降。而且,死区(δ)越大,闭环控制系统瞬态性能越差。

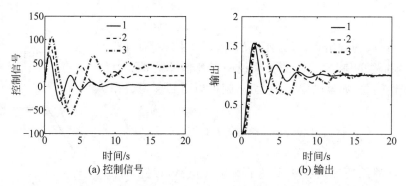

图 7.9 忽略执行器动态的闭环控制响应(例 7.4)

其中,1 线表示无死区响应;2 线表示死区 $\delta = 20$ 的响应;3 线表示死区 $\delta = 40$ 的响应

现在,假设可直接测量执行器的输出 $x_1(t)$,将其用于构建串级控制系统。

【例 7.5】 继续对例 7.4 进行研究。本例不忽略执行器动态,使用一个 PI 控制器控制执行器,另一个 PI 控制器控制主控制对象。为了与例 7.4 一致,将主控制回路的自然频率设为 1,将阻尼系数设为 $\xi = 0.707$,这与上例的性能指标相同。但是,改变副控制回路的自然频率,以说明存在死区的情况下,串级控制对闭环性能的影响。

解

情况 1:假设副控制系统的自然频率为 $\omega_{ns} = 20$,为主控制系统自然频率的 20 倍。可得 PI 控制器参数为:

$$K_{cs} = \frac{2 \times 0.707 \times 20 - 15}{0.5} = 26.56; \quad \tau_{Is} = \frac{2 \times 0.707 \times 20 - 15}{400} = 0.0332$$

主控制器的设计忽略内环动态。因此,基于主控制对象的传递函数式(7.18)设计 PI 控制

器,得:

$$K_{cp} = \frac{2 \times 0.707 \times 1 - 0.1}{0.8} = 1.6425; \quad \tau_{Ip} = \frac{2 \times 0.707 \times 1 - 0.1}{1} = 1.314$$

串级控制系统由 Simulink 进行配置和仿真,如图 7.10 所示,其中 Simulink 仿真使用教程 4.1 中的速度式 PI 控制器。注意,在内环控制器的实现中,比例控制器 K_c 作用于反馈误差,进一步提高了副系统闭环带宽,此实现用于所有串级仿真。为简单起见,假定输入扰动和测量噪声均为零。利用这种串级控制结构,对死区分别为 $\delta = 20$ 和 $\delta = 40$ 的闭环系统进行仿真研究。图 7.11(a)为存在死区非线性时内环控制信号响应。可以看出,稳态下,控制信号会收敛到不同的值以补偿非线性的影响,且显示出不连续性。通过串级控制,消除了死区的影响,输出响应如图 7.11(b)所示。

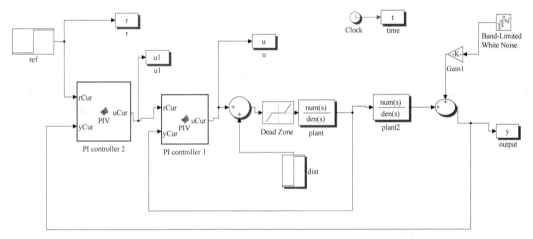

图 7.10　执行器中具有死区非线性的串级控制系统 Simulink 仿真程序(例 7.5)

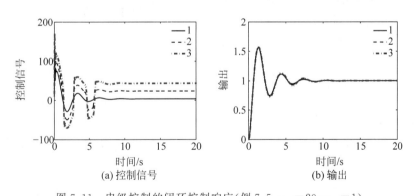

图 7.11　串级控制的闭环控制响应(例 7.5,$\omega_{ns} = 20$,$\omega_{np} = 1$)

其中,1线表示无死区时的响应;2线表示有死区时的响应($\delta = 20$);3线表示有死区时的响应($\delta = 40$)

情况 2:将内环控制系统的自然频率从 $\omega_{ns} = 20$ 减小到 $\omega_{ns} = 10$。若没有死区,则这种减小不会导致闭环控制性能的显著变化,如图 7.12(a)、(b)所示。但是,引入死区非线性时,在最坏的情况下,即死区的大小为 $\delta = 40$ 时,内环系统较小的闭环带宽不足以补偿死区非线性的影响,导致闭环输出变得振荡,如图 7.12(b)所示。

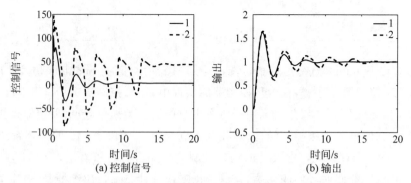

(a) 控制信号　　　　　　　　(b) 输出

图 7.12　串级控制的闭环控制响应(见例 7.5, $\omega_{ns}=10, \omega_{np}=1$)

其中,1 线表示无死区时的响应;2 线表示有死区时的响应($\delta=40$)

7.4.2　执行器存在量化误差的串级控制

在控制应用中,尤其是使用低成本执行器时,经常会遇到存在量化误差的执行器。分析量化误差是一个经典话题[Slaughter(1964)和 Milleretal(1988)]。图 7.13 说明了对输入信号 $e(t)$ 进行量化产生输出信号 $x(t)$ 的过程。

本节将说明量化误差如何影响闭环控制性能,以及串级控制系统如何减小量化误差的影响并改善闭环性能。

【例 7.6】 考虑 Slaughter(1964)的原始论文中用于研究量化误差的系统,该系统具有以下连续时间传递函数:

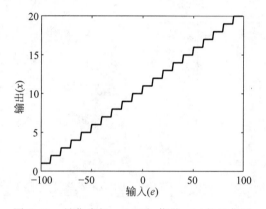

图 7.13　量化步长 $q=1$ 时,信号 $e(t)$ 的量化图

$$G(s) = \frac{4500}{s(s+10)(s+20)} \tag{7.19}$$

设计 PI 控制器,使自然频率 $\omega_n=1, \xi=0.707$。取采样间隔 $\Delta t=0.01\mathrm{s}$,仿真量化误差对闭环性能的影响。

解　尽管系统为三阶,但可以忽略两个小时间常数,近似表示为如下一阶系统传递函数,作为 PI 控制器的设计模型:

$$G(s) = \frac{4500}{s(s+10)(s+20)} = \frac{22.5}{s(0.1s+1)(0.05s+1)} \approx \frac{22.5}{s}$$

由自然频率 $\omega_n=1, \xi=0.707$,求得 PI 控制器参数为:

$$K_c = \frac{2\xi\omega_n - a}{b} = \frac{2 \times 0.707}{22.5} = 0.0628; \quad \tau_I = \frac{2\xi\omega_n - a}{\omega_n^2} = 2 \times 0.707 = 1.414$$

其中,自然频率 $\omega_n=1, \xi=0.707, a=0, b=22.5$。

现在,对闭环控制系统进行仿真。单位阶跃参考信号 $t=0$ 进入系统,阶跃输入扰动信号(幅值等于 0.5)在 $t=20\mathrm{s}$ 进入系统。取采样间隔 $\Delta t=0.01\mathrm{s}$,量化参数 $q=0.1$,将

Simulink 中量化函数加入 Simulink 仿真模型,置于控制对象之前。图 7.14(a)为由 PI 控制器计算出的控制信号;图 7.14(b)为控制对象存在阶跃扰动时,对控制信号进行量化后的输入信号,可以看出,输入信号的取值为 $q=0.1$ 的倍数。图 7.14(c)为有量化的闭环输出,量化过程会导致性能下降。对没有量化的控制系统进行仿真研究,图 7.14(d)给出了没有量化和有量化的输出之间的误差信号,可以看出,误差大小约为 0.3。

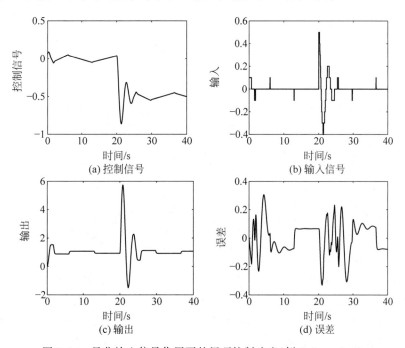

图 7.14　量化输入信号作用下的闭环控制响应(例 7.6,$q=0.1$)

　　下例假设例 7.6 的系统可以分解为执行器和控制对象,设执行器的输出可测量以构成执行器反馈控制。研究串级控制结构如何提高存在量化时的闭环控制性能。

　　【例 7.7】　假设副控制对象执行器传递函数为:

$$G_{\mathrm{s}}(s) \frac{45}{s+10}$$

主控制对象传递函数为:

$$G_{\mathrm{p}}(s) = \frac{100}{s(s+20)} \tag{7.20}$$

取主控制系统自然频率 $\omega_{\mathrm{np}}=1$,副控制系统的自然频率 $\omega_{\mathrm{ns}}=30$,两级控制系统的阻尼系数均为 $\xi=0.707$。与例 7.6 采用相同的量化方法,说明串级控制结构对闭环控制性能的影响。

　　解　取副控制系统的自然频率 $\omega_{\mathrm{ns}}=30$ 时,计算出 PI 控制器参数为:

$$K_{\mathrm{cp}}=\frac{2 \times 0.707 \times 30 - 10}{45}=0.7204; \quad \tau_{\mathrm{Is}}=\frac{2 \times 0.707 \times 30 - 10}{900}=0.0360$$

虽然主控制器设计忽略内环动态,但引入近似得到了增益为 5 的积分器模型[如式(7.20)]。对 $\omega_{\mathrm{np}}=1$ 和 $\xi=0.707$ 时,计算外环系统的 PI 控制器参数为:

$$K_{cp} = \frac{2 \times 0.707}{5} = 0.2828; \quad \tau_{Ip} = 2 \times 0.707 = 1.414$$

在与例 7.6 相同的条件下对串级闭环控制系统进行仿真,阶跃信号在 $t=0$ 时进入系统,幅值为 0.5 的阶跃输入扰动在 $t=20s$ 时进入系统,Simulink 中量化函数加入仿真模型,置于副控制对象之前。图 7.15 为 Simulink 仿真中使用的串级控制结构。

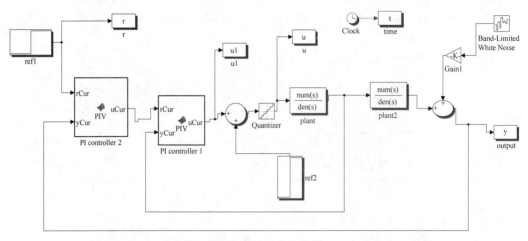

图 7.15 存在执行器量化误差的串级控制 Simulink 仿真程序

图 7.16(a)为副 PI 控制器产生的控制信号,图 7.16(b)给出了加入输入扰动信号后的量化控制信号,该信号为副控制对象的输入信号。图 7.16(c)给出了控制对象的输出。比较控制信号与输入信号可以看出,串级控制系统在计算控制器输出时已将量化考虑在内,这使得性能退化降到最低。从图 7.16(d)可以看出有无量化时串级控制系统输出信号的误差。

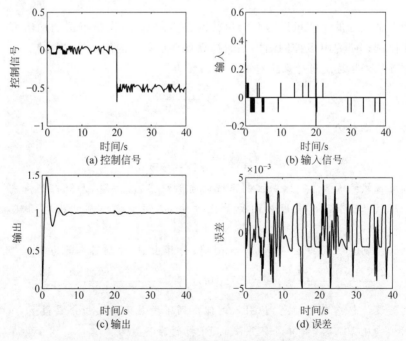

图 7.16 存在量化输入信号的串级闭环控制响应(例 7.7)

比较串级控制系统与例7.6,有两点需要说明。第一点关于扰动抑制。比较图7.14(c)和图7.16(c)可以看出,采用串级控制时,扰动的影响巨大,输出幅值约为6,控制系统消除扰动大约需要5s[如图7.14(c)]。相反,串级控制的扰动几乎不影响输出响应[如图7.16(c)]。第二点与量化导致的性能下降有关,如图7.14(d)与7.16(d)所示。可以看出,不采用串级控制时,量化会导致性能大幅下降,其中误差信号幅值为0.3[如图7.14(d)]。相反,采用串级控制使量化导致的性能下降显著降低,其中误差信号的幅值为0.005[如图7.16(d)]。也就是说,在不采用串级控制的情况下,仅量化引起的误差就增加至60倍。

7.4.3 执行器存在间隙非线性的串级控制

驱动机构中经常遇到间隙非线性,这类非线性与死区非线性具有某些共同特征,如驱动中存在死区。设间隙非线性死区为Δ,输入信号为$e(t)$,输出为$x(t)$,其增益$k=1$,死区$\Delta=40$。如图7.17所示,沿箭头向上的路径,输出信号为:

$$x(t)=k\left(e(t)-\frac{\Delta}{2}\right)$$

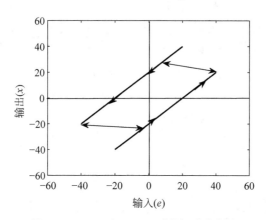

图7.17 $k=1$和$\Delta=40$时的间隙非线性

沿箭头向下的路径,输出信号为:

$$x(t)=k\left(e(t)+\frac{\Delta}{2}\right)$$

输出信号$x(t)$可以在两个方向之间切换。

这类非线性会引起持续振荡并影响闭环控制性能,下例说明其对闭环稳定性和性能的影响。

【例7.8】 本例与执行器动态对应的副系统传递函数为:

$$G_s(s)=\frac{0.5}{s+15} \tag{7.21}$$

主系统为时延很小的积分器,传递函数为:

$$G_p(s)=\frac{0.01e^{-0.3}}{s} \tag{7.22}$$

执行器存在间隙非线性,死区$\Delta=60$。设计PI控制器,使阻尼系数$\xi=0.707,\omega_n$分别为0.1和0.3。Simulink仿真说明了间隙非线性对闭环稳定性和性能的影响。仿真中使用

Simulink 间隙函数,取采样间隔 $\Delta t = 0.01\text{s}$,给定信号为单位阶跃信号。

解 忽略执行器动态时,PI控制器的设计仍需考虑其稳态值。为此,PI控制器的控制对象近似模型为:

$$G(s) \approx \frac{3.333 \times 10^{-4}}{s}$$

设计中忽略时延。

情况 1($\omega_n = 0.1$):

当 $\omega_n = 0.1, b = 3.333 \times 10^{-4}$,PI控制器的参数为:

$$K_c = \frac{2 \times 0.707\omega_n}{b} = 424.2; \quad \tau_I = \frac{2 \times 0.707\omega_n}{\omega_n^2} = 14.14$$

图 7.18(a)、(b)、(c)比较了有无间隙非线性时控制系统的闭环性能。可以看出,由于存在间隙非线性,闭环控制信号[图 7.18(a)]和输出信号[图 7.18(c)]会产生振荡。在间隙作用下,执行器的实际输入信号为调制后的控制信号[见图 7.18(b)]。有趣的是,从图 7.18(d)所示的两个输出信号之间的误差可以看出,由间隙产生了持续振荡,其误差幅值为 0.095,周期为 36.4。

情况 2($\omega_n = 0.3$):

增大 PI 控制器设计期望的自然频率。当 $\omega_n = 0.3, b = 3.333 \times 10^{-4}$ 时,计算 PI 控制器参数为:

$$K_c = 1272; \quad \tau_I = 4.7133$$

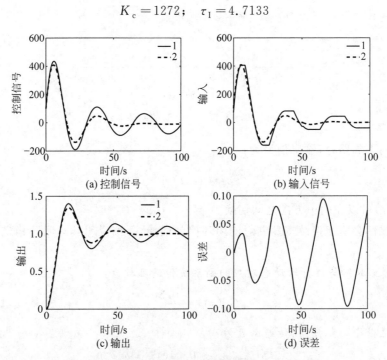

图 7.18 齿隙对闭环性能的影响(例 7.8,$\omega_n = 0.1$)

其中,1 线表示存在间隙的控制系统;2 线表示无间隙的控制系统

与情况 A 相比,情况 B 下的 K_c 增大至 3 倍,τ_{I} 缩小至原数值的 $1/3$。

分别对有无间隙非线性特性两种情况的闭环性能进行仿真分析。图 7.19(a)、(b)、(c) 比较了闭环控制结果。可以看出,随着期望自然频率的增大,闭环响应速度加快,由间隙非线性引起的持续振荡仍然存在,但其幅值和周期已经变化。考察两个输出之间的误差信号[如图 7.19(d)],可以发现,误差幅值为 0.042,振荡周期为 11.44。因此,增大闭环控制系统的带宽,可减小由间隙引起的误差幅值,但会增大振荡频率。

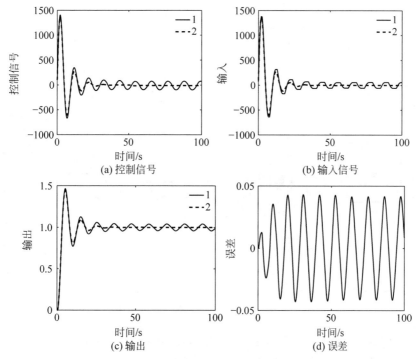

图 7.19 间隙对闭环性能的影响(例 7.8,$\omega_{\mathrm{n}}=0.3$)

其中,1 线表示存在间隙的控制系统;2 线表示无间隙的控制系统

值得注意的是,例 7.8 中闭环系统的带宽(ω_{n})受系统动态的影响(如忽略的执行器动态和时延)。可以证明,对于该系统,如果将 ω_{n} 增大到 1,由于未建模动态的影响,即使在没有间隙的情况下,闭环系统也会产生持续振荡。当 ω_{n} 超过 1 时,即使没有间隙非线性,闭环系统也会变得不稳定。

例 7.8 说明了在存在间隙非线性的情况下,闭环反馈控制系统的带宽如何影响闭环性能。闭环带宽越大,周期振荡的幅值越小,振荡频率越高。下例将说明:当使用串级控制,由副控制器控制执行器,较大的自然频率会使振荡幅值减小,振荡频率增大。

【例 7.9】 仍然使用由传递函数式(7.21)和式(7.22)描述的系统,设间隙非线性死区 $\Delta=60$。设计串级控制系统,副系统带宽 $\omega_{\mathrm{ns}}=20$,主系统的带宽 ω_{np} 分别为 0.1 和 0.3。副控制和主控制系统的阻尼系数均为 $\xi=0.707$。对存在间隙非线性的串级闭环控制系统进行仿真,取采样间隔 $\Delta t=0.01$。

解 由传递函数模型式(7.21),有 $b=0.5$,$a=15$。期望的自然频率 $\omega_{\mathrm{ns}}=20$,执行器的 PI 控制器比例增益和积分时间常数分别为:

$$K_{cs} = \frac{2\zeta\omega_{ns} - a}{b} = 26.56; \quad \tau_{Is} = \frac{2\xi\omega_{ns} - a}{\omega_{ns}^2} = 0.0332$$

情况 1($\omega_{np} = 0.1$):

对主控制对象,$\omega_{np} = 0.1, a = 0, b = 0.01$,计算出 PI 控制器参数为:

$$K_{cp} = \frac{2\xi\omega_{np}}{b} = 14.14; \quad \tau_{Ip} = \frac{2\xi}{\omega_{np}} = 14.14$$

设计时忽略延迟,取内环系统的稳态增益为 1。

仿真模型中 Simulink 间隙函数置于副控制对象之前。图 7.20 给出了 Simulink 仿真中使用的串级控制结构。

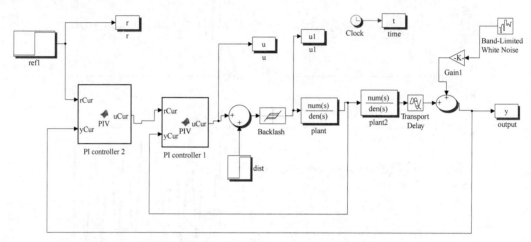

图 7.20　执行器存在间隙非线性时的串级控制系统 Simulink 仿真程序

现在,以单位阶跃信号为给定信号,取采样间隔 $\Delta t = 0.01$,执行器间隙死区为 $\Delta = 60$,串级控制系统通过 Simulink 进行仿真,如图 7.20 所示。图 7.21(a)、(b)、(c)比较了有无间隙非线性的串级控制系统。在存在间隙非线性的情况下,控制信号[如图 7.21(a)]和执行器的输入信号[如图 7.21(b)]都存在噪声。但主控制对象的输出与无间隙非线性的仿真输出非常接近,两者几乎没有差别[如图 7.21(c)]。两个输出响应之间的误差如图 7.21(d)所示。稳态时,误差幅值为 0.00015,是没有采用串级控制时的 1/633。实际上,串级控制系统并不能消除由间隙非线性引起的周期振荡。但是,由于副控制系统的带宽大得多,通过控制信号和输入信号的分段,持续振荡的周期已减小到 0.3,如图 7.22 所示。控制信号仍然是正弦信号,间隙作用之后的输入信号为调制的控制信号。

情况 2($\omega_{np} = 0.3$):

作为练习,验证当主控制器的自然频率增加到 0.3 时,有无间隙非线性时输出之间的误差幅值减小到 0.0001288,并且持续振荡的周期减小到 0.28。因此,通过增大外环带宽来减少误差的意义不大。

还可以验证,当副控制器的带宽 ω_{ns} 从 20 增加到 30,同时保持 ω_{np} 为 0.1 时,有无间隙的输出之间的误差幅值减小到 0.00007898,几乎是情况 A 的一半,而振荡周期减少到 0.16。

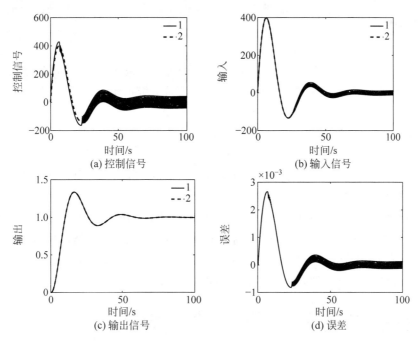

图 7.21 间隙对串级闭环性能的影响(例 7.9,$\omega_{ns}=20,\omega_{np}=0.1$)

其中,1线表示存在间隙的控制系统;2线表示无间隙的控制系统

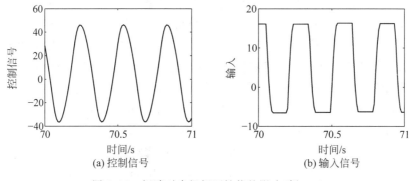

图 7.22 间隙对串级闭环性能的影响(例 7.9)

7.4.4 进一步思考

(1)在串级控制结构中,设执行器存在非线性。成功实现串级非线性补偿的主要原因之一是内环控制系统具有更大的带宽,你同意这种说法吗?

(2)在三类非线性中,从控制信号到主控制对象,是否观察到了非线性逆补偿?这种非线性逆主要是由高增益反馈控制引起的吗?

(3)你是否认为由于周期振荡而使间隙非线性难以处理?

(4)哪种非线性最容易补偿?

7.5　小结

串级控制系统在控制工程中得到广泛应用。因为一个复杂的系统可以分解为几个子系统,每个子系统都可以用一阶或二阶模型来描述,因而串级控制系统设计简单;而且在扰动抑制和执行器非线性补偿方面性能卓越。

本章的其他重点总结如下。

- 串级控制系统的设计始于内环控制系统的设计。外环控制系统的设计中通常忽略内环闭环系统动态。如果将比例控制器用于内环控制,则在外环控制器设计中需要考虑内环系统的稳态增益。
- 串级控制系统的闭环性能取决于内环系统和外环系统之间的相对带宽。内环控制器期望的闭环极点应比外环控制系统的闭环极点具有更快的动态响应速度。
- 执行器的非线性影响可以通过为执行器设计 PI 控制器进行补偿。
- 串级控制结构可有效补偿内环系统的输入扰动。

7.6　进一步阅读

(1) Franks and Worley(1956)定性分析了串级控制。Krishnaswamy 等(1990)、Lee 等(1998)、Lee 等(2002)对使用串级控制改善扰动抑制能力进行了讨论。

(2) Slaughter(1964)和 Miller 等(1989)介绍了量化误差分析。Moradi 和 Salarieh(2012)对间隙非线性引起的非线性振荡进行了分析。Tao 和 Kokotovic(1993)提出了有间隙系统的自适应控制。Zhou and Shen(2007)提出了存在未知死区的系统自适应非线性控制。Shi 和 Zuo(2015)提出了存在间隙非线性的齿轮传动伺服系统非线性控制。应用示例包括液压执行器的串级控制[Cunha 等(2002)]。

(3) Wang 等(1995)、Visioli 和 Piazzi(2006)、Dittmaretal(2012)、Alfaro 等(2009)提出了串级 PID 控制系统的整定方法。

(4) Jayawardhana 等(2008 年)设计并分析了存在磁滞的系统 PID 控制。

(5) 串级 PI 控制结构在电力驱动器和功率转换器中的使用[Wang 等(2015)]。

(6) Mishra 等将内环滑模控制和外环 PI 控制的串级控制系统用于感应电动机控制(2018)、Saeed 等(2018)将其用于功率转换器控制。

问题

7.1　机电系统由串级 PI 控制器控制,副系统和主系统的数学模型为:

$$G_s(s) = \frac{1}{s+1}; \quad G_p(s) = \frac{0.1}{s+0.1}$$

计算比例控制器增益 K,使副系统的闭环极点位于 -6,通过计算比例增益 K_c 和积分时间常数 τ_I 设计主 PI 控制器。外环系统的闭环极点均取为 $-\lambda (\lambda > 0)$。

7.2　基于问题 7.1,由于忽略了内环控制系统动态,使闭环系统稳定的 λ 存在一定的范围。使用 Routh-Hurwitz 稳定性判据,计算使闭环系统稳定的 λ 范围。

7.3 基于问题 7.1。设一个幅值为 2 的阶跃输入扰动从内环控制对象进入系统,求输入扰动和输出(主变量)之间的传递函数。说明如果选择合适的 λ,扰动将被抑制而不产生稳态误差。

7.4 串级控制系统的被控动态系统传递函数为:

$$G_s(s) = \frac{(-s+10)}{(s+10)(s+3)}; \quad G_p(s) = \frac{0.1}{s(s+2)}$$

(1) 计算比例控制器 K,使副控制系统在复平面的左半部分具有一对相同的实极点。

(2) 设计带滤波的 PID 控制器,要求外环系统的所有闭环极点位于 -1。

(3) 使用 Nyquist 稳定性判据判断串级控制系统是否稳定。

7.5 在大多数应用中,对副控制系统和主控制系统均希望采用 PI 控制器。请针对以下案例设计串级控制系统。

(1) 系统传递函数为

$$G_s(s) = \frac{1}{s+1}; \quad G_p(s) = \frac{0.1}{s+0.1}$$

副系统的所有闭环极点为 -6,主控制系统的所有极点为 -1。求输入扰动和输出之间的传递函数。确定串级控制系统的增益裕度和相位裕度。

(2) 系统传递函数为

$$G_s(s) = \frac{-5}{(s+30)(s+2)}; \quad G_p(s) = \frac{0.1}{s(s+4)}$$

内环系统的所有闭环极点位于 -6,外环系统的极点位于 -0.6。求输入扰动和输出之间的传递函数。确定串级控制系统的增益裕度和相位裕度。

7.6 热交换器系统将热量从热流体传递到较冷的流体,其中热交换器出口流体的温度控制至关重要。基于 Khare 和 Singh(2010)的实验数据,可获得热交换器系统的数学模型为:

$$G_p(s) = \frac{50e^{-ds}}{30s+1}$$

热电偶传感器动态为:

$$G_m(s) = \frac{0.16}{10s+1}$$

执行器由转换器和阀门构成,传递函数模型为:

$$G_s(s) = \frac{0.75 \times 0.13}{3s+1}$$

(1) 请为热交换器设计一个串级控制系统,副系统的闭环极点位于 -1.5,主系统位于 -0.1。为了克服阀门的非线性(例如量化误差),副 PI 控制系统根据传递函数 $G_s(s)$ 控制执行器。并根据过程模型 $G_p(s)$ 和传感器模型 $G_m(s)$ 设计主 PID 控制系统。在设计过程中,忽略时延 d。

(2) 由奈奎斯特图确定串级控制系统的增益裕度、相位裕度和延迟裕度。

(3) 对串级闭环 PID 控制系统抑制扰动性能进行仿真,设时延为 2,取采样间隔 $\Delta t = 1s$,通过对反馈误差进行比例和积分控制实现内环的 PI 控制。为了减少参考信号下响应的超调,在设计主控制器时将比例和微分控制仅作用于输出。

第8章

复杂系统的 PID 控制器设计

8.1 引言

前几章讨论的 PID 控制器设计方法或者基于模型,或者基于规则。很明显,当使用基于模型的方法时,一阶模型会得到 PI 控制器,二阶模型会得到 PID 控制器。在一些应用中,一阶和二阶模型是对实际物理系统的近似;而在另外一些应用中,实际物理系统是复杂的高阶系统。本章研究如何直接利用频率响应数据为高阶系统设计 PID 控制器。

8.2 基于增益和相位裕度的 PI 控制器设计

本节介绍基于增益裕度和相位裕度这两个指标进行 PID 控制器的设计。

8.2.1 基于增益裕度和相位裕度指标的 PI 控制器设计

首先,假设在特定频率点 $\omega = \omega_1$,开环传递函数的期望频率响应 $L_d(j\omega)$ 已知,同样,假设系统在 $\omega = \omega_1$ 的期望频率响应 $G(j\omega)$ 已知。

在频率为 ω_1 时,带 PI 控制器的实际开环系统频率响应为:

$$L_d(j\omega_1) = \frac{c_1 j\omega_1 + c_0}{j\omega_1} G(j\omega_1)$$

使实际开环频率响应等于对应的期望频率响应:

$$\frac{c_1 j\omega_1 + c_0}{j\omega_1} G(j\omega_1) = L_d(j\omega_1) \tag{8.1}$$

则:

$$c_0 + j c_1 \omega_1 = \frac{j\omega_1 L_d(j\omega_1)}{G(j\omega_1)} = \mathrm{Re}\left[\frac{j\omega_1 L_d(j\omega_1)}{G(j\omega_1)}\right] + j\mathrm{Im}\left[\frac{j\omega_1 L_d(j\omega_1)}{G(j\omega_1)}\right] \tag{8.2}$$

比较式(8.2)等式两边,得到:

$$c_1 = \frac{1}{\omega_1} \mathrm{Im}\left[\frac{j\omega_1 L_d(j\omega_1)}{G(j\omega_1)}\right] \tag{8.3}$$

$$c_0 = \mathrm{Re}\left[\frac{j\omega_1 L_d(j\omega_1)}{G(j\omega_1)}\right] \tag{8.4}$$

由 c_0 和 c_1，计算 PI 控制器参数如下：

$$K_c = c_1; \quad \tau_I = \frac{c_1}{c_0}$$

一种选择期望的开环传递函数频率响应 $L_d(j\omega)$ 的方法是指定 PI 控制系统的增益裕度。例如，若希望增益裕度为 2，则 $L_d(j\omega_1) = -0.5$，但仍然需要确定频率 ω_1，这里 ω_1 为期望的闭环系统穿越频率。如果在设计中使用比例控制器 $C(s) = K_c$，可以取 ω_1 为 $G(j\omega)$ 的穿越频率。同样，由于控制器中积分器引入了 $\frac{\pi}{2}$ 相位滞后，合理的选择是取 ω_1 位于频率 $\omega_{\frac{\pi}{2}}$ 附近，这里 $G(j\omega)$ 第一次穿越虚轴。注意 $\omega_1 \neq \omega_{\frac{\pi}{2}}$，因为在 $\omega_{\frac{\pi}{2}}$，$G(j\omega)$ 的实部 Real$(G(j\omega)) = 0$，使得 $c_0 = 0$。一种常见做法是取 $\omega_1 = 1.01\omega_{\frac{\pi}{2}}$。

与期望的增益裕度指标类似，相位裕度也可用于指定期望的开环频率响应 $L_d(j\omega_1)$。众所周知，在 $|L_d(j\omega_1)| = 1$ 对应的频率点（如 ω_1）定义了相位裕度。因此，如果用 θ 表示相位裕度，则有：

$$L_d(j\omega_1) = -\cos\theta - j\sin\theta$$

8.2.2　设计示例

以下示例说明了基于增益裕度和相位裕度指标时 PI 控制器的性能。

【例 8.1】　某系统的传递函数为：

$$G(s) = \frac{1.2(-s+1)}{(2s+1)^2(s+1)} \tag{8.5}$$

取频率 $\omega_1 = \omega_{\frac{\pi}{2}} + 0.01\omega_{\frac{\pi}{2}}$。

（1）要使增益裕度 $k_g = 2$ 和 4，分别设计对应两个增益裕度指标的 PI 控制器，并评估闭环性能。

（2）要使相位裕度 $\theta = \frac{\pi}{3}$，设计 PI 控制器，并对闭环响应进行仿真。

解　首先通过 $G(j\omega)$ 的实部确定频率 ω_1，如图 8.1(a) 所示。观察图 8.1(a)，可知参数 ω_1 为[①] $0.28 \times 1.01 = 0.2828$，此时，$G(j\omega_1) = -0.009 - j0.9091$。

基于增益裕度进行设计。取增益裕度为 $2[L_d(j\omega_1) = -0.5]$，有：

$$\frac{j\omega_1 L_d(j\omega_1)}{G(j\omega_1)} = 0.1555 + j0.0015$$

得 $c_0 = 0.1555, c_1 = \frac{0.0015}{0.2828} = 0.0054$。因此，比例控制器增益 $K_c = 0.0054$，积分时间常数 $\tau_I = 0.035$。

取增益裕度为 $3(L_d(j\omega_1) = -1/3)$，重复以上计算过程，可得：

$$K_c = 0.0036; \quad \tau_I = 0.035$$

这里 K_c 降低了，而 τ_I 保持不变。

对两个控制器进行闭环仿真研究，其中单位阶跃给定信号在 $t = 0$ 时刻引入，幅值为 2

---

① 英文原书中，"为 1.01"为"1.1"。

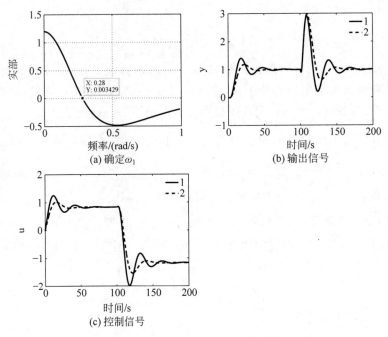

图 8.1　基于增益裕度时的设计过程和闭环响应(例8.1)

其中,1线的增益裕度为2；2线的增益裕度为3

的输入阶跃扰动在 $t=100s$ 时引入。图8.1(b)、(c)给出了闭环输出响应和控制信号响应。可以看出,增益裕度较大时,闭环系统响应较慢,振荡较小。

基于相位裕度进行设计。取期望的相位裕度 $\theta=\dfrac{\pi}{3}$,在频率为 ω_1 时,期望的开环频率响应为:

$$L_d(j\omega) = -\cos\frac{\pi}{3} - j\sin\frac{\pi}{3} = -0.5 - j0.866$$

结合 ω_1 和 $G(j\omega_1)$ 的信息,有:

$$\frac{j\omega_1 L_d(j\omega_1)}{G(j\omega_1)} = 0.1529 + j0.2709$$

得:

$$c_0 = 0.1529; \quad c_1 = \frac{0.2709}{0.2828} = 0.958$$

PI 控制器参数为 $K_c=0.958$；$\tau_I=\dfrac{c_1}{c_0}=6.267$。显然,基于相位裕度指标进行设计,得到的比例增益和积分时间常数更大。对该比例积分控制系统进行闭环仿真研究,以评估给定值跟踪和输入扰动抑制性能。图8.2(a)给出了输出响应,图8.2(b)给出了控制信号响应。可以看出,与本例第一部分基于增益裕度设计的系统相比,闭环系统响应速度更快。

下例是为了说明如何用 PI 控制器来控制高阶延迟复杂系统,这种情况下,若使用其他

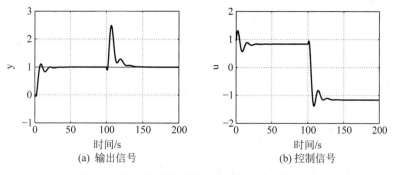

图 8.2 基于相位裕度设计的闭环响应(例 8.1)

方法设计是很困难的。基于增益裕度指标的闭环性能留作练习(见问题 8.1)。

【例 8.2】 复杂系统的传递函数为:

$$G(s) = \frac{-3(-s^2 + s + 1)}{(10s+1)(8s+1)(6s+1)(5s+1)} e^{-6s} \tag{8.6}$$

指定期望的相位裕度为 $\theta = \dfrac{\pi}{3}$,设计一个 PI 控制器,并评估闭环性能。

解 频率响应 $G(j\omega)$ 如图 8.3(a)所示,其实部如图 8.3(b)所示,据此选择频率 $\omega_1 = 0.048$,得出 $G(j\omega_1) = 0.6442 + j2.2672$。对于一直期望相位裕度 $\theta = \dfrac{\pi}{3}$ 的情况,频率为 ω_1 时期望开环频率响应为:

$$L_d(j\omega) = -\cos\frac{\pi}{3} - j\sin\frac{\pi}{3} = -0.5 - j0.866$$

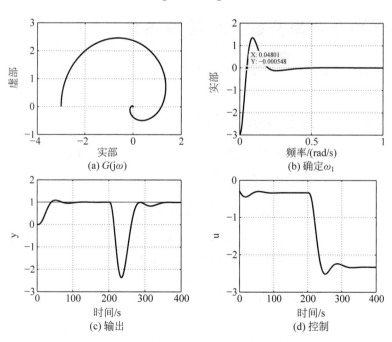

图 8.3 基于相位裕度时的设计过程和闭环响应(例 8.2)

有：

$$\frac{j\omega_1 L_d(j\omega_1)}{G(j\omega_1)} = -0.0148 - j0.0143$$

得：$c_0 = -0.0148, c_1 = -0.2955$。所以，$K_c = -0.2955, \tau_I = 20.0154$。

为了评估比例积分控制系统的闭环性能，对闭环系统进行仿真研究，给定输入为单位阶跃，幅值为 2 的阶跃扰动在 200s 时进入系统，比例控制仅作用于输出。图 8.3(c)、(d)给出了闭环控制结果。结果表明，即使过程是复杂高阶的，PI 控制器也能得到稳定和满意的结果。但是，对输入扰动的响应非常慢。

必须强调的是，基于增益裕度或相位裕度指标设计的比例积分控制器对于严重欠阻尼系统和不稳定系统不适用。这是因为对于此类系统，要反映不希望出现的过程特性，开环频率响应 $L_d(j\omega)$ 计算过程非常复杂，这可以由问题 8.1 验证。

8.2.3　进一步思考

（1）如果用一阶延迟模型或二阶延迟模型来拟合高阶传递函数的频率响应，如何估计时延参数 d？

（2）当使用近似模型设计 PID 控制器时，你认为闭环系统的稳定性有保证吗？

（3）针对原高阶系统检查闭环稳定性，这种做法是否正确？

（4）如果原系统频率响应的幅值 $|G(j\omega)|$ 随 ω 增大而逐渐衰减，基于增益裕度或相位裕度指标的 PI 控制器设计方法能保证原系统闭环稳定吗？

（5）若原系统包含一对欠阻尼模态，那么其频率响应的幅值会随着 ω 增大而逐渐衰减吗？

8.3　基于两个频率点的 PID 控制器设计

本节从回路传递函数频率响应曲线拟合的角度，讨论一种简单、直观的 PID 控制器设计方法。

8.3.1　PID 控制器参数的求解

由 PI 控制器设计可知，频率为 ω_1 的过程频率响应信息足以求出两个参数（K_c 和 τ_I）。因为 PID 控制器包含 3 个参数，自然需要两个频率 ω_1 和 $\omega_2 (\omega_1 \neq \omega_2)$ 的过程频率响应信息以唯一确定 3 个参数 K_c、τ_I、τ_D。

首先假设期望的开环频率响应 $L_d(j\omega)$ 及控制对象的频率响应 $G(j\omega)$ 在频率 $\omega = \omega_1$ 和 $\omega = \omega_2$ 下已知，且假设 $\omega_1 < \omega_2$。$L_d(j\omega)$ 指标以及频率点 ω_1 和 ω_2 将在后面讨论。

对一个 PID 控制系统，频率为 ω_1 时实际开环频率响应为：

$$L(j\omega_1) = \frac{c_2(j\omega_1)^2 + c_1 j\omega_1 + c_0}{j\omega_1} G(j\omega_1)$$

频率 ω_2 时为：

$$L(j\omega_2) = \frac{c_2(j\omega_2)^2 + c_1 j\omega_2 + c_0}{j\omega_2} G(j\omega_2)$$

使:

$$L(j\omega_1) = L_d(j\omega_1) \tag{8.7}$$

$$L(j\omega_2) = L_d(j\omega_2) \tag{8.8}$$

比较等式的实部和虚部,下列线性方程成立:

$$c_1\omega_1 = \text{Imag}[w(j\omega_1)] \tag{8.9}$$

$$-c_2\omega_1^2 + c_0 = \text{Real}[w(j\omega_1)] \tag{8.10}$$

$$-c_2\omega_2^2 + c_0 = \text{Real}[w(j\omega_2)] \tag{8.11}$$

简化方程得:

$$w(j\omega_1) = \frac{j\omega_1 L_d(j\omega_1)}{G(j\omega_1)} \tag{8.12}$$

$$w(j\omega_2) = \frac{j\omega_2 L_d(j\omega_2)}{G(j\omega_2)} \tag{8.13}$$

由式(8.9),计算系数 c_1:

$$c_1 = \frac{\text{Imag}[w(j\omega_1)]}{\omega_1} \tag{8.14}$$

由式(8.10)和式(8.11),求解两个线性方程,得系数 c_d 和 c_0:

$$c_2 = \frac{\text{Real}[w(j\omega_2)] - \text{Real}[w(j\omega_1)]}{\omega_1^2 - \omega_2^2} \tag{8.15}$$

$$c_0 = c_2\omega_1^2 + \text{Real}[w(j\omega_1)] \tag{8.16}$$

最后,给出关于 c_2、c_1、c_0 的 PID 控制器参数:

$$K_c = c_1; \quad \tau_I = \frac{c_1}{c_0}; \quad \tau_D = \frac{c_2}{c_1}$$

因为设计中使用了两个频率 ω_1 和 ω_2,所以无论是选择频率 ω_1 和 ω_2 本身,还是选择频率 ω_1 和 ω_2 时的 $L_d(j\omega)$,都需要多加考虑。当然,前提是对 $L_d(j\omega)$ 的选择,期望的增益裕度和相位裕度是合适的。难点在于要找到满足期望增益裕度和相位裕度的合适的 $L_d(j\omega)$ 以及 ω_1 和 ω_2。下例说明指定 $L_d(j\omega)$ 是困难的。

【例8.3】 考虑例 8.2 高阶系统的 PID 控制器设计[见式(8.6)给出的传递函数]。取 $\omega_1 = 0.0485$,$\omega_2 = 0.108$[$G(j\omega)$ 的穿越频率],期望的相位裕度 $\theta = \dfrac{\pi}{3}$,通过改变期望的增益裕度设计一个 PID 控制器。

解 容易验证:对任意小于 $1/0.3 = 3.33$ 的期望增益裕度,微分增益 τ_D 为负。实际上,微分滤波器通常与微分增益 τ_D 一起使用,形为 $\dfrac{\tau_D s}{0.1\tau_D s + 1}$,负值的 τ_D 使滤波器变得不稳定,这无疑会使没有微分项时控制器的情况更好。

将期望的增益裕度增大到 5,由于 $\omega_1 = 0.0485$,$\omega_2 = 0.108$,期望的相位裕度 $\theta = \dfrac{\pi}{3}$,计算 PID 控制器参数为:

$$K_c = -0.2955; \quad \tau_I = 18.8527; \quad \tau_D = 1.3110$$

与例 8.2 中设计的 PI 控制器相比,比例增益相同,但积分时间常数减小。对闭环系统进行仿真,其中比例控制仅作用于输出,微分控制由时间常数为 $0.1\tau_D$ 的微分滤波器实现。图 8.4 将 PID 控制系统的闭环响应与例 8.2 中 PI 控制系统的闭环响应进行了比较。可以看出,与 PI 控制器相比,PID 控制器的性能改善非常小。同样,对输入扰动的闭环响应振荡而且缓慢。

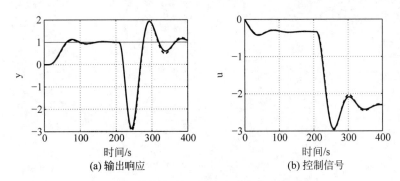

(a) 输出响应　　　　　　　　(b) 控制信号

图 8.4　PI 和 PID 控制系统闭环响应的比较(例 8.3)

其中,实线表示 PID 控制系统,虚线表示 PI 控制系统

8.3.2　使用两个频率点的期望闭环性能指标

显然,通过选择 $L_d(j\omega)$ 获得期望的闭环性能指标在基于频率响应的 PID 控制器设计中起着重要作用。就闭环稳定性而言,增益裕度和相位裕度等参数相对容易指定;但是,很难将它们与实际闭环响应的给定值跟踪和扰动抑制性能联系起来。

有必要找到一种系统而简单的方法来指定 $L_d(j\omega)$,以满足闭环响应的给定值跟踪和扰动抑制性能。除了性能指标之外,PID 控制器设计的另一个重要方面在于,由于控制器结构的复杂性受限,期望和可实现之间存在差异。换句话说,对 PID 控制系统的要求不一定可实现。

指定期望开环频率响应 $L_d(j\omega)$ 的有效方法之一是指定补灵敏度函数的期望频率响应 $T_d(j\omega)$,其中:

$$T_d(j\omega) = \frac{L_d(j\omega)}{1 + L_d(j\omega)}$$

这样,如果指定了 $L_d(j\omega)$,则 $L_d(j\omega)$ 可计算如下:

$$L_d(j\omega) = \frac{T_d(j\omega)}{1 - T_d(j\omega)} \tag{8.17}$$

$T_d(j\omega)$ 的特性与给定值跟踪和噪声衰减直接相关,并通过期望灵敏度函数的频率响应与扰动抑制间接相关。

$$S_d(j\omega) = 1 - T_d(j\omega)$$

补灵敏度函数有什么关键特征?下面列出了 4 个基本特征。

(1) 期望的补灵敏度函数 $T_d(s)$ 必须使所有极点位于复平面的左半部分。

(2) 带 PID 控制器的反馈控制,在 $s=0$ 时,补灵敏度 $T_d(s)$ 必为 1。

(3) $G(s)$ 中控制对象的不稳定零点将出现 $T_d(s)$ 中,因为控制对象的不稳定零点不能由反馈控制改变。

(4) 控制对象的时延 e^{-ds} 将出现在期望的补灵敏度函数中,因为控制对象的时延不能由反馈控制改变。

所有特性都很容易由闭环传递函数计算验证(验证过程留作练习)。

鉴于期望补灵敏度函数的特性,如果没有关于系统传递函数 $G(s)$ 的全面认识,单独选择合适的 $T_d(s)$ 是一项困难的任务,如果仅给出控制对象的一个或两个频率点的频率信息 $G(j\omega)$,这一任务变得更加困难。

为了使基于频率响应数据的 PID 控制器设计有效并能够像原来那样简单。Wang 等(1995)提出了 $T_d(s)$ 指标,并由 Wang 和 Lookett(2000)详细描述。

假设控制对象传递函数 $G(s)$ 稳定,所有极点均位于左半复平面,并且系统没有严重的欠阻尼极点。根据这些假设,在过阻尼闭环控制系统中,控制信号对阶跃给定信号的响应形式可以由一阶响应来近似。这样,该过程由具有一阶传递函数的期望控制灵敏度函数 $S_u(s)$ 描述:

$$S_u(s) = \frac{1}{K_p} \frac{\dfrac{1}{\beta}\tau_{cl}s + 1}{\tau_{cl}s + 1} \tag{8.18}$$

这里 $\tau_{cl} > 0$ 为控制信号期望的闭环时间常数,取 β 参数使 $\dfrac{\tau_{cl}}{\beta} > 0$ 近似等于系统的主导时间常数,K_p 为系统的稳态增益。当系统的主导时间常数未知时,β 为整定参数,设计中使用控制对象频率响应数据就属于这种情况。

期望补灵敏度函数由以下形式的期望控制灵敏度函数得出:

$$T_d(s) = S_u(s)G(s) = \frac{1}{K_p} \frac{\dfrac{1}{\beta}\tau_{cl}s + 1}{\tau_{cl}s + 1}G(s) \tag{8.19}$$

显然,由于 $\tau_{cl} > 0$,且假定传递函数 $G(s)$ 稳定,那么 $T_d(s)$ 稳定;因系数为 $\dfrac{1}{K_p}$,其中 K_p 为 $G(s)$ 的稳态增益,这使 $T_d(s)$ 的稳态值($s=0$)等于 1；并且 $G(s)$ 中的时延或零点包含在 $T_d(s)$ 中；因此,$T_d(s)$ 的所有 4 个特征都包含于这个简单的指标。

如果控制对象的主导时间常数估计(或已知)为 τ_{op},则期望的闭环时间常数 τ_{cl} 选为 $\beta\tau_{op}$,其中 $\beta = \dfrac{\tau_{cl}}{\tau_{op}}$。

8.3.3　设计示例

【例8.4】　考虑例 8.2 中高阶系统的 PID 控制器设计[参见式(8.6)给出的传递函数]。取 $\omega_1 = 0.04801, \omega_2 = 0.108$[即 $G(j\omega)$ 的穿越频率],与例 8.3 相同。固定 $\tau_{cl} = 3$,研究 β 对闭环系统给定值跟踪和扰动抑制性能的影响。

解　系统传递函数已知,则 $\tau_{cl} = 3$ 时期望的补灵敏度函数 $T_d(s)$ 为:

$$T_d(s) = \frac{1}{K_p} \frac{\dfrac{\tau_{cl}}{\beta}s + 1}{\tau_{cl}s + 1}G(s) = \frac{\dfrac{3}{\beta}s + 1}{3s + 1} \frac{(-s^2 + s + 1)}{(10s + 1)(8s + 1)(6s + 1)(5s + 1)}e^{-6s}$$

这里,$\tau_{cl} = 3$ 为期望的闭环系统增加了一个小的时间常数,这基本上不会影响期望的闭环响应速度。但是，$\dfrac{\tau_{cl}}{\beta}$ 在 $T_d(s)$ 中增加了一个相角超前成分，这将影响期望的闭环响应速度。

首先考虑取 $\beta=\dfrac{3}{10}$，这将引起最大时间常数 10 对应的零极点对消。此时，频率 ω_1 和 ω_2 时期望的回路频率响应由式(8.17)计算：

$$L_d(j\omega_1)=-0.3986-j0.6717;\quad L_d(j\omega_2)=-0.3420-j0.1166$$

由式(8.14)～式(8.16)计算 PID 控制器系数 c_2、c_1、c_0，基于此，得 PID 控制器参数为：

$$K_c=-0.2837;\quad \tau_I=22.1468;\quad \tau_D=7.2192 \tag{8.20}$$

为了进行比较，研究 β 对于闭环响应的影响。取 $\beta=\dfrac{3}{20}$，计算 PID 控制器参数为：

$$K_c=-0.4083;\quad \tau_I=20.3657;\quad \tau_D=8.4836$$

进一步减小 β，使 $\beta=\dfrac{3}{30}$，得 PID 控制器参数：

$$K_c=-0.4526;\quad \tau_I=14.4588;\quad \tau_D=10.4671$$

显然，随着 β 的减小，比例控制增益 K_c 幅值增大，积分时间常数 τ_I 减小，微分增益 τ_D 增大。PID 控制器参数表明闭环响应随着 β 减小而变快。图 8.5 比较了 3 种情况下闭环系统单位阶跃响应和输入扰动抑制的仿真结果，其中扰动幅值为 2，在 $t=200s$ 时加入系统。与基于增益和相位裕度指标时的闭环响应相比(参见例 8.3 和图 8.4)，可以清楚地看到，该指标显著改善了对输入扰动的闭环响应。

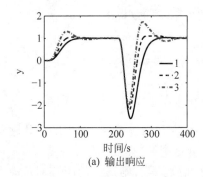
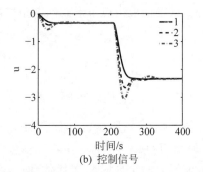

(a) 输出响应   (b) 控制信号

图 8.5   不同性能指标的 PID 控制系统闭环响应比较(例 8.4)

1 线中 $\tau_{cl}=3,\beta=\dfrac{3}{10}$；2 线中 $\tau_{cl}=3,\beta=\dfrac{3}{20}$；3 线中 $\tau_{cl}=3,\beta=\dfrac{3}{30}$

注意，仿真使用了时间常数为 $0.1\tau_D$ 的微分滤波器，且比例控制和微分控制仅作用于输出。

8.3.4   由两个频率点设计 PID 控制器的 MATLAB 教程

以下两个教程给出由两个频率响应点生成 PID 控制器设计的 MATLAB 程序(参见教程 8.1)，并使用仿真示例进行测试(参见教程 8.2)。

教程 8.1   因需要控制对象两个特定频率的频率信息，这里由"$w1$"和"$w2$"两个频率表示。"$w1$"处的频率响应用"$Gjw1$"表示，"$w2$"处的频率响应用"$Gjw2$"表示。和 PI 控制器设计一样，K 为稳态增益的估计，$beta$ 和 $taucl$ 由控制灵敏度函数指定：

$$S_{\mathrm{u}}(s) = \frac{1}{K} \frac{\frac{1}{\beta}\tau_{\mathrm{cl}}s + 1}{\tau_{\mathrm{cl}}s + 1}$$

步骤

(1) 为 MATLAB 函数创建一个新文件,命名为 FR4PID. m。

(2) 为 MATLAB 函数定义输入和输出变量。输入以下程序:

```
Function
[Kc, tauI, tauD] = FR4PID(beta, taucl, w1, w2, Gjw1, Gjw2, K)
```

(3) 计算 ω_1 和 ω_2 处控制灵敏度函数的频率响应。输入以下程序:

```
j = sqrt( - 1);
Sujw1 = (j * w1 * taucl/beta + 1)/(K * (j * w1 * taucl + 1));
Sujw2 = (j * w2 * taucl/beta + 1)/(K * (j * w2 * taucl + 1));
```

(4) 计算 ω_1 和 ω_2 处补灵敏度函数的频率响应 $T(\mathrm{j}\omega)$ 和期望的开环频率响应 $L_{\mathrm{d}}(\mathrm{j}\omega)$。输入以下程序:

```
Tjw1 = Sujw1 * Gjw1;
Ljw1 = Tjw1/(1 - Tjw1);
Tjw2 = Sujw2 * Gjw2;
Ljw2 = Tjw2/(1 - Tjw2);
```

(5) 由式(8.12)和式(8.13)计算 $w(\mathrm{j}\omega_1)$ 和 $w(\mathrm{j}\omega_2)$。输入以下程序:

```
Xjw1 = j * w1 * Ljw1/Gjw1;
Xjw2 = j * w2 * Ljw2/Gjw2;
```

(6) 由 $w(\mathrm{j}\omega_1)$ 和 $w(\mathrm{j}\omega_2)$ 计算控制器系数 c_2、c_1、c_0。输入以下程序:

```
c1 = imag(Xjw1)/w1;
c2 = - (real(Xjw2) - real(Xjw1))/(w2    2 - w1    2);
c0 = c2 * w1    2 + real(Xjw1);
```

(7) 最后,计算 PID 控制器参数 K_{c}、τ_{I}、τ_{D}。输入以下程序:

```
Kc = c1;
tauI = c1/c0;
tauD = c2/c1;
```

需要对该程序进行测试,以便实际应用。

教程 8.2 选择一个具有主导时延的系统,传递函数为:

$$G(s) = \frac{0.4\mathrm{e}^{-20s}}{(2s + 1)^2 (s + 1)}$$

步骤

(1) 创建一个名为"test4FR2PID. m"的新文件。

(2) 定义要测试的系统。输入以下程序:

```
delay = 20;
K = 0.4;
num = K;
```

```
tau1 = 2;
tau2 = 2;
tau3 = 1;
den1 = conv([tau1 1],[tau2 1]);
den = conv(den1,[tau3 1]);
w = 0.001:0.01:1;
Gjw0 = freqs(num,den,w). * exp( - j * w * delay);
```

（3）如前所述绘制"$Gjw0$"的实部和虚部,找出 $\omega_{\frac{\pi}{2}}=0.061$ 和 $\omega_{\pi}=0.131$。

（4）由这两个频率求 PID 控制器参数,需要在频率计算时加入时延。继续输入程序：

```
w1 = [0.061 0.131];
Gjw = freqs(num,den,w1). * exp( - j * w1 * delay);
```

（5）取 $\beta=5,\tau_{cl}=5$,由函数 FR4PID. m 计算 PID 控制器参数。继续输入程序：

```
taucl = 5;
beta = 5;
[Kc,tauI,tauD] = FR4PID(beta, taucl,w1(1),w1(2),Gjw(1),Gjw(2),K);
```

（6）由函数求解,得 $K_c=0.9924$;$\tau_I=11.1598$;$\tau_D=3.3389$。

（7）如果希望闭环响应较慢,可以增大期望的闭环时间常数 τ_{cl}。当 $\tau_{cl}=10,\beta=5$ 时,$K_c=0.7994$;$\tau_I=10.5643$;$\tau_D=1.7446$。

采用微分滤波器对 PID 控制系统进行闭环仿真,滤波器时间常数为 $0.1\tau_D$。比例控制项和微分控制项仅作用于输出。图 8.6 给出了单位阶跃信号下的给定值跟踪和扰动抑制的闭环响应。幅值为 2 的阶跃输入扰动在 $t=100s$ 时加入系统。可以看出,增大 τ_{cl},闭环响应速度降低,而较小的 τ_{cl} 可使轻微振荡消除。

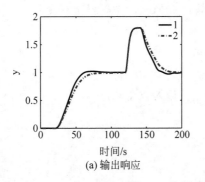
(a) 输出响应

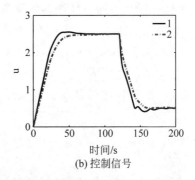
(b) 控制信号

图 8.6　PID 控制系统闭环响应的比较

其中,1 线中 $\tau_{cl}=5,\beta=5$；2 线中 $\tau_{cl}=10,\beta=5$

注意,MATLAB 程序 FR4PID. m 将用于第 9 章的自动调谐器自整定设计,其中,在 ω_1 和 ω_2 处控制对象的频率信息将由继电反馈实验得到。此外,如果微分增益 τ_D 为负或太小,则 PID 控制器将退化为 PI 控制器。对于 PI 控制器的情形,由 FR4PID. m 程序计算的比例增益 K_c 和 τ_I 保持不变。

8.3.5　啤酒过滤过程的 PID 控制器设计

Lees 和 Wang(2015)的研究对于啤酒过滤过程的不同工况,估计了两个传递函数模型。

对第一种工况进行阶跃响应实验,获得估计的传递函数:

$$G_1(s) = \frac{0.0216s - 0.0031}{s^2 + 0.5978s + 0.0445} e^{-\frac{s}{6}}$$

对于第二种工况,估计的传递函数为:

$$G_2(s) = \frac{0.0174s - 0.0046}{s^2 + 0.5978s + 0.0445} e^{-\frac{s}{6}}$$

其中传递函数的时间单位为分钟(min),而不是秒(s)。过滤过程显然是一个非线性系统,其系统动态模型随工况而变化。

为了给系统设计一个单独的 PID 控制器,传递函数模型的频率响应被逐点平均。图 8.7 给出了频率响应 $G_1(j\omega)$、$G_2(j\omega)$ 和平均频率响应 $G_a(j\omega)$。为了得到两个频率响应点 ω_1 和 ω_2,检查 $G_a(j\omega)$ 的实部和虚部,其中 $\omega_1 = 0.133$ 为 $G_a(j\omega)$ 的实部由负变为正的点,$\omega_2 = 0.432$ 为虚部由正变为负的点。对应的频率响应 $G_a(j\omega)$ 在 $\omega = \omega_1$ 时为 $0.0009 + j0.0532$,在 $\omega = \omega_2$ 时为 $0.037 + j0.0001$。

期望的闭环性能由以下关系式在 ω_1 和 ω_2 处得出:

$$T_d(j\omega) = \frac{1}{K_p} \frac{\frac{1}{\beta}\tau_{cl}j\omega + 1}{\tau_{cl}j\omega + 1} G_a(j\omega) \tag{8.21}$$

其中,$K_p = 0.0696$,$\tau_{cl} = 7.187$,$\beta = 0.625$。注意到已经选择 $\frac{\tau_{cl}}{\beta} = 11.5$,这对应于 $G_1(s)$ 的主导时间常数。

图 8.8 给出了频率响应 $C(j\omega)G_1(j\omega)$ 和 $C(j\omega)G_2(j\omega)$,由此可以估计闭环控制系统的最小增益裕度为 2,相位裕度为 $\pi/4$。

在闭环仿真中,对 PID 控制器进行了离散化,并对微分项增加时间常数 $\tau_f = 0.1\tau_D$ 的微分滤波器,以避免放大测量噪声。离散控制信号由式(4.40)进行计算,用于实现。此外,对控制信号进行量化,以由设备操作员实现控制系统。量化的控制信号为 0.01 的倍数,这对应于作为基本单位的控制信号 1% 的变化。如果计算出的控制信号变化 $|\Delta u| = |u(t_i) - u(t_{i-1})|$ 小于 1%,则控制信号保持不变。

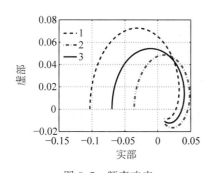

图 8.7　频率响应

其中,1 表示 $G_1(j\omega)$;2 表示 $G_2(j\omega)$;3 表示 $G_a(j\omega)$

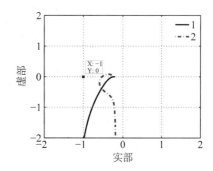

图 8.8　奈奎斯特图

其中,1 表示 $C(j\omega)G_1(j\omega)$;2 表示 $C(j\omega)G_2(j\omega)$

由于过滤操作使输出随时间下降,控制目标就是保持输出 $y(t)$ 恒定。对闭环控制系统进行仿真,加入输出扰动同时保持给定信号作用下响应不变。扰动的典型情况是模拟 $y(t)$

作一系列阶梯式减弱。由于非线性,在仿真研究中使用相同的 PID 控制器来控制 $G_1(\mathrm{j}\omega)$ 和 $G_2(\mathrm{j}\omega)$。图 8.9 给出了在输出扰动阶梯变化时的控制信号响应和输出响应。可以看出,在存在扰动的情况下,闭环 PID 控制仍保持了恒定的输出值。但是,相同的滤波器在不同运行时间,$G_2(\mathrm{j}\omega)$ 稳态增益较小,对应于过滤器工况恶化。因此,需要更大的稳态控制信号来维持相同的工况。比较图 8.9(a) 中的控制信号可以明显看出这一点。

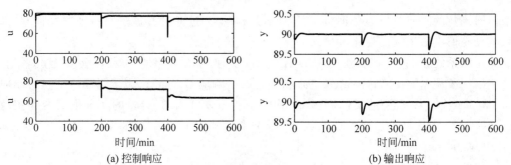

(a) 控制响应   (b) 输出响应

其中,上图为使用$G_1(s)$的结果,下图为使用$G_2(s)$的结果   其中,上图为使用$G_1(s)$的结果,下图为使用$G_2(s)$的结果

图 8.9 奈奎斯特图

8.3.6 进一步思考

(1) 求解 PID 控制器参数时[见式(8.14)~式(8.16)],比例控制器增益 K_c 仅使用第一个频率点 ω_1 的信息,而 τ_I 和 τ_D 分别使用第一个和第二个频率点的信息,这种说法正确吗?

(2) 在求出控制器参数 K_c、τ_I、τ_D 后,使用来自两个频率点的信息,可以选择不同的控制器组合,而不改变它们的参数。第一种情况下,可以用比例控制器,比例增益为 K_c;或者用 PI 控制器,参数分别为 K_c 和 τ_I;或者用 PID 控制器,参数分别为 K_c、τ_I、τ_D;或者用 PD 控制器,参数分别为 K_c 和 τ_D,为什么频域设计会有这样的结果?

(3) 为了便于实现,选择了 ω_1 和 ω_2。是否可以选择其他频率点,只要位于中频范围且包含穿越频率?为什么?

(4) 在期望闭环传递函数的指标中[见式(8.19)],如果参数 $\beta=1$,闭环主导时间常数指定为等于开环主导时间常数,而稳态增益为 1。这是默认选择吗?

8.4 积分系统的 PID 控制器设计

积分系统的 PID 控制在控制工程应用中变得越来越重要。大量的机电系统可归类为积分延迟系统。例如,机器人的角位置控制是积分系统的控制,四旋翼控制也与积分系统的控制有关。

最常见的积分系统除了具有一阶或高阶动态外,还存在时延。因为积分有一个极点位于复平面的原点,本质上这是积分系统的主导动态,所以在设计 PID 控制器时,不一定要控制一阶或更高阶的动态。相反,在设计 PID 控制系统时,这些稳定的动态可以用一个等效延迟来近似描述相位滞后效应。

8.4.1　近似模型

设积分系统的近似模型为：

$$G(s) = \frac{K_p e^{-ds}}{s} \tag{8.22}$$

其中，K_p 为积分系统的增益，d 为时延。对于大多数物理系统，获得积分延迟模型或多或少涉及模型近似。频率响应分析是求取式(8.22)中参数的一个简单途径。

假设频率为 ω_1 时，频率响应 $G(j\omega_1)$ 已知。在许多应用中，该频率信息 $G(j\omega_1)$ 由继电实验进行估计，第9章将对此进行介绍。

现在，使积分延迟模型式(8.22)的频率响应等于测量的 $G(j\omega_1)$，即

$$\frac{K_p e^{-dj\omega_1}}{j\omega_1} = G(j\omega_1) \tag{8.23}$$

式(8.23)两边幅值相等，得：

$$K_p = \omega_1 |G(j\omega_1)| \tag{8.24}$$

这里 $|e^{-jd\omega_1}| = 1$。另外，由式(8.23)，知以下关系成立：

$$e^{-jd\omega_1} = \frac{j\omega_1 G(j\omega_1)}{K_p}$$

这样可得到时延的估计：

$$d = -\frac{1}{\omega_1} \tan^{-1} \frac{\text{Imag}(jG(j\omega_1))}{\text{Real}(jG(j\omega_1))}$$

可以看出，如果系统确实是积分延迟系统，那么单一频率下的控制对象信息足以确定控制对象的增益和时延。

8.4.2　期望闭环性能的选择

由于时延的传递函数 e^{-ds} 是无理的，基于模型的设计通常需要对模型进行近似(参见第3章)。避免近似的有效方法是由频率响应分析得出 PID 控制器参数。

与介绍的 PID 控制器设计类似，首先介绍期望的闭环性能指标。考虑 PID 控制器的结构：

$$C(s) = \frac{c_2 s^2 + c_1 s + c_0}{s}$$

以及积分延迟模型：

$$C(s) = \frac{K_p e^{-ds}}{s}$$

很明显，回路传递函数：

$$L_p(s) = \frac{K_p e^{-ds}}{s} \frac{c_2 s^2 + c_1 s + c_0}{s} \tag{8.25}$$

包含两个积分器。因此，期望的闭环性能应当反映这一特性。此外，还应满足 8.3.2 节中期望的补灵敏度函数的 4 个特征。据此选择期望的控制灵敏度函数更简单。

控制灵敏度函数的一种选择是以下形式：

$$S_u(s) = \frac{1}{K_p} \frac{s((2\xi\tau_{cl} + d)s + 1)}{\tau_{cl}^2 s^2 + 2\xi\tau_{cl}s + 1} \tag{8.26}$$

其中，$\tau_{cl} > 0$ 为期望的闭环时间常数，ξ 为阻尼系数，通常取 0.707 或 1。较大的 τ_{cl} 对应较慢的闭环响应速度。

期望的补灵敏度函数 $T_d(s)$ 由控制灵敏度 $S_u(s)$ 和模型 $G(s)$ 组成，为：

$$T_d(s) = G(s)S_u(s) = \frac{K_p e^{-ds}}{s} \frac{1}{K_p} \frac{s((2\xi\tau_{cl} + d)s + 1)}{\tau_{cl}^2 s^2 + 2\xi\tau_{cl}s + 1}$$

$$= \frac{((2\xi\tau_{cl} + d)s + 1)e^{-ds}}{\tau_{cl}^2 s^2 + 2\xi\tau_{cl}s + 1} \tag{8.27}$$

其中消去了稳态增益 K_p 和因子 s，得式(8.27)。

由式(8.27)可以看出，期望的补灵敏度函数 $T_d(s)$ 所有极点均位于复平面的左半部分。此外，在 $s=0$ 时，补灵敏度函数 $T_d(s)$ 等于 1，控制对象时延 e^{-ds} 出现在 $T_d(s)$ 的分子。这样，对于积分延迟系统进行 PID 控制时，8.3.2 节中讨论的所有特性都得到了满足。

此外，在期望的补灵敏度中引入了一个稳态零点 $s = -\dfrac{1}{2\xi\tau_{cl} + d}$，这是为了确保 $s=0$ 时，期望的回路传递函数 $L_d(s)$ 具有双积分器的结构，该结构与式(8.25)实际回路传递函数 $L_p(s)$ 相匹配。这可由以下计算来验证：

$$L_d(s) = \frac{T_d(s)}{1 - T_d(s)} = \frac{((2\xi\tau_{cl} + d)s + 1)e^{-ds}}{\tau_{cl}^2 s^2 + 2\xi\tau_{cl}s + 1 - ((2\xi\tau_{cl} + d)s + 1)e^{-ds}} \tag{8.28}$$

以泰勒级数展开无理数传递函数 e^{-ds}：

$$e^{-ds} = 1 - ds + \frac{1}{2!}(ds)^2 - \frac{1}{3!}(ds)^3 + \cdots \approx 1 - ds + O((ds)^2) \tag{8.29}$$

其中 $O((ds)^2)$ 表示泰勒级数中的高阶项。这样，$L_d(s)$ 的分母表示为：

$$\tau_{cl}^2 s^2 + 2\xi\tau_{cl}s + 1 - ((2\xi\tau_{cl} + d)s + 1)e^{-ds}$$
$$= \tau_{cl}^2 s^2 + 2\xi\tau_{cl}s + 1 - (1 + 2\xi\tau_{cl}s - d(2\xi\tau_{cl} + d)s^2) +$$
$$O((ds)^2)(((2\xi\tau_{cl} + d))s + 1)$$
$$= \tau_{cl}^2 s^2 + d(2\xi\tau_{cl} + d)s^2 - O((ds)^2)(((2\xi\tau_{cl} + d))s + 1) \tag{8.30}$$

由于式(8.30)中高阶，$O((ds)^2)$ 包含因子 s^d，那么显然 $L_d(s)$ 分母包含因子 s^d。

需要强调的是，由式(8.27)给出的 $T_d(s)$ 保证了期望的回路传递函数 $L_d(s)$ 在 $s=0$ 时具有与实际回路传递函数 $L_p(s)$ 相匹配的双积分器特性。这意味着在低频段，PID 控制器参数自动满足灵敏度函数对低频段的要求。对 PID 控制器参数的计算，这样选择期望的补灵敏度函数，减少了频率曲线的拟合误差。

8.4.3 参数的归一化和经验规则

为了归一化过程参数，以便由经验规则得出 PID 控制器参数，由式(8.25)重新写出实际回路传递函数 $L_p(s)$ 为：

$$L_p(s) = \frac{K_p e^{-ds}}{s} K_c \left(1 + \frac{1}{\tau_I s} + \tau_D s\right) = \frac{\hat{K}_c e^{-\hat{s}}}{\hat{s}} \left(1 + \frac{1}{\hat{\tau}_I \hat{s}} + \hat{\tau}_D \hat{s}\right) \tag{8.31}$$

其中，$\hat{s}=ds$，$\hat{K}_c=dK_pK_c$，$\hat{\tau}_I=\dfrac{\tau_I}{d}$，$\hat{\tau}_D=\dfrac{\tau_D}{d}$。为便于计算，将式(8.31)表示为：

$$L_p(s)=\frac{\mathrm{e}^{-\hat{s}}}{\hat{s}}\frac{\hat{c}_2\hat{s}^2+\hat{c}_1\hat{s}+\hat{c}_0}{\hat{s}} \tag{8.32}$$

定义其中的参数如下：

$$\hat{K}_c=\hat{c}_1;\quad \hat{\tau}_I=\frac{\hat{c}_1}{\hat{c}_0};\quad \hat{\tau}_D=\frac{\hat{c}_2}{\hat{c}_1}$$

注意，回路传递函数 $L_p(s)$ 不受过程增益 K_p 和时延 d 的影响。类似地，式(8.28)给出的期望回路传递函数 $L_d(s)$ 也需要归一化。为此，选择期望的闭环时间常数 τ_{cl} 为时延 d 的函数：

$$\tau_{cl}=\beta d \tag{8.33}$$

其中，$\beta>0$ 为用于设计的期望闭环性能参数。将式(8.28)重新写成：

$$
\begin{aligned}
L_d(s)&=\frac{((2\xi\beta d+d)s+1)\mathrm{e}^{-ds}}{\beta^2 d^2 s^2+2\xi\beta ds+1-((2\xi\beta d+d)s+1)\mathrm{e}^{-ds}}\\
&=\frac{((2\xi\beta+1)\hat{s}+1)\mathrm{e}^{-\hat{s}}}{\beta^2\hat{s}^2+2\xi\beta d\hat{s}+1-((2\xi\beta+1)\hat{s}+1)\mathrm{e}^{-\hat{s}}}
\end{aligned} \tag{8.34}
$$

注意，期望的回路传递函数 $L_d(s)$ 也不受时延参数 d 的影响。

　　PID控制器参数由8.3节中提出的频域方法求解，但频率点 $\hat{\omega}_1$ 和 $\hat{\omega}_2$ 选择不同[Wang和Quitte(2000)]。

　　因为PID控制器参数是归一化的，仅期望的闭环时间常数 $\tau_{cl}=\beta d$ 和阻尼系数可调。因此，可以根据参数 β 用数值方法求出归一化PID控制器参数，并形成经验规则。下面通过多项式拟合归一化PID控制器参数，以及增益和相位裕度，获得两组经验规则。

　　从 $\beta=1.0$ 到 $\beta=11$ 以增量0.1选择100个值，与阻尼系数 ξ 一起，计算出100组归一化PID控制器参数。使用MATLAB中的多项式拟合工具计算出PID参数，得到归一化参数的经验规则如表8.1和表8.2所示。计算出归一化PID控制器参数，然后利用缩放参数 K_p 和 d 得到实际的PID控制器参数：

$$K_c=\frac{\hat{K}_c}{dK_p};\quad \tau_I=\hat{\tau}_I d;\quad \tau_D=\hat{\tau}_D d \tag{8.35}$$

两个表中的多项式函数对原始数据的描述相当精确(见图8.10)。因此，对于给定的积分延迟系统，可简单地由表中给出的多项式方程计算PID控制器参数。

表 8.1　归一化 PID 控制器参数 $\xi=0.707$ ($1\leqslant\beta\leqslant11$)

$\hat{K}_c$	$\dfrac{1}{0.7184\beta+0.3661}$
$\hat{\tau}_I$	$1.3970\beta+1.2271$
$\hat{\tau}_D$	$\dfrac{1}{1.4275\beta+1.6450}$

表 8.2 归一化 PID 控制器参数 $\xi = 1$ ($1 \leqslant \beta \leqslant 11$)

$\hat{K}_c$	$\dfrac{1}{0.5138\beta + 0.5909}$
$\hat{\tau}_I$	$1.9886\beta + 1.2118$
$\hat{\tau}_D$	$\dfrac{1}{1.0156\beta + 1.7550}$

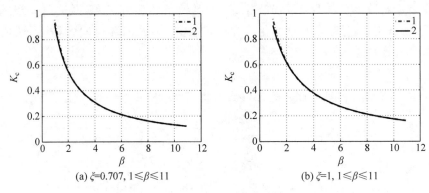

(a) $\xi = 0.707$, $1 \leqslant \beta \leqslant 11$　　(b) $\xi = 1$, $1 \leqslant \beta \leqslant 11$

图 8.10 计算归一化比例控制器增益

其中,1 线为数据;2 线使用表格 8.1 和 8.2

8.4.4　增益和相位裕度

由于原始的 PID 控制器参数由两个频率响应数据点计算而得,因此 PID 控制器参数可以组合使用,得到 PID 控制器、PI 控制器和 PD 控制器。

PID 控制器的增益和相位裕度由经验公式计算,它们也是参数 β 的函数,如图 8.11 所示。此外,PI 和 PD 控制器的增益和相位裕度的计算如图 8.12 和图 8.13 所示。在 PID 控制系统设计中,增益和相位裕度对测量系统闭环性能和量化鲁棒性很有帮助,还可为控制器结构的选择提供指导。

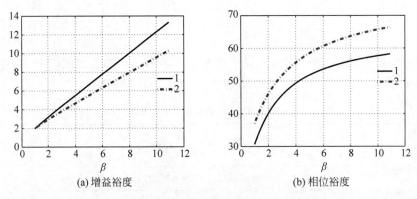

(a) 增益裕度　　　　　　　(b) 相位裕度

图 8.11 PID 控制器的增益裕度和相位裕度

其中,1 线使用表 8.1($\xi = 0.707$);2 线使用表 8.2($\xi = 1$)

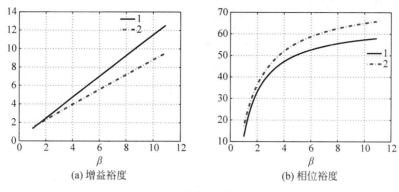

(a) 增益裕度　　　　　　　　　(b) 相位裕度

图 8.12　PI 控制器的增益裕度和相位裕度

1 线使用表 8.1($\xi=0.707$)；2 线使用表 8.2($\xi=1$)

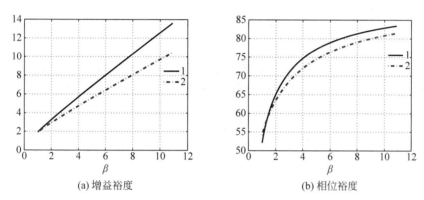

(a) 增益裕度　　　　　　　　　(b) 相位裕度

图 8.13　PD 控制器的增益裕度和相位裕度

1 线使用表 8.1($\xi=0.707$)；2 线使用表 8.2($\xi=1$)

8.4.5　仿真示例

【例 8.5】　考虑积分延迟系统的传递函数为：

$$G(s) = \frac{e^{-5s}}{s}$$

本例第一部分将评估所设计的 PID、PI、PD 控制器的性能；第二部分将说明闭环性能类似于由极点配置方法设计的 PID 控制器。但使用基于模型的设计时，没有可比较的 PI 或 PD 控制器。阻尼系数 ξ 取 0.707。

解　由图 8.11～图 8.13 知，当 $\beta=1$ 时，可以看到 PID 控制系统的相位裕度约为 $45°$，PI 控制系统的相位裕度约为 $20°$，PD 控制系统的相位裕度约为 $55°$，均超过 1.8。可以预见，3 种控制器闭环系统都是稳定的。使用 PI 控制器时，由于相位裕度太小，会出现闭环振荡。通常相位裕度应大于 $40°$，以避免闭环振荡。

由表 8.1 知，计算归一化 PID 控制器参数时，由式（8.35）计算实际 PID 控制器参数为：

$$K_c = 0.1844; \quad \tau_I = 13.1205; \quad \tau_D = 1.6297$$

对闭环系统进行仿真，其中阶跃给定信号在 $t=0$ 时刻引入，输入阶跃扰动在 $t=150\text{s}$ 时进入系统。PI 控制器形如 $C(s) = K_c\left(1 + \dfrac{1}{\tau_I s}\right)$，PD 控制器形如 $C(s) = K_c\left(1 + \dfrac{\tau_D s}{0.1\tau_D s + 1}\right)$。所有微分项均作用于输出端。图 8.14 比较了 3 个控制系统的控制信号和输出信号。可以看出，PID 控制系统性能令人满意；对于 PI 控制系统，由于相位裕度小，发生振荡响应；PD 控制器给定值跟踪性能更好，但不能抑制输入阶跃干扰，扰动抑制存在稳态误差。

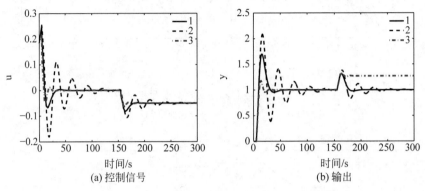

(a) 控制信号　　　　　　(b) 输出

图 8.14　三种控制器闭环性能的比较（例 8.5）

其中，1 线表示 PID 控制响应；2 线表示 PI 控制响应；3 线表示 PD 控制响应

　　本例第二部分用极点配置方法为积分延迟模型设计 PID 控制器。这里，采用 Padé 近似对时延进行近似，得：

$$G_p(s) = \frac{e^{-5s}}{s} \approx \frac{(-s + 0.4)}{s(s + 0.4)} \tag{8.36}$$

　　选择期望的闭环多项式如下：

$$A_{cl} = (s^2 + 0.707\omega_n s + \omega_n^2)(s + 5\omega_n)^2$$

其中，$\omega_n = 1/d = 0.2$，这相当于选择闭环主导时间常数 d。此时，主导闭环时间常数与前面一样。采用极点配置设计方法，得到 PID 控制器参数为：

$$K_c = 0.2581; \quad \tau_I = 11.3425; \quad \tau_D = 1.9870; \quad \tau_f = 0.2275$$

　　虽然两种设计方法选择了相同的期望闭环时间常数，但基于模型的设计方法中，闭环控制系统发生振荡（见图 8.15）。这很可能是由近似传递函数和实际积分延迟模型之间的建模误差引起的[见式(8.36)]。

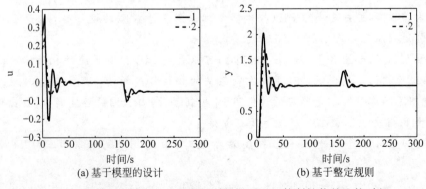

(a) 基于模型的设计　　　　　　(b) 基于整定规则

图 8.15　基于模型设计和基于整定规则的闭环 PID 控制性能的比较（例 8.5）

有趣的是,对基于模型的设计,直接组合比例和积分控制是不稳定的。

8.4.6 进一步思考

（1）在推导积分延迟系统的 PID 控制器时,为什么期望的闭环控制灵敏度函数包含一个稳定的零点?

（2）观察式(8.27)中期望的补灵敏度函数 $T_d(s)$,对阶跃给定信号下的闭环响应是否会出现超调? 如果希望消除超调,在二自由度控制器实现时,应该选择什么样的给定滤波器?

（3）为了得到积分延迟模型的近似,应使频率 ω_1 位于系统 Nyquist 曲线的哪个区域?为什么?

8.5 小结

本章讨论了几种利用频域信息设计 PID 控制器的方法。可以使用频域指标增益裕度和相位裕度来设计 PID 控制器。增益裕度和相位裕度指标的一个缺点是:这些参数与闭环响应速度的关系不够简单直观。

本章其他重要内容总结如下。

- 对两个频率点的开环频率响应进行曲线拟合,可找到 PID 控制器参数的解析解。该方法通过补灵敏度函数得出的闭环性能指标就是期望的主导时间常数。
- 为了用有限数量的控制器参数产生最佳拟合效果,补灵敏度函数包含控制对象的零点和时延。
- 该方法的一个特例是积分延迟系统的 PID 控制器。通过一个归一化的时延参数,PID 控制器参数可以简单地表示成经验公式,并达到增益裕度目标和相位裕度目标。

8.6 进一步阅读

（1）基于两点频率响应数据的 PID 控制器设计方法最早是由 Wang 等(1995)、Wang和 Lockett(1997)、Wang 和 Lockett(2000)提出。

（2）更多使用增益裕度和相位裕度指标的 PID 控制器设计技术见 Ho 等(1995)、Ho 等(1996)、Ho 和 Xu(1998)、Ho 等(1998)、Ho 等(2000)。

（3）Wang 等(1999)利用两个频率响应点,结合非线性优化,得到二阶延迟模型用于PID 控制器设计。

问题

8.1 复杂系统的传递函数由下式给出:

$$G(s) = \frac{-3(-s^2 + s + 1)}{(10s+1)(8s+1)(6s+1)(5s+1)} e^{-6s} \tag{8.37}$$

（1）指定期望的增益裕度为 2，为该系统设计一个 PI 控制器。

（2）由奈奎斯特图确定相位裕度和延迟裕度。

8.2 复杂欠阻尼系统的传递函数由下式给出：

$$G(s) = \frac{-3(-s^2 + s + 1)}{(10s^2 + 20\xi s + 1)(6s + 1)(5s + 1)} e^{-6s} \tag{8.38}$$

其中，$\xi = 0.3$。

（1）期望的相位裕度 $\theta = \dfrac{\pi}{3}$，试设计 PI 控制器。

（2）由奈奎斯特图确定增益裕度和延迟裕度。

（3）仿真验证：无论怎么改变，对阶跃输入扰动的闭环响应都是振荡的。

（4）检查阶跃输入扰动和输出之间的灵敏度函数来解释你的结果。

8.3 共聚反应堆第 8 个反应器的数学模型由以下传递函数模型描述[Madhuranthakam 和 Penlidis(2016)]：

$$Y(s) = \left[\frac{Ks + 1}{\tau_1^2 s^2 + 2\tau_1 \tau_2 s + 1} \right]^8 U(s) \tag{8.39}$$

其中，输入为链转移剂（Chain Transfer Agent，CTA）到反应器系列中第一个反应器的流速，输出是基于重量的平均分子量（Molecular Weight，MW）。反应器传递函数参数为 $K = 361.54, \tau_1 = 106.84, \tau_2 = 1.72$，使用两个频率响应点为该聚合物反应器设计 PID 控制器（见 8.3 节）。

（1）取 $\beta = 1$，即期望闭环传递函数等于开环传递函数，求 PID 控制器参数。

（2）取 $\beta = 2, \tau_{cl} = 200$，求 PID 控制器参数。

（3）取 $\beta = 0.5, \tau_{cl} = 50$，求 PID 控制器参数。

（4）比较 PID 控制系统的奈奎斯特图，求出增益裕度、相位裕度、延迟裕度。

（5）对闭环 PID 控制系统进行仿真，给定信号为单位阶跃，单位阶跃干扰在仿真进行到一半时进入系统，因为该过程很慢，采样间隔 Δt 取 1min，仿真时间取 3000min。为了减少给定响应的超调，仿真时比例控制和微分控制仅作用于输出。微分滤波器时间常数取 $0.1\tau_D$。由教程 4.1 创建的 MATLAB 实时函数 PIDV.slx 进行仿真研究。

（6）比较 3 种 PID 控制系统，有哪些观察结果？将 3 个 PID 控制系统与例 2.7 中获得的结果进行比较，有什么观察结果？

（7）对此系统使用基于频域的设计技术，闭环性能提高的原因是什么？

第9章

PID 控制器的自整定

9.1 引言

继电反馈控制已成为 PID 控制器自整定的关键手段之一,通过闭环运行状态下系统的自激振荡信号,与过程频率响应信息的辨识关联。由于在闭环状态运行的实验在进行的同时,反馈的作用可使系统运行于工作点附近。

本章讨论 PID 控制器的自整定,由继电反馈实验获得过程频率响应信息,并用第 8 章介绍的设计方法设计 PID 控制器。

9.2 继电反馈控制

本节讨论带滞环或积分的继电反馈控制系统,针对这两种情况给出 Simulink 教程,以便仿真研究和实验验证。

9.2.1 带滞环的继电控制

由于存在测量噪声,实际应用时,在继电反馈控制结构中内置一个磁滞元件,以避免噪声引发的随机切换。图 9.1 给出了继电器反馈控制框图。

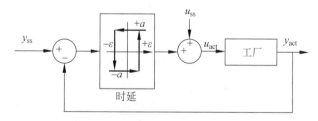

图 9.1 继电器反馈控制框图

为了进行继电反馈控制,需要定义一些参数。

(1) 稳态下输入信号为 u_{ss},输出信号为 y_{ss},继电控制实验基于稳态工况进行。对于某些应用,稳态输入和输出信号为零。

(2) 继电控制信号的幅值为 a,表示稳态下输入信号的变化。

(3) 滞环参数为 ε,用于避免随机噪声触发继电器切换。如果测量噪声的标准差为 σ,

则滞环参数 ε 近似为 3σ。

定义控制信号的偏差量为：

$$u(t) = u_{act}(t) - u_{ss}$$

偏差控制信号的初始条件定义为 $u(t_0) = a$。假设系统已处于稳态，在采样时刻 t_i 实测输出为 $y_{act}(t_i)$，则由以下继电切换规则计算闭环控制信号 $u_{act}(t_i)$：

$$u(t_i) = \begin{cases} u(t_{i-1}), & \text{if } |e(t_i)| \leqslant \varepsilon \\ a \times \text{sign}(e(t_i)), & \text{if } |e(t_i)| > \varepsilon \end{cases} \tag{9.1}$$

和

$$u_{act}(t_i) = u(t_i) + u_{ss} \tag{9.2}$$

其中，$e(t_i) = y_{ss} - y_{act}(t_i)$ 为采样时刻 t_i 的反馈误差。

值得强调的是，式(9.1)中给出的继电器切换规则适用于稳态增益为正的系统。对于稳态增益为负的系统，偏差量 $u(t_i)$ 由下式计算，为：

$$u(t_i) = \begin{cases} u(t_{i-1}), & \text{if } |e(t_i)| \leqslant \varepsilon \\ -a \times \text{sign}(e(t_i)), & \text{if } |e(t_i)| > \varepsilon \end{cases} \tag{9.3}$$

$$u_{act}(t_i) = u(t_i) + u_{ss} \tag{9.4}$$

显然，继电反馈控制是一种非线性控制律，仅需少量先验信息，且易于实现。

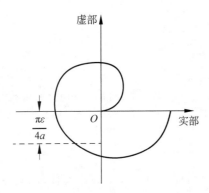

图 9.2　奈奎斯特曲线上 ω_1 的位置

大家知道[Astrom 和 Hagglund（1984），Astrom 和 Hagglund（1988）]，继电控制系统会产生含基频 ω_1 的持续周期振荡，振荡频率 ω_1 为过程的 Nyquist 曲线点，虚部约为 $-\dfrac{\pi\varepsilon}{4a}$ 如图 9.2 所示。注意频率 ω_1 在奈奎斯特曲线上的位置，如果取滞环参数 ε 为零，那么若使用比例控制器，则频率 ω_1 为奈奎斯特曲线的穿越频率。这正是经典 Ziegler-Nichols 整定规则与第一代自整定之间的关联[Astrom 和 Hagglund（1984），Astrom 和 Hagglund（1988）]。如果增大滞环 ε，同时幅值 a 保持不变，则频率 ω_1 减小，意味着振荡周期 $T = \dfrac{2\pi}{\omega_1}$ 增大。

在继电反馈控制下，有几类系统具有持续的周期振荡。通常，这些系统应稳定以确保实验期间安全运行。它们包括一阶延迟系统、具有高阶动态的系统、非最小相位系统、高阶欠阻尼系统，这些系统的共同特点是它们的 Nyquist 曲线将扩展到复平面的第二、第三象限，如图 9.2 所示。对于一阶系统，继电反馈控制将不会产生持续的周期振荡，除非系统中驱动和测量产生了附加动态，而产生了更高阶的系统。

以下教程是为了生成 MATLAB 函数，以用于 Simulink 仿真和实时实现。

教程 9.1　本教程旨在说明如何实时实现继电反馈控制算法。本教程的核心是产生一个 MATLAB 内嵌函数，该函数可用于 Simulink 仿真以及 xPC Target 实施。MATLAB 内嵌函数完成了继电反馈控制信号的一个计算周期。对于每个采样周期，将重复相同的计算过程。

步骤

（1）创建一个新 Simulink 文件，命名为 RelayH.slx。

（2）在 Simulink 的"用户定义函数"目录中，找到 MATLAB 内嵌函数图标，并将其复制到 RelayH 模型中。

（3）单击内嵌图标，定义 RelayH 模型的输入和输出变量，使内嵌函数具有以下形式：

```
function uCurrent = RelayH(e, Ra, epsilon)
```

其中，uCurrent 为计算出的采样时刻 t_i 处继电器控制信号；第一个元素（e）为反馈误差；第二个元素（Ra）为继电器幅值；epsilon 为滞环参数，避免由噪声引起的随机切换。

（4）在内嵌函数顶部的，"工具"中找到"模型资源管理器"。打开"模型资源管理器"，将"更新"方法选为"离散"，在"采样时间"中输入 Deltat。选择"支持"维数可变数组；整数溢出选择"饱和"；选择"定点"。单击"应用"按钮保存更改。

（5）编辑输入和输出数据端口，使内嵌函数知道哪些输入是实时变量，哪些输入是参数。该编辑任务使用"模型资源管理器"完成。

- 单击 e，在"示波器"上，选择输入，"端口"指定"1"，"大小"选"—1"，"复杂度"选"继承"，"继承"选"类型：与 Simulink 相同"。
- 内嵌函数的其余两个输入是计算所需的参数。单击 Ra，在"示波器"上选择"参数"，依次单击"可调"→"应用"保存更改。对 epsilon 重复相同的编辑过程。
- 编辑内嵌函数的"输出端口"，选择 uCurrent，在"示波器"上选择"输出"，"端口"选"1"，"大小"选"—1"，"采样模型"选"基于样本"，"继承"选"类型：与 Simulink 相同"，再单击"应用"保存按钮更改。

（6）下面程序将声明每次迭代存储在内嵌函数中的变量维数和初始值。uPast 是上一个采样时刻的控制信号（$u(t_{i-1})$）。在文件中输入以下程序：

```
persistent uPast
if isempty(uPast)
  uPast = Ra;
end
```

（7）检查反馈误差是否位于滞环范围之内（即 $|e(t)| \leqslant \varepsilon$），若是，则控制信号保持不变。否则，继电器控制信号等于反馈误差的符号乘以继电器的幅值，然后更新上一采样时刻的控制信号 $u(t_{i-1})$。继续在程序中输入以下代码：

```
if abs(e)< = epsilon
  uCurrent = uPast;
else
  uCurrent = sign(e) * Ra;
    uPast = uCurrent;
end
```

（8）由例 9.1 构建的 Simulink 仿真模型测试该程序。

【**例 9.1**】　由继电反馈控制产生持续振荡，系统传递函数为：

$$G(s) = \frac{(-2s+1)\,\mathrm{e}^{-6s}}{(3s+1)(5s+1)} \tag{9.5}$$

其中测量噪声为带限白噪声,噪声功率为1,采样间隔为Δt,增益为0.1。在闭环继电反馈控制中,继电器幅值取1.75,$y_{ss}=u_{ss}=0$,采样间隔$\Delta t=0.3$。

解 取继电器幅值$a=1.75$,构建Simulink仿真如图9.3所示,其中带限白噪声与增益0.1一起模拟测量噪声。在闭环仿真中将RelayH.slx函数用作继电反馈控制器。注意,在闭环系统中加入了噪声,如果参数ε太小,会影响切换频率。

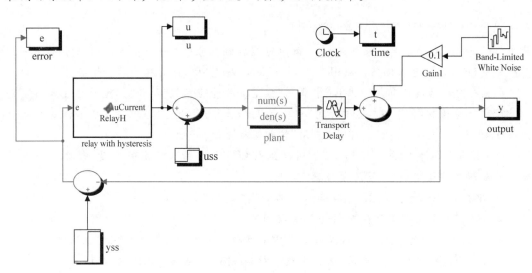

图9.3 继电反馈控制的Simulink图

首先取一个较小的磁滞参数$\varepsilon=0.01$,继电反馈控制信号如图9.4(a)所示。可以看出,由于存在噪声,建立稳定的振荡需要很长时间,也使得控制信号对噪声的响应产生了快速随机的切换。相反,若将磁滞参数ε增加为0.3,则一旦开始持续振荡,稳定的振荡很快建立,并且控制信号很少会受到噪声触发而快速随机切换,如图9.4(b)所示。

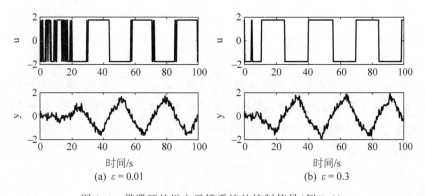

图9.4 带滞环的继电反馈系统的控制信号(例9.1)

9.2.2 带积分器的继电控制

假设控制对象稳定,所有极点均位于复平面的左半部分,继电反馈控制器在闭环系统中包含一个积分器,如图9.5所示。已经知道[Astrom 和 Hagglund(1984),Astrom 和 Hagglund(1988)],继电控制系统将产生包含基频ω_1的持续周期振荡,振荡频率ω_1为过程的奈奎斯特曲线与虚轴的交点,如图9.6所示。

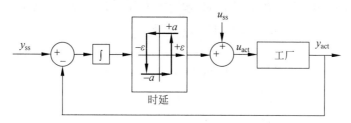

图9.5　带积分器的继电反馈控制框图

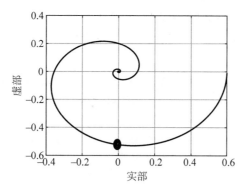

图9.6　带积分器的继电控制,ω_1 在奈奎斯特曲线上的位置

继电反馈控制中包含的积分器,使得频率 ω_1 小于无积分器的情况,这意味着振荡周期 $T = \dfrac{2\pi}{\omega_1}$ 更长。选择这种结构而不是基本继电反馈控制,主要目的是确保所获得的控制对象信息在低频和中频范围,如图9.6所示。另外,积分器的存在使高频测量噪声的影响降至最低,并且降低了由于噪声对滞环的要求。9.6节将说明,这种结构为自整定设计提供稳态增益和主导时间常数等关键信息至关重要。

带积分器的继电反馈控制易于实现,假设系统运行于稳态,给定稳态值 u_{ss} 和 y_{ss},定义积分误差 $e_I(t)$ 为:

$$e_I(t) = \int_0^t (y_{ss} - y_{act}(\tau))\, \mathrm{d}\tau$$

对微分 $\dot{e}_I(t)$ 作一阶近似,在采样时刻 t_i 有:

$$\dot{e}_I(t_i) \approx \frac{e_I(t_i) - e_I(t_{i-1})}{\Delta t} = y_{ss} - y_{act}(t_i) = e(t_i)$$

因此,积分误差可通过以下方式递归计算:

$$e_I(t_i) = e_I(t_{i-1}) + e(t_i)\Delta t$$

带积分的继电控制律总结如下,这里假设系统的稳态增益为正。

$$e_I(t_i) = e_I(t_{i-1}) + e(t_i)\Delta t \tag{9.6}$$

$$u(t_i) = \begin{cases} u(t_{i-1}), & \text{if } |e_I(t_i)| \leqslant \varepsilon \\ a \times \operatorname{sign}(e_I(t_i)), & \text{if } |e_I(t_i)| > \varepsilon \end{cases} \tag{9.7}$$

$$u_{act}(t_i) = u(t_i) + u_{ss} \tag{9.8}$$

　　以下教程将介绍带积分的继电控制律的 Simulink 函数。与教程 9.1 非常相似,有了这些实时功能,就可以将它们转换为 C 代码,实时地实现继电反馈控制系统。

教程 9.2　假设已经编写了 RelayH.slx 代码。

步骤

(1) 将 RelayH.slx 文件另存为 RelayI.slx 文件。

(2) 带积分器的继电器内嵌函数具有以下形式:

```
function uCurrent = RelayI(e, Ra, Deltat)
```

　　其中 uCurrent 为计算出的采样时刻 t_i 的继电器控制信号,第一个元素(e)为反馈误差,第二个元素(Ra)为继电器幅值,epsilon 为滞环参数,用于避免由噪声引起的随机切换,Deltat 为采样间隔。和先前一样,编辑输入端口和输出端口。新参数 Deltat 在编辑过程中作为参数添加。

　　(3) 在以下步骤中,程序将声明每次迭代存储在内嵌函数中变量的维数和初始值。uPast 是上一时刻的控制信号$[u(t_{i-1})]$,eIPast 是上一时刻误差信号的积分$[e_I(t_{i-1})]$。在文件中输入以下程序:

```
persistent uPast
if isempty(uPast)
   uPast = Ra;
end
persistent eIPast
if isempty(eIPast)
   eIPast = 0;
end
```

　　(4) 计算积分误差。在文件中输入以下程序:

```
eI = eIPast + e * Deltat;
eIPast = eI;
```

　　(5) 检查积分反馈误差是否位于滞环范围$(|e_I(t)| \leqslant \varepsilon)$内,若是,则控制信号保持不变。否则,继电器控制信号等于积分反馈误差的符号乘以继电器幅值,然后更新上一时刻的控制信号 $u(t_{i-1})$。这里将默认值设置为 $\varepsilon = 0.001$。继续在程序中输入以下代码。

```
if abs(eI)< = 0.001
    uCurrent = uPast;
else
  uCurrent = sign(eI) * Ra;
    uPast = uCurrent;
end
```

　　(6) 由例 9.2 构建的 Simulink 仿真模型测试该程序。

　　【例 9.2】　使用带积分的继电控制器,使以下传递函数产生持续振荡:

$$G(s) = \frac{0.6e^{-s}}{(3s+1)^3}$$

采样间隔取 $\Delta t = 0.02$,继电控制的幅值 $a = 3$。在闭环控制仿真中,带限白噪声功率为 1,采

样间隔为 Δt，如图 9.7(a)所示。将闭环响应与无积分继电反馈控制系统进行比较。

解　采用带积分的继电控制器时，将 RelayH 函数替换为 RelayI 函数，其余与图 9.3 Simulink 配置相同。图 9.7(b)给出了带积分继电控制系统的输入和输出信号。可以看出，尽管系统中存在大量噪声，滞环参数几乎为零($\varepsilon=0.001$)，但是输入信号并没有响应测量噪声。

由图 9.7(a)可以看出，噪声幅值约为 2。因此，在继电控制没有积分的情况下，取磁滞 $\varepsilon=2$，图 9.7(c)为闭环响应。当 $\varepsilon=2$ 时，继电控制没有响应测量噪声，但是，如果将参数 ε 减小为 1，则继电控制信号受噪声影响严重，如图 9.7(d)所示。显然，$\varepsilon=1$ 对于系统的噪声而言太小。

由该例看出，可以在继电器反馈控制中包含滞环值 ε 合适的磁滞元件，或将继电器与积分器一起使用，以破坏一般控制系统中控制输入信号和输出信号之间由于噪声产生的关联，从而使闭环运行时控制输入信号不受噪声的影响。因此，由于没有噪声关联，避免了可辨识性之类的复杂问题[Soderstrom 等(2013)，Soderstrom(2018)]，继电器反馈控制的系统辨识变得非常简单。

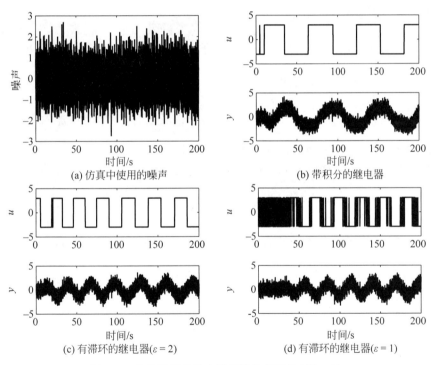

(a) 仿真中使用的噪声　　　(b) 带积分的继电器

(c) 有滞环的继电器($\varepsilon=2$)　　　(d) 有滞环的继电器($\varepsilon=1$)

图 9.7　有无滞环的继电器反馈控制信号(例 9.2)

9.2.3　进一步思考

(1) 如何确定系统中的噪声程度以选择滞环大小 ε？

(2) 如果噪声很严重，且不能确定噪声程度，你会尝试采用继电器加积分器的方法吗？

(3) 如果系统为一阶，则继电反馈控制不会产生持续振荡。你是否考虑在继电器反馈控制中加入磁滞元件以产生持续振荡？这种情况下如何定义输入数据和输出数据？

（4）可以使用稳定的传递函数而不是积分器来达到相同的效果吗？相比之下，使用积分器的主要优势是什么？

（5）是否可以使用继电反馈控制使不稳定系统稳定？

9.3 采用快速傅里叶变换估算频率响应

众所周知，在稳定的继电反馈控制下，控制输入信号和过程输出信号在本质上都是周期性的[Astrom 和 Hagglund(1984)，Astrom 和 Hagglund(1988)，Astrom 和 Hagglund(1995)，Astrom 和 Hagglund(2006)，Hagglund 和 Astrom(1985)]。如果进行单个继电器实验，则标准傅里叶分析[Kreyszig(2006)]表明，周期信号包含基频 ω_1 的倍频 ω_1，$3\omega_1$，$5\omega_1$，$\cdots$，$k\omega_1$，其中 k 为奇数。有许多方法从继电反馈控制数据集中提取有意义的过程信息，包括描述函数分析[Atherton(1975)，Astrom 和 Hagglund(1984)]和快速傅里叶分析[Wang 等(2001)]。

9.3.1 FFT 估算

周期为 T 的输入信号 $u(t)$ 傅里叶级数展开为[参见 Kreyszig(2006)]：

$$u(t) = \frac{4a}{\pi}\left(\sin\frac{2\pi}{T} + \frac{1}{3}\sin\frac{6\pi}{T}t + \frac{1}{5}\sin\frac{10\pi}{T}t + \cdots\right) \tag{9.9}$$

其中，强调连续时间基频为 $\omega_1 = \frac{2\pi}{T}$。由式(9.9)可以看出，因为频率增加的贡献越来越小，由正弦分量组成的周期信号 $u(t)$ 主要取决于前几项。

选择采样间隔 Δt，采样时刻 $t_i = i\Delta t$ 输入信号 $u(t)$ 离散化，有：

$$u(t_i) = \frac{4a}{\pi}\left(\sin\frac{2\pi i}{N} + \frac{1}{3}\sin\frac{6\pi i}{N} + \frac{1}{5}\sin\frac{10\pi i}{N} + \cdots\right) \tag{9.10}$$

其中，$N = \frac{T}{\Delta t}$ 是一个周期内的样本数量。将式(9.10)与式(9.9)进行比较，离散时间信号 $u(t_i)$ 的表达式表明离散信号的基频为 $\omega_d = \frac{2\pi}{N}$。因此，连续时间和离散时间频率之间的关系为：

$$\omega_1 = \frac{\omega_d}{\Delta t} \tag{9.11}$$

估计继电反馈控制系统频率响应的最简单方法是使用 FFT。设数据长度为 L，则输入信号 $u(k)$，$k = 1, 2, \cdots, L$，的傅里叶变换为：

$$U(n) = \frac{1}{L}\sum_{k=1}^{L} u(k)\mathrm{e}^{-\mathrm{j}\frac{2\pi(k-1)(n-1)}{L}} \tag{9.12}$$

相应地，输出的傅里叶变换为：

$$Y(n) = \frac{1}{L}\sum_{k=1}^{L} y(k)\mathrm{e}^{-\mathrm{j}\frac{2\pi(k-1)(n-1)}{L}} \tag{9.13}$$

其中，$n = 1, 2, 3, \cdots, L$。通过计算输入信号和输出信号的傅里叶变换，控制对象频率响应 $G(n)$ 的估算很简单[Ljung(1999)]，为：

$$G(n) = \frac{Y(n)}{U(n)} \tag{9.14}$$

由式(9.12)和式(9.13)，由傅里叶变换的定义，可以看出，相应的离散频率定义为从 0 到 $\frac{2\pi(L-1)}{L}$，增量间隔为 $\frac{2\pi}{L}$，其中 L 是数据长度。

接下来的任务是找到离散时间与基频 ω_d 对应的标引 n，然后将离散时间频率转换为连续时间频率 ω_1。

求基频 ω_d 的直观方法是求出一个周期内输入信号 $u(k)$ 的平均样本数[见图 9.7(b)、(c)]。但是，由于测量噪声，输入信号可能会随机切换，导致结果不准确[见图 9.7(d)]。

由于输入信号具有周期信号的特征，因此输入信号的离散时间傅里叶变换在基频 ω_d 处的幅值最大。因此，用傅里叶变换的最大幅值作为识别离散时间基频 ω_d 的标志，同时考虑一般傅里叶变换的频率增量 $\frac{2\pi}{L}$。

9.3.2　使用 FFT 进行估计的 MATLAB 教程

以下 MATLAB 教程说明如何通过傅里叶分析来估计 $G(j\omega_1)$、$G(j\omega_3)$、$G(j\omega_5)$、$G0$。

教程 9.3　本教程将估算控制对象在频率 ω_1、ω_3、ω_5 和 0 的频率响应。

步骤

（1）为 MATLAB 函数创建一个名为 FFTRelay.m 的新文件。

（2）定义 MATLAB 函数的输入和输出变量。在文件中输入以下程序：

```
function [G1,G3,G5,G0] = FFTRelay(u,y,Deltat)
```

其中 u 和 y 为继电器反馈控制的输入和输出数据，Deltat 为采样间隔。

（3）去除输入和输出数据的稳态值使数据均值为零。在文件中输入以下程序：

```
L = length(u);
u = u - mean(u);
y = y - mean(y);
```

（4）计算输入和输出信号的傅里叶变换。在文件中输入以下程序：

```
Ujw = fft(u);
Yjw = fft(y);
```

（5）估算控制对象在各频率的频率响应。在文件中输入以下程序：

```
fftEst = Yjw./Ujw;
```

（6）找出输入信号傅里叶变换最大幅值对应的标号，对应基频 ω_1 和待估计的控制对象频率响应 $G(j\omega_1)$。在文件中输入以下程序：

```
[n1,m1] = max(abs(Ujw));
P1 = m1;
w1 = 2 * pi * (P1 - 1)/(L * Deltat);
G1 = fftEst(P1);
```

(7) 找出输入信号的傅里叶变换幅值的第二峰值,对应频率 ω_3。由于存在噪声,在许多情况下,$\omega_3 \neq 3\omega_1$。在文件中输入以下程序:

```
[n2,m2] = max(abs(Ujw(P1 + 3:P1 + 2 * m1 + 3)));
P3 = P1 + 2 + m2;
w3 = 2 * pi * (P3 - 1)/(L * Deltat);
G3 = fftEst(P3);
```

(8) 找出输入信号傅里叶变换幅值的第三峰值,对应频率 ω_5。在文件中输入以下程序:

```
[n3,m3] = max(abs(Ujw(P3 + 3:P3 + 3 + 2 * m1)));
P5 = P3 + 2 + m3;
G5 = fftEst(P5);
w5 = 2 * pi * (P5 - 1)/(L * Deltat);
```

(9) 还可以估算稳态增益。在文件中输入以下程序:

```
G0 = fftEst(1);
```

(10) 估计的频率响应及其相应的频率按以下格式导出。在文件中输入以下程序:

```
G1 = [G1 w1];
G3 = [G3 w3];
G5 = [G5 w5];
G0 = [G0 0];
```

(11) 可以在例 9.3 和例 9.4 中测试该程序。

9.3.3 蒙特卡罗模拟研究

在蒙特卡罗模拟中,测量噪声由随机初始种子生成,种子随每次模拟而变化,以反映噪声的随机性以及对估计结果的影响。这意味着测量噪声序列对于每次仿真都是唯一的,且彼此不同。因此,由于存在噪声,每次仿真的估计参数都是独一无二的。由所有各次仿真,估算出估计参数的均值和方差。通过绘制每次运行的估计参数相对于原始参数的关系图,以图形方式进行估算,或通由所有仿真结果计算出参数的均值和方差,将蒙特卡罗仿真结果进行图形化显示。

本节提供了两个例子,说明系统频率响应的估计,针对噪声环境下的继电反馈控制数据采用 FFT 进行。第一种情况估计有滞环的继电控制系统,第二种情况估计带积分的继电控制系统。

待研究的系统传递函数为:

$$G(s) = \frac{0.6e^{-6s}}{(3s + 1)^2(2s + 1)}$$

仿真使用带限噪声,采样间隔 $\Delta t = 0.05\text{s}$,功率为 1,增益为 0.1,仿真时间为 800s,生成噪声序列的初始种子从 0 到 68 变化,从而产生蒙特卡罗模拟研究。本次估计共进行 69 次仿真。

【例 9.3】 Simulink 仿真的设置如图 9.3 所示。在仿真研究中,为了防止继电器被噪声触发而随机切换,取滞环参数 $\varepsilon = 2$。继电器幅值 $a = 3$。这种组合下 $\dfrac{\pi\varepsilon}{4a} = 0.5236$(见图 9.2),这将导致系统持续振荡。因为闭环继电反馈控制系统存在测量噪声,所以当继电元件偶尔被随机噪声触发时,会影响输入信号的切换模式。图 9.8(a)给出了用种子 68(seed 68)为带限噪声生成的一部分输入和输出数据,图 9.8(b)给出了输入数据的傅里叶变换,从估计中移除前 1000 个数据点。使用程序 FFTRelay.m 对继电反馈控制生成的 69 组数据进行估计。图 9.8(c)给出了 69 次估算的 ω_1、ω_3 和 ω_5 频率点聚类。可以看出,对 $G(\omega_1)$ 的估计是可靠的,因为所有 69 次估计都接近于 ω_1 的真实频率响应。对于 $G(\mathrm{j}\omega_3)$,在 69 次实验中仅有一次失败,这个结果也相当不错。对于 $G(\mathrm{j}\omega_5)$,失败次数多一些,但对稳态增益的估算不可靠如图 9.8(d)所示。

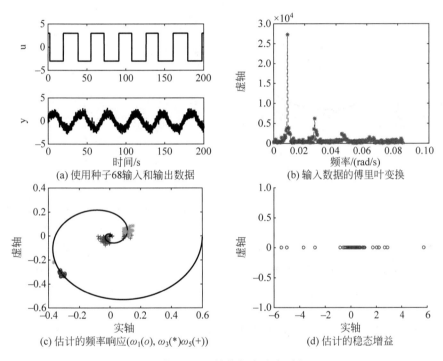

图 9.8　使用 FFT 估算频率响应(例 9.3)

值得强调的是,在噪声环境中选择与继电器幅值相关的滞环参数是一项重要任务。在没有关于噪声和系统增益的先验知识的情况下,通常通过反复实验来得到它们的组合。

【例 9.4】　对带积分的继电控制进行研究,如图 9.3 所示设置 Simulink 仿真模型,使用教程 9.2 中生成 MATLAB 内嵌函数 RelayI.slx。

对于具有积分器的继电控制,取继电器幅值 $a = 1$,取很小的滞环参数 $\varepsilon = 0.001$,以避免继电反馈控制期间可能出现的数值计算问题。与例 9.3 使用完全相同的噪声序列,针对 69 种不同噪声序列对闭环继电反馈控制系统进行仿真。所有实验均产生持续振荡。图 9.9(a)给出了使用种子 68 生成的输入和输出数据的第一段,图 9.9(b)为输入数据的傅里叶变换。图 9.9(c)给出了 $G(\mathrm{j}\omega_1)$、$G(\mathrm{j}\omega_3)$、$G(\mathrm{j}\omega_5)$ 的估计结果。由图可见,对 $G(\mathrm{j}\omega_1)$ 的估计非常好,以一小聚类(即小方差)聚集于真实的频率响应;对 $G(\mathrm{j}\omega_3)$ 的估计有一次失败,聚类比较大；估计 $G(j\omega_5)$ 的聚类也比较大；没有可靠的估计稳态增益，如图 9.9(d)所示。

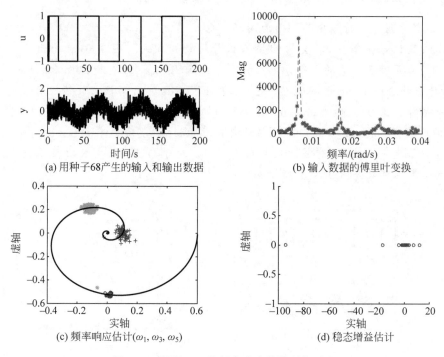

(a) 用种子68产生的输入和输出数据

(b) 输入数据的傅里叶变换

(c) 频率响应估计($\omega_1, \omega_3, \omega_5$)

(d) 稳态增益估计

图 9.9　使用 FFT 的频率响应估计(例 9.4)

在带积分的继电反馈控制系统中滞环不是必需的，因为积分作用类似低通滤波器，阻止了可能由噪声引起的随机切换。相比之下，如本例所示，带有积分的继电控制在存在噪声的情况下鲁棒性更好。如果系统存在严重噪声，带积分器的继电控制提供了一种可行的解决方案，可以产生持续振荡，而无需选择滞环大小。

9.3.4　进一步思考

（1）继电反馈控制系统输入和输出信号的周期性对获取频率响应参数的精确估计起关键作用，这种说法正确吗？

（2）如果估计周期 T 错误，还能够估计频率参数吗？

（3）为什么可以用输入信号傅里叶变换幅值的峰值来确定振荡周期？

（4）为什么不能从继电控制产生的周期输入和输出数据中可靠地估计系统的稳态增益？

（5）如果输入和输出数据不是零均值，是否可以使用傅里叶分析获得正确的频率响应估计？

9.4　使用频率采样滤波器估计频率响应

本节介绍基于模型的过程频率响应估计方法，方法基于继电反馈控制系统的输入和输出数据。该模型称为 FSF 模型[Bitmead 和 Anderson(1981)，Wang 和 Cluett(2000)]。与 FFT 分析相比，使用基于模型方法的优点是可以实时递归计算，且由于模型优化，频率响应估计更准确。

9.4.1 频率采样滤波器模型

假设通过实施继电实验,获得了一组输入和输出信号 $u(k)$ 和 $y(k)$。输入和输出信号是周期信号;周期以样本的数量进行计算,记为 N;离散基频用 ω_d 表示,$\omega_d = \dfrac{2\pi}{N}$。移位算子 q^{-1} 定义为 $q^{-1}x(k) = x(k-1)$,其中 $x(k)$ 为离散时间信号。

那么,与控制对象的频率响应 $G(0)$ 和 $G(\mathrm{e}^{\mathrm{j}\omega_d})$(其中 $l=1,2,3,\cdots,N$)相关联,利用频率采样滤波器模型,将输出 $y(k)$ 与输入信号 $u(k)$ 的关系表示为[Bitmead 和 Anderson (1981),Wang 和 Cluett(2000)]:

$$y(k) = G(0)f^0(k) + \sum_{l=-\frac{N-1}{2}}^{\frac{N-1}{2}} G(\mathrm{e}^{\mathrm{j}l\omega_d})f^l(k) + v(k) \tag{9.15}$$

其中 $f^0(k)$ 为零频 FSF 输出,定义为:

$$f^0(k) = \frac{1}{N}\frac{1-q^{-N}}{1-q^{-1}}u(k)$$

$f^l(k)$ 为第 l 个 FSF 滤波器的输出,定义为:

$$f^l(k) = \frac{1}{N}\frac{1-q^{-N}}{1-\mathrm{e}^{\mathrm{j}l\omega_d}q^{-1}}u(k)$$

$v(k)$ 为输出测量噪声,假设为均值零、方差 σ^2 的高斯分布。如果输入信号 $u(k)$ 为周期 N 的理想周期信号,则根据傅里叶分析[Kreyszig(2006)],它仅包含奇次频率,且幅值随着频次的增大而衰减[见式(9.10)]。因此,在继电反馈控制信号 $u(k)$ 作用下,频率采样滤波器的偶次输出响应为零,可以从式(9.15)中移除。图 9.10 给出了降价频率采样滤波器的模型框图,其中滤波器数量减少了。实际上,由于非线性、其他条件并不理想等原因,继电控制信号可能不是理想的周期信号。零频采样滤波器的输出和频率滤波器可能会有小幅值偶次输出信号。为了避免估计误差,输出信号的表达式应考虑与零频接近项的影响,从而得出:

$$y(k) \approx G(\mathrm{e}^{\mathrm{j}0})f^0(k) + G(\mathrm{e}^{\mathrm{j}\omega_d})f^1(k) + G(\mathrm{e}^{-\mathrm{j}\omega_d})f^{-1}(k) + G(\mathrm{e}^{\mathrm{j}2\omega_d})f^2(k) +$$
$$G(\mathrm{e}^{-\mathrm{j}2\omega_d})f^{-2}(k) + G(\mathrm{e}^{\mathrm{j}3\omega_d})f^3(k) + G(\mathrm{e}^{-\mathrm{j}3\omega_d})f^{-3}(k) + v(k) \tag{9.16}$$

式(9.16)中的模型具有 7 个复变参数,可以证明,即使在继电器控制不能产生理想周期性信号的情况下,对大多数应用也已足够。

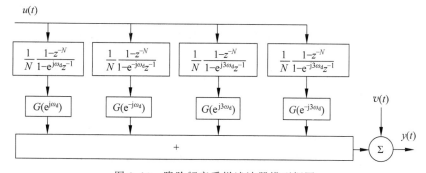

图 9.10 降阶频率采样滤波器模型框图

借助频率参数对输出信号进行描述之后,由继电反馈控制数据估算这些参数。定义待估计的复变参数向量为:

$$\theta = \left[G(0)G(e^{j\omega_d})G(e^{-j\omega_d})G(e^{j2\omega_d})G(e^{-j2\omega_d})G(e^{j3\omega_d})G(e^{-j3\omega_d}) \right]^*$$

对应的回归向量为

$$\phi(k) = \left[f^0(k)f^1(k)f^{-1}(k)f^2(k)f^{-2}(k)f^3(k)f^{-3}(k) \right]^*$$

其中 A^* 表示 A 的复共轭转置。

假设数据样本的数量为 M,则 θ 的最小二乘估计具有以下解析解[Soderstrom 和 Stoica(1989),Ljung(1999),Soderstrom(2018),Young(2012),Goodwin 和 Sin(1984)]:

$$\hat{\theta} = \left[\sum_{k=1}^{M} \phi(k)\phi(k)^* \right]^{-1} \sum_{k=1}^{M} \phi(k)y(k) \tag{9.17}$$

为了实时计算,可以使用递归最小二乘算法在采样时刻 k 计算频率参数向量 $\hat{\theta}(k)$[Goodwin 和 Sin(1984),Young(2012),Ljung(1999)]。这里按以下步骤编写标准的递归最小二乘算法,其中初始条件 $P(0)$ 和 $\hat{\theta}(0)$ 可以由用户选择,也可以由继电测试数据基于最小二乘算法进行计算[Wang 和 Cluett(2000)]。从采样时刻 $k=1$ 开始,实时重复以下计算步骤。

(1) 计算参数向量的估计 $\hat{\theta}(k)$

$$\hat{\theta}(k) = \hat{\theta}(k-1) + P(k-1)\phi(k)(y(k) - \phi(k))^* \hat{\theta}(k-1) \tag{9.18}$$

(2) 更新协方差矩阵 $P(k)$

$$P(k) = P(k-1) - \frac{P(k-1)^* \phi(k)\phi(k)^* P(k-1)}{1 + \phi(k)^* P(k-1)\phi(k)} \tag{9.19}$$

其中,$\hat{\theta}(k)$ 包含采样时刻 k 频率响应参数的估计。

(3) 待下一个采样周期,返回步骤(1)。

下面是两点说明。

(1) 值得强调的是,由于输入信号的周期性,滤波器输出幅值接近零,零频和偶次频率参数的估计并不可靠。示例中的蒙特卡罗模拟说明了这一点。

(2) 在理想情况下,参数 N 可由继电器控制信号的平均周期确定。但是,当继电反馈控制不能产生理想的周期性振荡时,计算结果不再正确。计算 N 的一个有效方法是找到输入信号傅里叶变换的第一个最大幅值和对应的频率 ω_d,再将 $\frac{2\pi}{\omega_d}$ 舍入到最接近的整数,即得到参数 N。

9.4.2 使用 FSF 模型进行估计的 MATLAB 教程

教程 9.4 本教程将使用递归最小二乘估计参数向量 $\hat{\theta}(k)$,假设所有输入和输出数据集已知。利用该程序进行实时数据分析。

步骤

(1) 为 MATLAB 函数创建一个名为 FSFRelay.m 的新文件。

(2) 定义 MATLAB 函数的输入和输出变量,其中 u 为输入,y 为输出变量。在文件中输入以下程序:

```
function [thetaCurrent,n,N] = FSFRelay(u,y)
```

（3）去除输入和输出变量的稳态值。在文件中输入以下程序：

```
L = length(u);
u = u - mean(u);
y = y - mean(y);
```

（4）由 FFT 确定平均周期 N。在文件中输入以下程序：

```
Ujw = fft(u);
[n1,m1] = max(abs(Ujw));
P1 = m1;
N = round(L/(P1 - 1));
```

（5）设定希望估计的频率数。这里取 $n=7$。在文件中输入以下程序：

```
n = 7;
```

（6）建立傅里叶系数矩阵。在文件中输入以下程序：

```
alpha = exp(j * 2 * pi/N);
beta = 1;
for i = 1:N - 1
beta = [beta alpha ^ i];
end
zeta = beta.^0;
for i = 1:(n - 1)/2
zeta = [zeta; beta. ^ i];
end
```

（7）使用前 N 个数据点来估计初始递归参数。将以下程序输入文件：

```
U_input = zeros(N,1);
for kk = 1:N
Pt = zeta * U_input/N;
Pn = Pt(1);
for i = 2:(n + 1)/2
Pn = [Pn;Pt(i);conj(Pt(i))];
end
Ps(:,kk) = Pn;
U_input = [u(kk);U_input(1:N - 1,1)];
end
```

（8）初始向量 $\hat{\boldsymbol{\theta}}(0)$ 和协方差矩阵 $\boldsymbol{P}(0)$ 的最小二乘估计。继续在文件中输入以下程序：

```
M = inv(Ps(:,1:N) * Ps(:,1:N)');
thetaPast = M * Ps(:,1:N) * y(1:N);
P_ls = M;
```

（9）设置时变系统的遗忘因子[①]。在文件中输入以下程序：

---

① 对时变系统,可取 lam<1[Goodwin 和 Sin(1984),Young(2012),Ljung(1999)]。

lam = 1;

（10）开始递归最小二乘估计的计算。该计算可应用于微控制器。在文件中输入以下程序：

for k = N + 1:length(y) - 1;

（11）在采样时刻 k 更新 FSF 输出。在文件中输入以下程序：

U_input = [u(k);U_input(1:N - 1,1)];
Pt = zeta * U_input/N;
Pn = Pt(1);
  for i = 2:(n + 1)/2
Pn = [Pn;Pt(i);conj(Pt(i))];
  end

（12）计算当前时刻的误差 $e(k)$。在文件中输入以下程序：

eCu = y(k) - Pn' * thetaPast;

（13）更新估计的参数向量 $\hat{\boldsymbol{\theta}}(k)$。在文件中输入以下程序：

thetaCurrent = thetaPast + P_ls * Pn * eCu/(lam + Pn' * P_ls * Pn);

（14）更新协方差矩阵 $\boldsymbol{P}(k)$。在文件中输入以下程序：

P_ls = (1/lam) * (P_ls - P_ls * Pn * Pn' * P_ls/(lam + Pn' * P_ls * Pn));

（15）为下一计算周期做准备。在文件中输入以下程序：

thetaPast = thetaCurrent;
end

（16）用 9.4.3 节中的蒙特卡罗模拟测试该程序。

9.4.3　利用 FSF 估计的蒙特卡罗模拟

本节将介绍频率响应的估计，估计基于带积分器的继电控制，使用频率采样滤波器模型进行。继电反馈控制下生成输入和输出数据的方法与例 9.4 中蒙特卡罗模拟研究相同。

【例 9.5】 使用例 9.4 中蒙特卡罗模拟研究的输入和输出数据，来估计 $\omega = 0$、ω_1、$2\omega_1$、$3\omega_1$ 时的控制对象频率响应 $G(j\omega)$。

解　由教程 9.4 中生成的程序 FSFRelay.m 计算频率 $\omega = 0$、ω_1、$2\omega_1$、$3\omega_1$ 的频率响应，其中 $\omega_1 = \dfrac{2\pi}{N\Delta t}$。由于存在噪声，基频 N 可能随每次实验而异。因此，如教程所述，该参数由 FFT 自动确定。

图 9.11(a) 对估计的 $G(j\omega_1)$ 和 $G(j\omega_3)$ 与真实频率响应 $G(j\omega)$ 进行了比较。可以看出，两个估计的频率响应参数的确与真实值非常接近。尤其是 $G(j\omega_1)$，69 个估计值几乎与真实值相同，这由聚类的位置和大小可以明显看出。3 次频率参数 $G(j\omega_3)$ 的估计质量不高，因为聚类较大，表明估计的方差较大。对频率参数 $G(0)$ 和 $G(j2\omega_1)$ 的估计不可靠，因为由于输入和输出信号的周期性，聚类太大，使得输入信号中包含的这两个频率参数的信息太少。

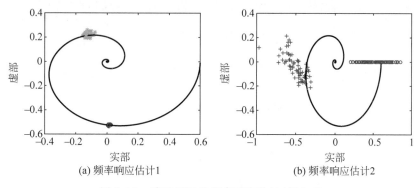

图 9.11　采用 FSF 的频率响应估计(例 9.5)

通常,当使用继电反馈控制数据时,与基于 FFT 的方法相比,基于频率采样滤波器模型的估计结果得以改进,因为这是一种基于模型的方法,在参数求解时使用了优化原理。此外,基于 FSF 模型的方法可以由递归方法来实现,如教程 9.4 所示,适用于微控制器实时计算。如有必要,估算时可以加入噪声模型[Wang 和 Cluett(2000)]。基于 FFT 进行估算的主要优点是实现简单,如教程 9.3 所示。

9.4.4　进一步思考

(1) 在使用 FSF 模型和继电反馈控制数据进行频率估算时,需要估算以样本数量表示的周期 N。为什么可以用输入信号 FFT 的最大峰值来确定参数 N?可以提出另一种识别参数 N 的替代方法吗?

(2) 如果参数 N 估计错误,使用 FSF 估计频率响应会有什么结果?尽管如此,你仍然可以获得一些估计结果吗?

(3) 频率采样滤波器的极点在哪里?可以用实系数而不是复系数来表示频率采样滤波器模型吗?

(4) 如果适当选择初始条件,递归最小二乘估计与最小二乘估计(参见 9.17)的结果相同吗?

(5) 使用递归最小二乘估计有什么好处?

9.5　蒙特卡罗模拟研究

本节进一步评估控制对象的频率响应估计,将基于频率采样滤波器模型的估计与基于傅里叶分析的估计进行比较,傅里叶分析方法使用蒙特卡罗模拟来进行。

蒙特卡罗模拟使用的传递函数为:

$$G(s) = \frac{0.6e^{-6s}}{(3s+1)^2(2s+1)}$$

取继电器幅值为 1,采样间隔 $\Delta t = 0.05$s,继电器测试时间取 800s,使用带限噪声,采样间隔 $\Delta t = 0.05$s,强度为 1,增益为 0.02。在蒙特卡罗模拟中,测量噪声通过随机种子生成,种子随每次模拟而变化,以反映噪声的随机性及其对估计结果的影响。模拟中使用的种子为 0、2、$\cdots$、60。即,蒙特卡罗模拟中使用 31 个随机种子来生成测量噪声。因为积分作用类似低通滤波器,减少了由噪声引起的可能的随机切换,因此继电反馈控制中只需要一个小的滞环。

9.5.1 未知恒值扰动的影响

在许多应用中,继电器实验期间存在未知恒值扰动。这类扰动通常随输入变量进入系统,称为输入扰动。一个典型的例子是交流电机的负载[Wang 等(2015)],这类扰动会导致继电反馈控制中周期振荡变得不平衡。

在继电反馈控制实验中加入幅值为 0.3 的恒值输入扰动。图 9.12(a)给出了存在测量噪声和输入扰动时闭环继电反馈系统的控制响应。可以看出,由于扰动的存在,振荡不再对称。傅里叶分析显示[见图 9.12(b)],输入信号基频为 $\omega_d = \dfrac{2\pi}{N} = 0.0051\text{rad}$,其中 $N = 1231$,周期信号的第 2 个突出频率为 $2\omega_d$,然后为 $4\omega_d$。在频率采样滤波器模型中选择 9 个频率参数($n = 9$),并取 $N = 1231$,得到估计的频率参数如图 9.12(c)所示。可以看出,参数估计是无偏的,方差很小,如蒙特卡罗模拟所示。相比之下,图 9.12(d)给出了由傅里叶分析得出的估计参数,可以看出,方差较大。由于恒值扰动引起振荡不对称时,频率参数在 0 和 $3\omega_d$ 处的估计不是一致估计。

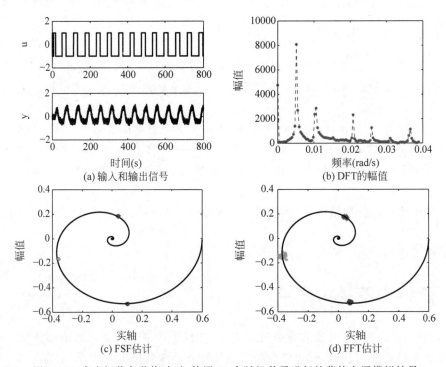

图 9.12 存在恒值负载扰动时,使用 31 个随机种子进行的蒙特卡罗模拟结果

其中:$G(\text{j}\omega)$(实线);o 是在 $\omega_1 = \dfrac{2\pi}{N\Delta t}$ 处的估计值;* 是在 $\omega_2 = 2\omega_1$ 处的估计值;+ 是在 $\omega_4 = 4\omega_1$ 处的估计值

9.5.2 未知低频扰动的影响

过程控制应用中经常遇到低频扰动。这里研究存在未知低频扰动的情况下,继电反馈控制和频率响应估计会有什么结果。

在蒙特卡罗模拟研究中,将与测量噪声相同的带限噪声通过一阶滤波器产生低频扰动,由输入信号进入系统,滤波器传递函数为:

$$G_d(s) = \frac{0.05}{s + 0.05}$$

使用相同的采样间隔 $\Delta t = 0.05\text{s}$ 进行采样。注意,扰动模型的时间常数为 20s,比系统的时间常数大得多。图 9.13(a) 给出了继电反馈控制系统生成的输入和输出数据。可以看出,在存在低频扰动的情况下,继电反馈控制系统不再产生周期振荡。这通过傅里叶分析得到了确认[见图 9.13(b)],从中看出,傅里叶变换幅值只有一个峰值。值得注意的是,继电反馈控制系统产生的振荡在 $\omega_d = 0.0055$ 时具有最大振幅,其中 $N = 1143 \approx \frac{2\pi}{\omega_d}$。图 9.13(c)、(d) 比较了基于频率采样滤波器模型和基于输入输出数据傅里叶分析的估计结果。由图 9.13(c) 可以看出,基于频率采样滤波器模型的估计参数方差相对较小,但是,估计参数存在一些偏差;相反,由于输入信号是非周期性的,除了在 $\omega_d = 0.0055$ 的估计参数外,基于傅里叶分析的频率响应估计结果不佳,如蒙特卡罗模拟研究所示,复平面上可见明显的分散[见图 9.13(d)]。

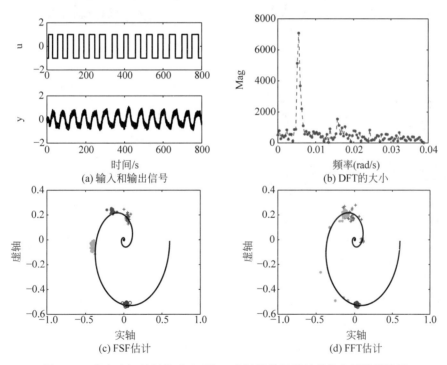

图 9.13 存在未知低频扰动时,用 31 个随机种子进行蒙特卡罗模拟结果

其中,$G(\text{j}\omega)$(实线);o 是 $\omega_1 = \frac{2\pi}{N\Delta t}$ 时的估计值;∗ 是 $\omega_2 = 2\omega_1$ 时的估计值;+ 是 $\omega_4 = 2\omega_1$ 时的估计值

9.5.3 稳态值的估计

在蒙特卡罗模拟研究中最后一个问题是,使用频率采样滤波器模型进行稳态估计是否有效。图 9.14 表明,使用继电反馈控制时,对稳态信息的估计不可靠。依噪声发生器的特

定种子不同,每次估计的稳态增益都与真实值(0.6)明显不同。最坏情况如图 9.14(b)所示,存在恒值扰动的情况下,稳态增益估计值为 0。

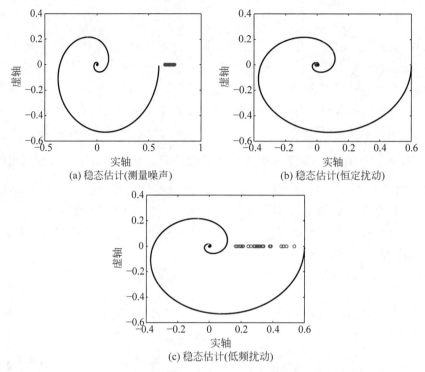

(a) 稳态估计(测量噪声)　　(b) 稳态估计(恒定扰动)

(c) 稳态估计(低频扰动)

图 9.14　蒙特卡罗模拟结果估计 31 个随机种子的稳态增益

其中,$G(\mathrm{j}\omega)$(实线);o 是 $\omega=0$ 时的估计值

9.5.4　进一步思考

(1) 本节介绍的蒙特卡罗仿真研究基于带积分器的继电反馈控制进行。在恒值扰动的情况下,积分器在继电反馈控制系统中起什么作用? 你对输入和输出信号的行为有何看法?

(2) 在存在低频扰动的情况下,带积分器的继电反馈控制是否试图对扰动进行补偿? 这会破坏输入和输出信号的周期性吗?

(3) 当系统中存在恒值扰动时,对于有滞环的继电器,你希望输入和输出数据是怎样的? 这种情况下,使用 FFT 和 FSF 算法,是否能得到准确的估计结果?

(4) 即使是低频扰动的情况,为什么不能由继电反馈控制生成的数据得到系统稳态增益的一致估计?

9.6　稳定控制对象的自动调谐器设计

为了给稳定的控制对象设计自动调谐器,由带积分器的继电反馈控制产生输入和输出数据,用于辨识频率响应;这是由于这种结构能很好地处理测量噪声和扰动,并且还能为 PID 控制器设计提供有价值的低频信息。假设从继电器测试数据估计的两个频率响应点是基频 $G_\mathrm{p}(\mathrm{j}\omega_1)$ 和 $G_\mathrm{p}(\mathrm{j}\omega_2)$,这里 $\omega_1=\dfrac{2\pi}{N\Delta t}$,$N$ 为一个周期内的样本数。由于存在噪声,继电反馈控制产生的振荡可能不是理想周期信号,因此,如前几节所述,使用 FFT 分析估算参数 N(参见 9.4 节)。在大多数情况下,第二频率 ω_2 取为 $3\omega_1$。

假设控制对象传递函数 $G_p(s)$ 是稳定的,所有极点都严格位于左半复平面。回想第 8 章由频率响应数据对 PID 控制器进行设计,期望的闭环性能由控制灵敏度函数指定[见式(8.18)],为:

$$S_u(s) = \frac{1}{K_p} \frac{\frac{1}{\beta}\tau_{cl}s + 1}{\tau_{cl}s + 1} \tag{9.20}$$

其中,$\tau_{cl} > 0$ 为期望的闭环时间常数,取参数 β 使 $\frac{\tau_{cl}}{\beta} = \tau_{op}$ 近似等于系统的主导时间常数,K_p 为系统的稳态增益。

为了将 PID 控制器设计方法与自动调谐器联系起来,问题仍然是如何选择式(9.20)中的设计参数。一种可行的方法是利用继电控制的周期 N 得出系统的近似主导时间常数。对于大多数系统,容易通过仿真研究验证系统的调节时间大约为 $0.5N\Delta t$,即带积分器继电控制振荡周期的一半。因此,过程的主导时间常数取调节时间的五分之一,即

$$S_u(s) = \frac{1}{K_p} \frac{\frac{1}{\beta}\tau_{cl}s + 1}{\tau_{cl}s + 1} \tag{9.21}$$

现在,可以选择与过程主导时间常数相关的期望闭环时间常数 τ_{cl},通过比例参数 $\beta > 0$ 定义:

$$\tau_{cl} = \beta\tau_{op} = 0.1\beta N \Delta t \tag{9.22}$$

将式(9.21)式(9.22)代入式(9.20)得到期望的控制灵敏度函数:

$$S_u(s) = \frac{1}{K_p} \frac{0.1N\Delta ts + 1}{0.1\beta N\Delta ts + 1} \tag{9.23}$$

因此,期望的闭环传递函数为:

$$T_d(s) = \frac{1}{K_p} \frac{0.1N\Delta ts + 1}{0.1\beta N\Delta ts + 1} G_p(s) \tag{9.24}$$

值得注意的是,在式(9.24)中,参数 N 和 Δt 由继电器实验获取,用户选择的性能参数为 β,为估计的开环和期望闭环时间常数之间的比例因子。闭环性能指标的这种改动使得用户只需花费最少的精力就可以自动计算 PID 控制器参数。

由于使用继电控制实验不能得到稳态增益的一致估计,因此采用近似法得出增益的粗略估计:

$$K_p \approx \text{sign}(K_{ss}) |G_p(j\omega_1)|$$

其中,K_{ss} 为系统的未知稳态增益。

9.6.1 用于稳定控制对象的自动调谐器的 MATLAB 教程

教程 9.5 本教程旨在于仿真环境中实现自动调谐器,被控系统传递函数为:

$$G_p(s) = \frac{0.6(-6s + 1)e^{-s}}{(2s + 1)(3s + 1)}$$

步骤

（1）构建一个 Simulink 仿真程序 Tuner4StableSys.slx，如图 9.15 所示，其中输出数据端口是继电器反馈误差 e，控制信号 u 和输出信号 y。稳态值 u_{ss} 和 y_{ss} 设置为零。在参数配置中，开始时间选择为 0.0，停止时间选择为 T_{sim}，求解器选择固定步长和 ode4（Runge-Kutta），步长为 Deltat。在 Simulink 仿真模型中，将与教程 9.2 中内置的带积分控制器的继电器一起使用。对于不同的情况，可以向仿真模型添加噪声和扰动。

（2）创建一个名为 Test4tuner.m 的新 MATLAB 文件，并保存在 Simulink 仿真模型所在的目录中。

（3）由分子、分母和时延 d 定义系统参数。在 MATLAB 文件中输入以下程序：

```
num = 0.6 * [ - 6 1];
den = conv([3 1],[2 1]);
d = 1;
```

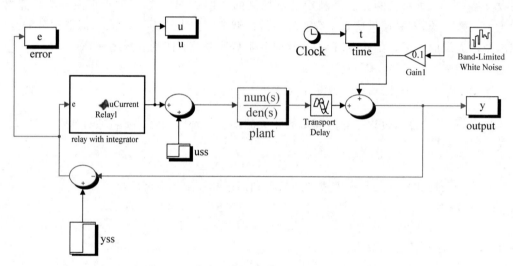

图 9.15　稳定系统的自动调谐器 Simulink 图

（4）定义继电器幅值和滞环参数，仿真时间 T_{sim} 和采样间隔 Δt。继续在 MATLAB 文件中输入以下程序：

```
Ra = 1;  % relay amplitude
epsilon = 0.001;  % hysteresis
Deltat = 0.05;
Tsim = 400;
Nsim = Tsim/Deltat;
```

（5）调用 Simulink 程序以生成 3 个数据输出集 u、y 和 e。继续在 MATLAB 文件中输入以下程序：

```
sim('Tuner4StableSys')
```

（6）调用教程 9.4 创建的 FSF 估计程序。继续在文件中输入以下程序：

```
[thetaCurrent,n,N] = FSFRelay(u, - e);
```

（7）定义估计的频率参数。继续在文件中输入以下程序：

```
w1 = 2 * pi/(N * Deltat);
w2 = 6 * pi/(N * Deltat);
Gjw1 = thetaCurrent(3);
Gjw2 = thetaCurrent(7);
```

（8）近似估算稳态增益。继续在文件中输入以下程序：

```
K = abs(Gjw1);
```

（9）定义期望的闭环时间常数与开环时间常数之比 β（以 $\beta=1$ 为例），以及期望的闭环时间常数。继续在文件中输入以下程序：

```
beta = 1;
taucl = beta * 0.1 * N * Deltat;
```

（10）调用教程8.1中 FR4PID.m 计算 PID 控制器参数。继续在文件中输入以下程序：

```
[Kc,tauI,tauD] = FR4PID(beta,taucl,w1,w2,Gjw1,Gjw2,K);
```

（11）对该程序的闭环仿真测试将在9.6.2节进行，并与其中的案例 B 的结果进行比较。

9.6.2　稳定控制对象自动调谐器的评估

本节将首先使用过程控制中常见的4类系统评估自动调谐器的闭环 PID 控制性能，然后进行比较研究。为了简化，继电器实验中仅加入测量噪声。已经证实，当在继电器实验期间引入恒值扰动或低频扰动时，只要对 PID 控制器设计的第二频率估计进行调整，自动调谐器的闭环性能几乎不变（见9.5.1节和9.5.2节）。

自动调谐器由4类系统进行评估。所有测试案例均加入了时延以反映过程控制的实际情况。4种情况使用相同的稳态增益，以使闭环仿真中信噪比和扰动抑制的缩放比例一致。采样间隔为 $\Delta t = 0.05$ s，继电器幅值取1，并将标准差 $\sigma = 0.02$ 的测量噪声添加到输出。经过继电器实验后，自动计算出继电器信号一个周期内的样本数，以得到参数 N，并估算出频率 $\omega_1 = \dfrac{2\pi}{N\Delta t}$ 和 $3\omega_1$ 的频率响应。然后，取 $\beta = 0.5$、1、2，由程序 FR4PID.m 计算出3组 PID 控制器参数。

案例 A：高阶系统的测试案例。系统的传递函数为：

$$G_{\mathrm{p}}(s) = \frac{0.6\mathrm{e}^{-s}}{(3s+1)^6}$$

案例 B：具有非最小相位行为系统的测试案例。传递函数为：

$$G_{\mathrm{p}}(s) = \frac{0.6(-6s+1)\,\mathrm{e}^{-s}}{(2s+1)(3s+1)}$$

案例 C：时延为主导的系统测试案例。传递函数为：

$$G_{\mathrm{p}}(s) = \frac{0.6\mathrm{e}^{-10s}}{3s+1}$$

案例 D：最后的测试案例为欠阻尼系统，传递函数为：

$$G_{\mathrm{p}}(s) = \frac{0.6\mathrm{e}^{-s}}{(9s^2+2.4s+1)(3s+1)}$$

该传递函数的阻尼系数为 $\xi = \dfrac{2.4}{6} = 0.4$，因此，系统在开环运行时具有振荡响应。

在存在测量噪声的情况下，由继电反馈控制为所有 4 个过程生成输入和输出数据。由于在继电反馈控制中增加了积分作用，因此在设计中不需要使用滞环就可以使测量噪声不影响输入信号，并且测量噪声与输入信号之间没有关联，这是将积分器与继电控制串联使用的附加好处。使用频率采样滤波器模型对频率 $\omega_1 = \dfrac{2\pi}{N \Delta t}$ 和 $3\omega_1$ 的频率响应进行估计，4 种情况下频率响应估计都是准确的。

1. PID 控制器参数

取 $\beta = 0.5$、1、2，对应于 3 个不同的期望闭环响应速度，分别计算出 3 组 PID 控制器参数。例如，当 $\beta = 0.5$ 时，选择期望的闭环时间常数等于估计的主导开环时间常数的一半。表 9.1 给出了四种情况下对应三个 β 值的 PID 控制器参数以及均方误差，其中均方误差定义为 $\dfrac{1}{M}\sum_1^M e(t_i)^2$，$M$ 为样本数，$e(t_i)$ 为给定与输出信号之间的误差。

注意到：随着 β 的增加，比例控制器增益 K_c 减小，微分增益减小，而随着 β 改变，积分增益的变化较小。

2. 奈奎斯特图

图 9.16(a)～(d)给出了取 $\beta = 0.5$、1 和 2 时设计的三个控制系统在四种情况下的奈奎斯特图，这里的计算使用了系统的频率响应 $G(\mathrm{j}\omega)$。可以看出，三个 β 取值时的 PID 控制器都可得到稳定的闭环系统。但对于 $\beta = 0.5$，案例 B～D 的闭环控制系统的增益裕度小于 2。随着 β 的增加，4 个系统的增益裕度和相位裕度都增加了。特别地，对于默认取值 $\beta = 1$，4 种情况的增益裕度都大于 2，相位裕度都大于 45°。

表 9.1　不同 β 值对应 PID 控制器参数

案例	β	K_c	τ_I	τ_D	$\dfrac{1}{M}\sum_1^M e(t_i)^2$
A	0.5	1.2849	9.0098	5.0778	0.0894
	1	0.9992	9.5168	3.0527	0.0971
	2	0.6829	9.7083	1.1979	0.1171
B	0.5	0.9479	6.2732	1.1641	0.1285
	1	0.7265	5.9704	0.9729	0.1033
	2	0.4911	5.6412	0.7095	0.1072
C	0.5	1.1366	6.0222	3.8558	0.0805
	1	0.8841	5.9116	3.2651	0.0793
	2	0.6044	6.0983	1.8358	0.0902
D	0.5	0.9885	3.2625	2.1823	0.0417
	1	0.7693	3.7356	0.9428	0.0450
	2	0.5261	3.8386	0.2066	0.0543

3. 闭环仿真结果

取 $\beta = 0.5$、1、2，对所有四种情况进行闭环仿真。在闭环仿真中，微分项仅作用于输出，使用微分滤波器，时间常数为 $\dfrac{1}{0.1\tau_D s + 1}$。单位阶跃信号作为给定信号在 $t = 0\mathrm{s}$ 加入，单位

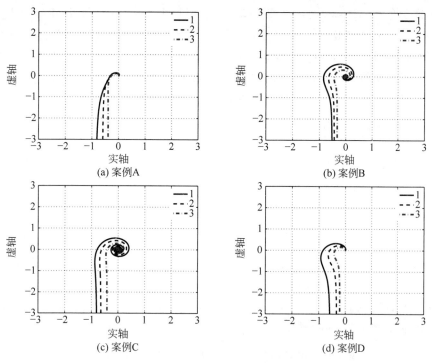

图 9.16　使用表 9.1 中 PID 控制器参数的奈奎斯特图

其中,1 线表示 $\beta=0.5$;2 线表示 $\beta=1$;3 线表示 $\beta=2$

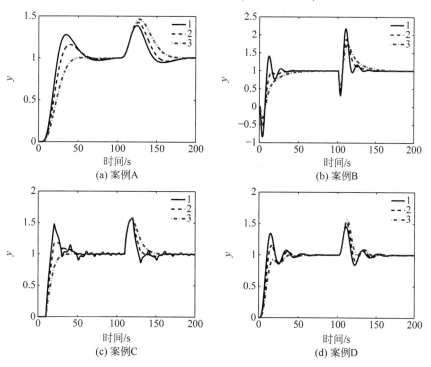

图 9.17　使用表 9.1 中的 PID 控制器参数进行闭环仿真的结果

其中,1 线表示 $\beta=0.5$;2 线表示 $\beta=1$;3 线表示 $\beta=2$

阶跃输入扰动在 $t = 100s$ 时进入系统。图9.17(a)～(d)给出了闭环系统给定值跟踪和扰动抑制仿真结果。可以看出,所有闭环系统都稳定。仿真结果表明,PID控制系统对给定信号响应更快,也会对扰动抑制具有更快的响应。可以根据需要选择缩放参数 β 以获得期望的闭环响应。随着 β 的增加,闭环系统对给定值跟踪和扰动抑制的响应速度降低。β 较小时,可使用两个自由度的PID控制器来抑制给定响应中的超调,如第1、2章所示。

9.6.3　比较研究

本节将测试自动调谐器求出的PID控制器的闭环性能,与其他几个众所周知的PID控制器的性能进行比较。考虑以下一阶延迟模型:

$$G(s) = \frac{e^{-50s}}{10s + 1} \tag{9.25}$$

在比较研究中,使用 Rivera 等(1986)(参见1.4.1节)提出的 IMC-PID 控制器,以及 Padula 和 Visioli(2011)(参见1.4.2节)提出的 PID 控制器来计算 PID 控制器参数。

与第1章相同,针对传递函数模型式(9.25),使用 IMC-PID 控制器和 Padula-Visioli 整定规则计算 PID 控制器参数。自动调谐器的 PID 控制器参数由继电实验数据计算而得,其中加入了标准差为 0.02 的测量噪声。

表 9.2　PID 控制器参数和来自控制仿真研究的均方误差

(案例 A 和 B 使用自动调谐器,案例 C 使用 IMC-PID,案例 D 和 E 使用 Padula-Visioli PID)

案例	Spec.	K_c	τ_I	τ_D	$\frac{1}{M}\sum_1^M e(t_i)^2$
A	$\beta = 1$	0.5137	27.9241	14.4603	0.1326
B	$\beta = 2.5$	0.2982	28.3523	7.4440	0.1671
C		0.538	35.00	7.14	0.1358
D	$M_s = 1.4$	0.1664	17.2991	11.9938	0.1923
E	$M_s = 2$	0.3205	22.5160	13.5770	0.1504

表9.2中,取两个 β 参数,从自动调谐器中得到两组 PID 控制器参数。这种情况下,所有3个 PID 控制器具有相似的比例控制增益,而积分时间常数在26到35之间变化,微分增益在7到17之间变化。图9.18(a)、(b)针对给定值跟踪和扰动抑制性能对3个控制信号和输出信号进行了比较,结果表明,三个闭环控制系统给定值跟踪和扰动抑制性能相似。

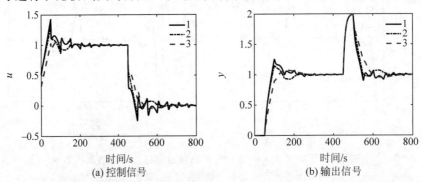

(a) 控制信号　　　　　　　　　　(b) 输出信号

图 9.18　使用表 9.2 中的 PID 控制器参数进行闭环仿真的结果

其中,1线表示自动调谐器($\beta = 1$);2线表示 IMC-PID 控制器;3线表示 Padula-Visioli 设计($M_s = 2$)

9.6.4　进一步思考

（1）直接将估计的频率信息用于自动调谐器设计，主要优势是什么？

（2）能否提出一种方法将估算的频率点转换为一阶延迟模型，然后由第 1 章给出的 Padula-Visioli 整定规则设计 PID 控制器？

（3）如果希望有更快的闭环响应速度来抑制扰动和跟踪给定，参数 β 增大还是减小？

（4）如果系统的测量噪声很大，而不希望将其放大，则参数 β 应增加还是减小？

（5）如果自动调谐器求出的微分时间常数为负值，是否应该简单地忽略微分项而实施 PI 控制器？

9.7　积分控制对象自动调谐器的设计

对包含积分器的系统，在 PID 控制器自动调谐器的设计中，首先使用比例控制器 K_T 来稳定控制对象。具有滞环的继电器使闭环控制系统产生持续振荡。积分系统的继电反馈控制框图如图 9.19 所示。

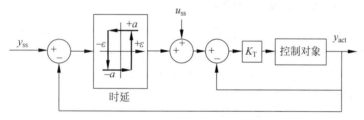

图 9.19　积分系统的继电反馈控制框图

9.7.1　积分延迟模型的估计

设积分系统的近似模型具有以下形式：

$$G(s) = \frac{K_P e^{-ds}}{s} \tag{9.26}$$

大多数物理系统积分延迟模型的获取或多或少涉及近似。对于积分延迟系统，单个频率即可确定增益 K_P 和时延 d。因此，使用继电反馈控制实验数据获得积分延迟模型非常简单。

如 9.4 节所示，无论使用 FFT 分析还是 FSF 模型，估算闭环频率响应都会产生信息 $\hat{T}(j\omega_1)$，其中 $\hat{T}(j\omega_1)$ 为估计的闭环频率响应，ω_1 为继电反馈控制的基频。

借助比例控制器 K_T，可以由闭环频率响应关系来计算控制对象的频率响应 $G(e^{j\omega_1})$：

$$\hat{T}(j\omega_1) = \frac{G(e^{j\omega_1})K_T}{1 + G(e^{j\omega_1})K_T}$$

即

$$G(e^{j\omega_1}) = \frac{1}{K_T}\frac{\hat{T}(j\omega_1)}{1 - \hat{T}(j\omega_1)} \tag{9.27}$$

使积分延迟模型式(9.26)的频率响应等于估计的 $G(e^{j\omega_1})$，得：

$$\frac{K_p e^{-jd\omega_1}}{j\omega_1} = G(j\omega_1) \tag{9.28}$$

式(9.28)两边相等，可得：

$$K_P = \omega_1 |G(j\omega_1)| \tag{9.29}$$

这里 $|e^{-jd\omega_1}| = 1$。另外，由式(9.28)，以下关系成立：

$$e^{-jd\omega_1} = \frac{j\omega_1 G(j\omega_1)}{K_P}$$

这样，得出时延的估计为：

$$d = -\frac{1}{\omega_1} \tan^{-1} \frac{\mathrm{Imag}(jG(j\omega_1))}{\mathrm{Real}(jG(j\omega_1))} \tag{9.30}$$

如果参数 d 为负，则将其绝对值作为时延的估计。

可以看出，如果系统近似为积分延迟模型，则控制对象的单一频率信息足以确定系统增益和时延。

9.7.2 积分系统的自动调谐器

获得积分延迟模型式(9.26)的估计后，可以使用经验规则求出 PID 控制器，如 1.4.1 节中讨论的改进 IMC-PI 控制器[Skogestad(2003)]，或整定规则[Tyreus 和 Luyben(1992)]。这里将使用 8.4.3 节中介绍的经验规则，对于性能参数 β 的选择，该规则为 PI、PID、PD 控制器，以及增益裕度和相位裕度提供了灵活性。

鼓励大家按照教程 9.1(继电反馈控制)和教程 9.4(基于 FSF 估算频率响应)，验证以下仿真示例。

下例说明应用于复杂积分系统时自动调谐器的行为。

【例 9.6】 使用自动调谐器为积分系统设计 PID 控制器，积分系统传递函数如下：

$$G(s) = \frac{(-3s+1)e^{-6s}}{s(10s+1)^2} \tag{9.31}$$

取比例反馈控制增益 $K_T = 0.01$，产生用于继电器实验的稳定系统。继电器幅值为 1.75，滞环为 0.2，求出 $\beta = 1.5$ 和 $\xi = 0.707$ 时的 PID 控制器参数。在继电反馈控制中，将带限白噪声加到输出，噪声信号功率为 1，增益为 0.02，种子为 23341。

解 图 9.20 给出了继电反馈控制的输入和输出数据，使用频率采样滤波器模型，闭环频率响应估计为：

$$\hat{T}(e^{j\omega_1}) = -0.1924 - j0.0486$$

由式(9.27)估算系统频率响应，为 $G(j\omega_1) = -16.2741 - j3.4158$，其中 $\omega_1 = 0.0503$。图 9.21 将 ω_1 处频率响应估计与系统传递函数式(9.31)的频率响应进行比较。可以看出，估计结果非常准确。

由 8.4.3 节中的经验规则得出 PID 控制器参数如下：

$$K_c = 0.0305; \quad \tau_I = 90.1559; \quad \tau_D = 7.1750$$

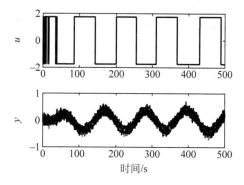

图 9.20 输入和输出继电反馈
控制数据（例 9.6）

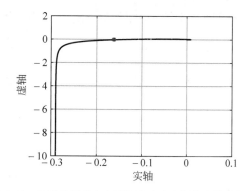

图 9.21 估计的频率点与原频率响应之间的比较（例 9.6）
其中，实线表示控制对象频率响应；点表示估计的频率响应

　　比较积分延迟模型式（9.32）和原系统式（9.31）的 PID 控制器，由于原系统实际上也包含一个积分器，由奈奎斯特图（见图 9.22）看出，它们的频率响应在穿越频率附近以及低中频区域非常相似。图 9.22(b)比较了灵敏度函数的大小，可以看出，在整个频率区域，二者灵敏度函数的差异非常小。在 $t=300\text{s}$ 时仿真中加入阶跃给定和阶跃扰动信号以评估 PID 控制系统的性能，滤波器时间常数取 $0.1\tau_{\text{D}}$，微分控制仅作用于输出，考虑 3 种控制结构[见图 9.23(a)、(b)]。总体而言，PID 控制器扰动抑制性能最佳；PD 控制器无法抑制阶跃扰动，但给定值跟踪性能最佳；若使用 PI 控制器，则闭环控制系统中会出现振荡。

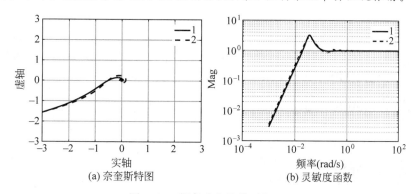

(a) 奈奎斯特图　　　　　(b) 灵敏度函数

图 9.22 频率响应比较（例 9.6）
其中，1线表示采用积分延迟模型计算出的频率响应；2线表示由实际控制对象计算得出的频率响应

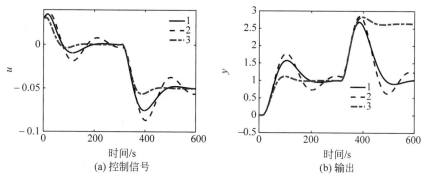

(a) 控制信号　　　　　(b) 输出

图 9.23 三种类型控制器的闭环性能比较（$\beta=1.5, \xi=0.707$）
其中，1线表示 PID 控制响应；2线表示 PI 控制响应；3线表示 PD 控制响应

对于单个频率响应点,积分延迟模型可由式(9.29)和式(9.30)求出:

$$G(s) = \frac{0.8359 e^{-27.1341s}}{s} \tag{9.32}$$

尽管自动调谐器由积分延迟系统而来,但它可为许多类系统提供令人满意的闭环性能。下例说明了这一点。

【例 9.7】 设二阶延迟系统由传递函数描述:

$$G(s) = \frac{e^{-3s}}{(8s+1)(6s+1)} \tag{9.33}$$

取比例反馈控制增益 $K_T = 0.6$,继电器幅值 1.75,滞环 0.2,对 $\beta = 1.5, \xi = 0.707$,求出 PID 控制器参数。在继电反馈控制中,将带限白噪声加至输出,噪声信号功率取 1,增益取 0.02,种子取 23341。

解 按照教程 9.1 获取比例控制系统的继电控制数据,如图 9.24 所示。然后按照教程 9.4,使用 FSF 模型估算比例控制的闭环频率响应为:

$$\hat{T}(e^{j\omega_1}) = -0.1539 - j0.0380$$

由式(9.27)估计出系统频率响应为 $G(j\omega_1) = -0.2238 - j0.0475$,其中 $\omega_1 = 0.264$。图 9.25 将 $G(j\omega_1)$ 与原始系统式(9.33)的频率响应进行了比较。可以看出,尽管存在测量噪声,但估计结果非常准确。利用这些频率响应信息,基于式(9.29)和式(9.30),得到积分延迟模型:

$$G(s) = \frac{0.0604 e^{-5.1577s}}{s} \tag{9.34}$$

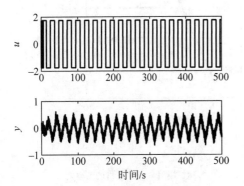

图 9.24　输入和输出继电反馈
控制数据(示例 9.7)

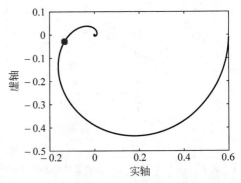

图 9.25　估计的频率点与原始频率响应的比较(例 9.7)
其中,实线表示控制对象频率响应;点表示估计的频率响应

取 $\beta = 1.5$,由 8.4.3 节经验规则求出 PID 控制器参数:

$$K_c = 2.2232; \quad \tau_I = 17.1371; \quad \tau_D = 1.3638$$

对 PID 控制系统进行仿真,输入给定信号为单位阶跃信号,采样间隔为 $\Delta t = 0.05s$,幅值 0.05 的阶跃输入扰动在仿真进行到一半时进入。该实现中,微分控制仅作用于输出,微分滤波器时间常数为 $0.1\tau_D$,比例和积分控制作用于反馈误差。图 9.26 给出了 PID、PI、PD 三种结构控制系统的评估结果。对于 β 参数的这个选择,PID 控制器比 PI 和 PD 控制系统的性能好很多。β 增大时,PI 控制系统的振荡会减小。通常,如果使用 PI 控制器,则应取参数 β 大于 2,以减少由于相位裕度较小而引起的振荡,本例可以验证这一点。

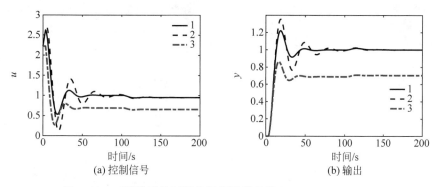

图 9.26　三种类型控制器的闭环性能比较($\beta=1.5,\xi=0.707$)

其中,1 线表示 PID 控制响应;2 线表示 PI 控制响应;3 线表示 PD 控制响应

为了理解积分系统设计的自动调谐器为什么能为稳定系统工作,这里进行频率响应分析。图 9.27(a)比较了估计的积分延迟模型式(9.34)的控制器和稳定的控制对象传递函数式(9.33)的控制器的奈奎斯特图。奈奎斯特图表明,它们的频率响应在穿越频率附近非常相似,当自动调谐器求出的控制器应用于原系统时,闭环系统稳定,且增益裕度和相位裕度足够大。图 9.27(b)比较了它们的灵敏度函数的幅值。可以看出,它们在高频区非常相似,但在低频和中频区域存在一些差异。特别地,在较低频率区域,当控制器应用于原系统时,灵敏度的幅值非常小,这表明当使用自动调谐器为积分系统设计控制器时,控制器可能具有更好的扰动抑制性能。

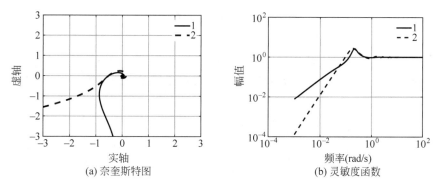

图 9.27　频率响应比较(例 9.7)

其中,1 线表示用积分加延迟模型计算的频率响应;2 线表示用实际设备计算的频率响应

第 10 章将使用自动调谐器求无人机的 PID 控制器。

9.7.3　串级控制系统的自整定

自动调谐器整定串级控制系统非常方便。首先自动整定内环控制系统,找到合适的副控制器并实现。在副回路控制器完成后,再自动整定外环控制系统。以下面的例子来说明。

【例 9.8】　设副回路系统传递函数为:

$$G_1(s)=\frac{2\mathrm{e}^{-3s}}{s(s+1)} \tag{9.35}$$

主系统传递函数为:

$$G_2(s) = \frac{0.1e^{-s}}{s(s+1)}$$

由自动调谐器为串级 PID 控制系统找到 PID 控制器。

解

自整定内环控制器

取比例控制器 $K_{T1} = 0.04$，用于稳定内环系统。仿真时将标准差 0.025 的零均值白噪声加入测量输出；继电器幅值取 1.75，滞环为 0.2，以防止继电器由随机噪声引起的切换。图 9.28 给出了闭环系统的输入和输出数据，可以看出，测量噪声引发了继电器的随机切换，尤其在仿真初期。由继电器测试数据，估计一个周期内的样本数可得 $N = 355$。对 $K_{T1} = 0.04$，闭环系

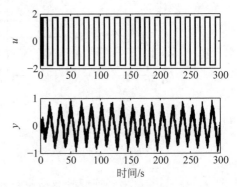

图 9.28　内环系统的继电反馈控制信号（例 9.8）
其中，上图 u 表示输入信号；下图 y 表示输出信号

统基频响应的估计为 $-0.2472 - j0.0673$，由此求出积分系统的频率响应为 $G(j\omega_1) = -5.0134 - j1.0791$。利用内环系统的频率响应值，基于式（9.29）和式（9.30）计算出积分延迟模型为：

$$G_s(s) = \frac{1.7852e^{-4.0547s}}{s}$$

取 $\beta = 2$，对应的期望闭环时间常数约为 8，由 8.4.3 节介绍的 PID 控制器整定规则，计算内环控制系统的 PID 控制器参数为：

$$K_c = 0.0844; \quad \tau_I = 21.0864; \quad \tau_D = 1.0449$$

考虑到 τ_D 值非常小，而且系统中存在噪声，因此内环控制器选 PI 控制器。图 9.29（a）给出了原始系统式（9.35）加入 PI 控制器的 Nyquist 曲线。从图中可以粗略看出，控制系统的增益裕度约为 2，相位裕度约 45 度，与整定规则的设定指标非常接近。对内环 PI 控制系统进行评估，其中给定信号在 $t = 0$ 时产生阶跃变化，幅值 0.05 的阶跃输入扰动在 $t = 60s$ 时加入。图 9.29（b）给出了对给定值变化和扰动的控制信号响应和输出响应。

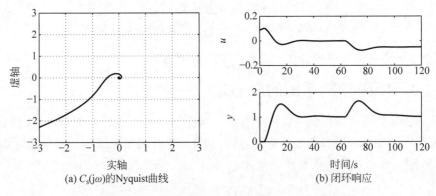

(a) $C_s(j\omega)$的Nyquist曲线　　　　(b) 闭环响应

图 9.29　自整定内环控制系统（例 9.8）

自整定外环控制器

对外环控制系统重复执行自动整定过程，不同的是，内环系统由事先自动整定的 PI 控制器进行控制。对于继电器实验中的串级控制系统，重要的是需要考虑内环动态。在外环继电器实验中，比例控制器取 $K_{T2}=0.1$，用于稳定具有积分器的主系统。图 9.30 给出了外环系统的继电反馈控制数据，其中继电器幅值取 1.75，滞环为 0.2，且加入了相同的测量噪声。可以看出，由于测量噪声，引起了很多随机切换。使用频率采

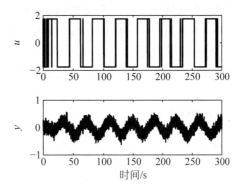

图 9.30　外环系统的继电反馈控制信号（例 9.8）
其中，上图 u 表示输入信号；下图 y 表示输出信号

样滤波器模型可以得出闭环频率响应在基频处的估计值为 $-0.1133-j0.0011$。由此计算出主控制对象在继电器信号基频处的频率响应为 $G_p(j\omega_1)=-1.0177-j0.0091$，这里主控制对象包括内环系统。

由式（9.29）和式（9.30）得出用于主控制器设计的积分延迟模型为：

$$G_p(s)=\frac{0.1752e^{-9.0729s}}{s}$$

注意，原系统的时延为 1，但由于内环动态，估计出的时延超过 9。取 $\beta=2$，即期望的闭环时间常数约为 18，由整定规则计算出 PID 控制器参数为：

$$K_c=0.3844;\quad \tau_I=47.1835;\quad \tau_D=2.3701$$

忽略微分控制项，确定外环控制系统的 PI 控制器。图 9.31（a）给出了包含自整定主控制器的串级控制系统的 Nyquist 曲线，可以看出，闭环系统的增益裕度约大于 2，相位裕度大于 45 度。最后对串级控制系统进行评估，其中阶跃给定信号在 $t=0$ 时加入，幅值 0.05 的阶跃输入扰动在 $t=150s$ 时加入副控制对象。图 9.31（b）给出了给定和扰动信号作用下的串级闭环控制系统的响应。

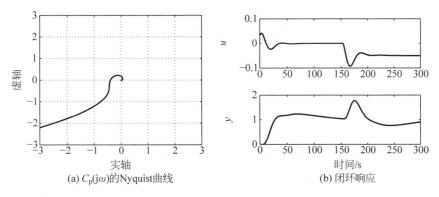

(a) $C_p(j\omega)$的Nyquist曲线　　　　(b) 闭环响应

图 9.31　自整定外环控制系统（例 9.8）

9.7.4　进一步思考

（1）为什么为积分系统设计的自动调谐器可以应用于稳定系统？

（2）基于例 9.7 中的灵敏度函数，这类自动调谐器是否能产生更快的扰动抑制？

（3）在辨识实验中使用有滞环的继电器，使用带积分的继电控制是否更好？为什么？

（4）如果希望对扰动抑制具有更快的闭环响应，应增大还是减小参数 β？

（5）如果希望减少测量噪声的影响，应增大还是减小参数 β？

9.8　小结

本章讨论了 PID 控制器的自整定。自动调谐器是为稳定系统和积分系统设计的，两者都需要继电反馈控制生成输入和输出数据，用于估计系统频率响应。然后，使用第 8 章讨论的 PID 控制器设计方法自动求取控制器参数。

本章其他重要内容概述如下。

- 继电反馈控制用于生成输入和输出数据，以估计过程频率响应。由 MATLAB 教程，可以创建 Simulink 函数来对继电反馈控制系统进行仿真，这些程序也可以转换为 C 程序在微控制器中实现。

- 在仿真或实时实现中，基于继电反馈控制实验收集的输入和输出数据，用傅里叶分析或频率采样滤波器模型进行估计。基于频率采样滤波器的估计由递归最小二乘算法实现，便于实时应用。

- 蒙特卡罗模拟用于研究存在测量噪声和低频扰动的情况下模型估计精度。

- 一旦估计出过程频率响应，即可以使用两个频率点或使用积分延迟模型的 PID 控制器设计方法来获得 PID 控制器参数。

9.9　进一步阅读

（1）继电反馈控制已成为 PID 控制器自整定的关键工具之一［Astrom 和 Hagglund（1984），Astrom 和 Hagglund（1988），Astrom 和 Hagglund（1995），Astrom 和 Hagglund（2006），Astrom 和 Hagglund（1985），Yu（2006），Johnson 和 Moradi（2005）］。

（2）稳定系统的自动调谐器最初由 Wang（2017）提出。

（3）利用实验室测试台对自动调谐器进行实验比较［Berner 等（2018）］。

（4）PID 控制器自整定的书籍包括 Yu（2006）、Sung 等（2009）。

（5）Oviedo 等（2006）讨论了 PID 控制器整定的软件包，Crowe 和 Johnson（2002）将锁相环的思想用于自动整定 PID 控制器。

（6）闭环运行的自动调谐器包括 Lee 等（1990）、Schei（1992）、Tan 等（2000）。Jeng 和 Lee（2012）、Jeng（2014）讨论了串级 PID 控制系统的自整定。Cetin 和 Iplikci（2015）提出了非线性系统 PID 控制器的自整定。基于优化的方法提出了多回路 PID 控制器整定［Dittmar 等（2012）］。Romero 等（2011 年）提出了一种针对扰动抑制的自动调谐器设计的简化方法。Jin 针对分数阶延迟模型，设计了一种自动调谐器。

（7）通过在两个继电反馈控制器之间变化获得多频信号来估计传递函数模型［Schei（1994）］和阶跃响应模型［Wang 和 Cluett（1997）］。

（8）Bitmead 和 Anderson（1981）、Wang 和 Cluett（2000）介绍了频率采样滤波器。

（9）本章提出的自整定算法已成功用于固定翼无人机的姿态控制，并进行了实验验证 ［Poksawat 等（2016）、Poksawat 等（2017）、Poksawat（2018）］。将自整定算法用于为两输入两输出机电系统求取 PID 控制器［Wang 等（2017）］。Chen（2017）将自整定算法成功地用于求取四旋翼无人机的飞行控制器。

（10）关于系统辨识主题的书参见 Ljung（1999），Soderstrom 和 Stoica（1989），Goodwin 和 Sin（1984），Young（2012），Soderstrom（2018）。

问题

9.1 考虑具有以下传递函数的系统：

$$G(s) = \frac{e^{-3s}}{5s+1}$$

$$G(s) = \frac{(-10s+1)}{(10s+1)^6}$$

$$G(s) = \frac{s+1}{(5s^2+s+1)^3}$$

（1）假设测量结果被均值为零方差为 0.1 的噪声源污染。按照教程 9.1，编写 RelayH. slx 实时函数，并构建 Simulink 继电反馈控制仿真程序，其中采样间隔取 $\Delta t = 0.1\mathrm{s}$。

（2）取继电器幅值为 3 并调整滞环 ε 大小，以防止噪声引起的随机切换。将继电反馈控制程序应用于上述系统。对于继电器幅值和测量噪声的大小，你对 ε 的取值有什么想法？如果采用 Simulink 连续时间噪声发生器，采样间隔 Δt 是否会影响 ε 的选择？

（3）继电反馈控制中加入幅值为 0.3 的恒值输入扰动，会对有滞环的继电控制系统有什么影响？

9.2 考虑问题 9.1 中给出的 3 个系统。

（1）按照教程 9.2，为具有积分器的继电控制系统编写 MATLAB 实时函数 RelayI. slx。与 9.1 取相同的继电器幅值，并取很小的滞环（$\varepsilon = 0.001$）。

（2）将带积分器的继电控制应用于问题 9.2 中的 3 个系统。你认为这种继电反馈控制系统对噪声有什么影响？

（3）将幅值 0.3 的恒值输入扰动加入继电反馈控制。这种扰动对带积分器的继电控制系统有什么影响？

（4）采样间隔 Δt 是否会影响带积分器的继电控制系统？

9.3 假设已通过求解问题 9.1 生成了继电反馈控制数据。

（1）按照教程 9.3，编写 MATLAB 程序 FFTRelay. m，使用继电反馈数据估计频率响应。

（2）将程序应用于问题 9.1 生成的六组数据。

（3）根据从传递函数获得的 Nyquist 曲线评估估计结果。

（4）你如何看待测量噪声对精度的影响？恒值输入扰动的影响呢？

（5）也可以按照教程 9.4，编写 MATLAB 程序 FSFRelay. m，使用继电反馈数据估计频率响应，并重复练习前述步骤。

9.4 将 MATLAB 程序 FFTRelay.m(或 FSFRelay.m)用于问题 9.2 生成的 6 组数据,其中使用带积分器的继电控制。如何看待测量噪声和扰动对估算精度的影响?

9.5 考虑具有以下传递函数的系统:

$$G(s) = \frac{10(s+1)e^{-s}}{(s+0.1)^5}$$

$$G(s) = \frac{(s-2)}{(s^2+0.5s+3)^2}$$

$$G(s) = \frac{1}{(s+1)^2(s+5)^2(s+10)}$$

(1) 按照教程 9.5,编写用于稳定系统的自动调谐器。

(2) 取适当的采样间隔 Δt,将自动调谐器应用于上述系统,其中性能参数取 $\beta=1、2、3$。

(3) 用单位阶跃给定信号和幅值为 -0.5 的阶跃输入扰动评估闭环性能。

(4) 参数 β 对给定值跟踪和扰动抑制的闭环响应有何影响?

(5) 在带积分器的继电控制系统中加入测量噪声和输入扰动。噪声和扰动是否会严重影响由自动调谐器得到的闭环控制系统性能?

9.6 考虑具有以下传递函数的积分系统:

$$G(s) = \frac{0.1e^{-3s}}{s(s+1)}$$

$$G(s) = \frac{2e^{-s}(-s+1)}{s(s+3)^2}$$

(1) 按照 9.7 节的计算步骤,编写用于积分系统的自动调谐器,这里将具有滞环的继电器用于比例控制的系统(见图 9.19)。

(2) 选择比例控制器 K_T,使产生稳定的闭环系统,并将自动调谐器应用于上述系统,取采样间隔 Δt,适当选择继电器幅值和滞环。

(3) 对性能参数 $\beta=1、2、3$,用单位阶跃给定信号和幅值为 -0.1 的阶跃输入扰动评估闭环控制系统性能。

9.7 用于积分系统的自动调谐器也可以应用于闭环控制环境下的稳定系统。考虑具有以下传递函数的系统:

$$G(s) = \frac{3e^{-3s}}{(2s+1)^4}$$

$$G(s) = \frac{(-s+1)e^{-s}}{(3s+1)(2s+1)}$$

用积分器模型的自动调谐器求出这些系统的 PID 控制器参数。在继电控制实验中,取反馈控制增益 $K_T=0.2$,继电器幅值 1.75,滞环 0.2。采样间隔取 $\Delta t=0.1$s,取性能参数 $\beta=1$ 和 $\xi=0.707$,以快速抑制扰动。以幅值为 1 的阶跃输入扰动评估闭环控制系统扰动抑制性能。

9.8 自动调谐器对整定串级控制系统非常方便。考虑串级控制系统内环传递函数为:

$$G_1(s) = \frac{e^{-3s}}{s+1}$$

外环传递函数为：

$$G_2(s) = \frac{2}{s(s+10)}$$

（1）首先整定内环控制系统，然后整定外环控制系统，为此串级控制系统构造自动调谐器。

（2）通过对闭环性能参数 β 的选择，可以为内环和外环控制系统指定闭环响应速度。为了使串级控制系统正常工作，内环响应速度必须比外环响应速度快得多，如何为这个自整定串级控制系统选择 β？

9.9 在 1.4.1 节中讨论的 Skogestad（2003）提出的修改的 IMC-PI 控制器，可用于设计积分系统的自动调谐器。对于积分延迟模型 $G(s) = \dfrac{K_p e^{-ds}}{s}$ 的估计，可由以下表达式计算 PI 控制器参数：

$$K_c = \frac{1}{K_p(\tau_{cl} + d)}$$

$$\tau_I = 4(\tau_{cl} + d)$$

取闭环性能参数 $\tau_{cl} = d$，重复练习问题 9.7 中给出的问题。比较这两个 PI 控制系统，有何发现？

第 10 章

多旋翼无人机的 PID 控制

10.1 介绍

本章以多旋翼无人机的 PID 控制为案例。由于系统的非线性和物理参数的不确定性，将无人机的姿态控制系统设计成串级结构的 PID 控制系统，并利用第 9 章中设计的自动调谐器求 PID 控制器参数。自动调谐器在专为多旋翼无人机设计的实验室测试平台上实现，为了安全起见，无人机在地面运行。通过实验对姿态控制系统进行了评估。

10.2 多旋翼动力学模型

本节讨论四旋翼飞行器和六旋翼飞行器的动力学模型，以进行 PID 控制系统设计，关注它们的共同特点和差异。

为了保证多旋翼无人机的稳定飞行，需要对其姿态进行反馈控制。多旋翼飞行器的姿态由 3 个欧拉角的变化来确定：滚转角 ϕ、俯仰角 θ 和偏航角 ψ。具体地说，滚转角 ϕ 定义了围绕机身 x 轴线的旋转、俯仰角 θ 围绕机身 y 轴线、偏航角 ψ 围绕机身 z 轴线。为了保证多旋翼无人机的稳定飞行，要求 3 个欧拉角在闭环控制中跟踪期望的给定信号。姿态控制是多旋翼无人机 PID 控制方法的基础，不同控制方法的不同之处在于通过驱动器生成控制信号的具体方式，驱动器是无人机的旋翼。

10.2.1 姿态控制的动力学模型

显然，从控制系统设计的角度看，姿态控制系统的输出为 3 个欧拉角：滚转角 ϕ、俯仰角 θ、偏航角 ψ。选择这 3 个角度作为输出的一个重要原因是，角度的给定信号很容易获得。例如，为了保证稳定飞行，滚转角 ϕ 和俯仰角 θ 的给定信号通常取为零，而偏航角 ψ 由无人机在水平面的位置决定。剩下的问题是控制输入信号是什么，以及它们如何与姿态控制问题的输出信号关联。

为了推导姿态控制的动力学模型，定义一个参考系。多旋翼无人机的数学模型使用相同的参考坐标，以此为基础，得到相同的动力学模型。以四旋翼无人机动力学模型的推导为例。

图 10.1 给出了用于推导四旋翼动力学模型的结构图[Bouabdallah 等（2004）、Corke（2011）、Derafa 等（2006）]，该图表明机体坐标的原点位于四旋翼无人机的质心，z 轴向上。

M_1、M_2、M_3、M_4 为 4 个旋翼，ω_1、ω_2、ω_3、ω_4 为旋翼的角速度。

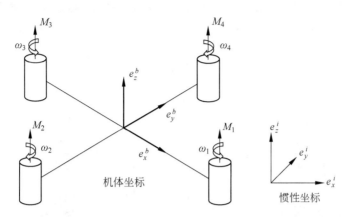

图 10.1　四旋翼飞行器的惯性坐标和机体坐标

为了获得数学模型的唯一解，假设变换次序为 $\psi \rightarrow \theta \rightarrow \phi$。四旋翼飞行器的输入信号分别为 x 轴、y 轴以及 $\hat{z}$ 轴的扭矩 τ_x、τ_y、$\tau_{\hat{z}}$。在同一个三维空间，定义 p、q、r 为角速度，I_{xx}、I_{yy}、$I_{\hat{z}\hat{z}}$ 为 x、y、$\hat{z}$ 方向 3 个轴的转动惯量。设四旋翼无人机具有对称结构，四个臂关于 x 轴和 y 轴对称，因此三个轴的扭矩之间没有相互作用。根据欧拉运动方程［Bouabdallah 等 (2004)，Corke(2011)，Derafa 等 (2006)］，得到 x、y、$\hat{z}$ 轴的动力学方程：

$$I_{xx}\dot{p} = (I_{yy} - I_{\hat{z}\hat{z}})qr + \tau_x$$
$$I_{yy}\dot{q} = (I_{\hat{z}\hat{z}} - I_{xx})pr + \tau_y$$
$$I_{\hat{z}\hat{z}}\dot{r} = (I_{xx} - I_{yy})pq + \tau_z \tag{10.1}$$

从控制系统设计的角度来看，如果多旋翼无人机携有效负载，负载扭矩可以投射到 x 轴、y 轴、z 轴，用 τ_x^d、τ_y^d 和 $\tau_{\hat{z}}^d$ 表示。通常这些量未知，并且在控制系统设计中可看作恒值扰动。考虑负载扰动，将运动方程修改为：

$$I_{xx}\dot{p} = (I_{yy} - I_{\hat{z}\hat{z}})qr + \tau_x - \tau_x^d$$
$$I_{yy}\dot{q} = (I_{\hat{z}\hat{z}} - I_{xx})pr + \tau_y - \tau_y^d$$
$$I_{\hat{z}\hat{z}}\dot{r} = (I_{xx} - I_{yy})pq + \tau_{\hat{z}} - \tau_z^d \tag{10.2}$$

如果有效负载对称，且与质心一致，则负载扭矩在 x 轴和 y 轴上的投影较小。

现在，欧拉角速度和机体坐标角速度 (p, q, r) 之间的关系可由以下微分方程描述 (Corke(2011))：

$$\begin{bmatrix} \dot{\phi} \\ \dot{\theta} \\ \dot{\psi} \end{bmatrix} = \begin{bmatrix} 1 & \sin(\phi)\tan(\theta) & \cos(\phi)\tan(\theta) \\ 0 & \cos(\phi) & -\sin(\phi) \\ 0 & \sin(\phi)/\cos(\theta) & \cos(\phi)/\cos(\theta) \end{bmatrix} \begin{bmatrix} p \\ q \\ r \end{bmatrix} \tag{10.3}$$

动力学模型式(10.2)和式(10.3)给出了四旋翼飞行器姿态控制系统设计的数学描述。显然，控制系统有 3 个输出，操纵变量或控制信号是沿 x、y、$\hat{z}$ 3 个方向的扭矩 τ_x、τ_y、$\tau_{\hat{z}}$。

六旋翼飞行器姿态控制的动力学模型也可以由微分方程式(10.2)和式(10.3)表示。如图 10.2 所示,由于六旋翼飞行器使用 6 个旋翼连接每个臂的末端,每个旋翼与飞行器的重心距离相等,因此与四旋翼飞行器相比,其容错性能更好,可承载的有效负载更大。

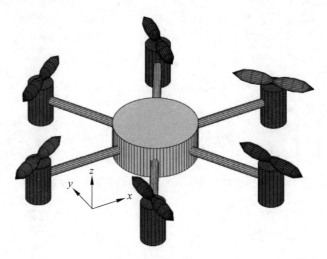

图 10.2　六旋翼飞行器的模型[Ligthart 等(2017 年)]

10.2.2　四旋翼无人机驱动器动力学特性

值得强调的是,四旋翼飞行器动力学模型式(10.1)～式(10.3)没有考虑驱动器模型。控制信号,即机体坐标中的扭矩 τ_x、τ_y、$\tau_{\hat{z}}$ 由直流电机产生,因此,控制系统设计中由额外的一阶或二阶模型表征直流电机的动力学特性。

在四旋翼飞行器控制中,机体坐标中的扭矩 τ_x、τ_y 和 $\tau_{\hat{z}}$ 由旋翼的推力差产生,每个转子产生的向上推力为:

$$T_i = b_t \omega_i^2 \quad (i = 1, 2, 3, 4)$$

因此,总推力为:

$$T = T_1 + T_2 + T_3 + T_4 = b_t(\omega_1^2 + \omega_2^2 + \omega_3^2 + \omega_4^2) \tag{10.4}$$

其中,b_t 为推力常数,由空气密度、叶片长度、叶片半径决定,ω_i 为第 i 个旋翼的角速度。

当只考虑姿态控制时,四旋翼无人机的高度不受控制,总推力 T 由操作员手动设定,所以总推力 T 会有一个独立的给定信号。

四旋翼飞行器 x 轴和 y 轴的扭矩为:

$$\tau_x = d_{mm}(T_4 - T_2) = d_{mm}b_t(\omega_4^2 - \omega_2^2) \tag{10.5}$$

$$\tau_y = d_{mm}(T_3 - T_1) = d_{mm}b_t(\omega_3^2 - \omega_1^2) \tag{10.6}$$

其中,d_{mm} 为电机到质心的距离。电机施加到每个旋翼的扭矩与气动阻力相反,$\hat{z}$ 轴的总反作用扭矩为:

$$\tau_{\hat{z}} = k_d(\omega_1^2 + \omega_3^2 - \omega_2^2 - \omega_4^2) \tag{10.7}$$

其中,k_d 是阻力常数,与 b_t 影响因素相同。

为了确定四个直流电机相对于控制信号 τ_x、τ_y、$\tau_{\hat{z}}$、T 的角速度,求解线性方程(10.4)～式(10.7),以矩阵形式给出以下代数方程:

$$
\begin{bmatrix} \omega_1^2 \\ \omega_2^2 \\ \omega_3^2 \\ \omega_4^2 \end{bmatrix} = \begin{bmatrix} \dfrac{1}{4b_t} & 0 & -\dfrac{1}{2d_{mm}b_t} & -\dfrac{1}{4k_d} \\[2mm] \dfrac{1}{4b_t} & -\dfrac{1}{2d_{mm}b_t} & 0 & \dfrac{1}{4k_d} \\[2mm] \dfrac{1}{4b_t} & 0 & \dfrac{1}{2d_{mm}b_t} & -\dfrac{1}{4k_d} \\[2mm] \dfrac{1}{4b_t} & \dfrac{1}{2d_{mm}b_t} & 0 & \dfrac{1}{4k_d} \end{bmatrix} \begin{bmatrix} T \\ \tau_x \\ \tau_y \\ \tau_{\hat{z}} \end{bmatrix} \tag{10.8}
$$

由式(10.8)中,一旦操纵变量 T、τ_x、τ_y、$\tau_{\hat{z}}$ 由反馈控制器确定,电机速度的平方 ω_1^2、ω_2^2、ω_3^2、ω_4^2 将唯一确定。

从反馈控制的角度来看,速度的平方被转换为速度给定信号 ω_1^*、ω_2^*、ω_3^*、ω_4^*,其值等于由式(10.8)计算的分量的平方根,这些信号在对应的直流电机驱动中实现。

直流电机的动力学将影响闭环控制性能,因此应包含在四旋翼模型中,直流电机由一阶传递函数近似为:

$$
\frac{\Omega_i(s)}{V_i(s)} = \frac{r_{wv}}{\mathrm{II}_m s + 1} \tag{10.9}
$$

其中,$V_i(s)$ 为第 i 个电机电枢电压 v_i 的拉氏变换,$\Omega_i(s)$ 为电机速度的拉氏变换,II_m 为时间常数,r_{wv} 为电机的稳态增益。通过控制每个电机驱动器脉宽调制(PWM)信号的占空比来改变电枢电压 v_i,其中电机电枢电压和PWM占空比之间的关系为:

$$
v_i = d_i^c V_{bat} \tag{10.10}
$$

其中,d_i^c 为第 i 个直流电机驱动器的 PWM 信号占空比,设 V_{bat} 为电池电压,设为恒定。将式(10.10)代入式(10.9)得:

$$
\frac{\Omega_i(s)}{D_i^c(s)} = \frac{V_{bat} r_{wv}}{\mathrm{II}_m s + 1} \tag{10.11}
$$

该方程描述了第 i 个直流电机动力学模型。为了无稳态误差达到期望的速度 ω_i^*,需要一个 PI 控制器,该控制器按照第 3 章介绍的极点配置 PI 控制器方法设计,参数为 V_{bat}、r_{wv}、II_m。若取两个相同的闭环极点位于 $-\dfrac{1}{\tau_{cl}}$ 处,则第 i 个直流电机的闭环控制系统近似为一个单位增益的二阶系统,传递函数为:

$$
\frac{\Omega_i(s)}{\Omega_i(s)^*} = \frac{1}{(\tau_{cl}s + 1)^2} \tag{10.12}
$$

其中,$\Omega_i(s)^*$ 为直流电机速度给定信号的拉氏变换。因为直流电机控制系统时间常数非常小,所以传递函数式(10.12)可由时延 e^{-ds} 近似,参数 d 由实验确定。

直流电机控制系统通常与电机一起购买。因此,对于四旋翼控制系统的实现,控制信号为直流电机的期望速度给定信号 ω_1^*、ω_2^*、ω_3^*、ω_4^*,假设在直流电机控制中使用 PI 控制器,它们的闭环动力学模型由延迟元件建模。

10.2.3　六旋翼飞行器驱动器动力学模型

与四旋翼控制类似,六旋翼飞行器机身的扭矩 τ_x、τ_y、$\tau_{\hat{z}}$ 由旋翼推力产生。每个旋翼产生的向上推力为:

$$T_i = b_t \omega_i^2 \quad (i = 1,2,3,4,5,6)$$

向上总推力控制 $\hat{z}$ 轴的平移运动,定义如下:

$$T = \sum_{i=1}^{6} T_i = b_t \sum_{i=1}^{6} \omega_i^2 \tag{10.13}$$

其中,b_t 为推力常数,由空气密度、叶片长度、叶片半径确定,ω_i 为第 i 个旋翼的角速度。

设 d_{mm} 为重心到旋翼的距离,k_d 为阻力常数。对于六旋翼飞行器,通过控制每个旋翼产生的推力差来实现滚转、俯仰和偏航控制目标,推力差定义为:

$$\tau_x = d_{mm}\sin(60°)(-T_2 - T_3 + T_5 + T_6) \tag{10.14}$$

$$\tau_y = -d_{mm}T_1 + d_{mm}T_4 + d_{mm}\sin(30°)(-T_2 - T_6 + T_3 + T_5) \tag{10.15}$$

$$\tau_{\hat{z}} = k_d(-T_1 + T_2 - T_3 + T_4 - T_5 + T_6) \tag{10.16}$$

式(10.13)、式(10.14)、式(10.15)、式(10.16)可通过矩阵形式排列如下:

$$\overset{h}{\overbrace{\begin{bmatrix} T \\ \tau_x \\ \tau_y \\ \tau_{\hat{z}} \end{bmatrix}}} = \overset{\phi}{\overbrace{\begin{bmatrix} 1 & 1 & 1 & 1 & 1 & 1 \\ 0 & -\dfrac{\sqrt{3}d_{mm}}{2} & -\dfrac{\sqrt{3}d_{mm}}{2} & 0 & \dfrac{\sqrt{3}d_{mm}}{2} & \dfrac{\sqrt{3}d_{mm}}{2} \\ -d_{mm} & -\dfrac{d_{mm}}{2} & \dfrac{d_{mm}}{2} & d_{mm} & \dfrac{d_{mm}}{2} & -\dfrac{d_{mm}}{2} \\ -k_d & k_d & -k_d & k_d & -k_d & k_d \end{bmatrix}}} \overset{w}{\overbrace{\begin{bmatrix} T_1 \\ T_2 \\ T_3 \\ T_4 \\ T_5 \\ T_6 \end{bmatrix}}}$$

简化表达式为:

$$h = \boldsymbol{\Phi}w \tag{10.17}$$

为了实现姿态控制系统,需要确定向上推力 $T_i(i=1,2,\cdots,6)$ 的值。不同于四旋翼飞行器的控制情况,在式(10.17)中,驱动器与 τ_x、τ_y、$\tau_{\hat{z}}$、T 变量之间没有明确的一一对应关系。

在文献中,通常由矩阵 $\boldsymbol{\Phi}$ 的伪逆确定:

$$w = \boldsymbol{\Phi}^+ h \tag{10.18}$$

其中 $\boldsymbol{\Phi}^+$ 表示矩阵 $\boldsymbol{\Phi}$ 的伪逆。一个有趣的方法是借用六旋翼飞行器模型预测控制[Ligthart 等(2017)]的思想,按优化思路来表述逆问题。定义以下目标函数:

$$J = (h - \boldsymbol{\Phi}w)^T(h - \boldsymbol{\Phi}w) + w^T W w \tag{10.19}$$

其中,$\boldsymbol{A}^T$ 表示矩阵 $\boldsymbol{A}$ 的转置;$\boldsymbol{W}$ 为正定矩阵,它在大多数情况下,为所有元素均为正的对角矩阵。目标函数中的第一项表示寻找最佳 w 向量,以与向量 h 尽可能匹配,第二项表示向上的推力向量受权重矩阵 $\boldsymbol{W}$ 的限制。在大多数情况下,希望所有向上的推力权重相同,取 $\boldsymbol{W}=\boldsymbol{\Pi}_I$,$\boldsymbol{\Pi}>0$,其中 $\boldsymbol{I}$ 为 $6×6$ 的对角矩阵。最小化目标函数式(10.19),得以下解析解:

$$w_{opt} = (\boldsymbol{\Phi}^T\boldsymbol{\Phi} + \boldsymbol{W})^{-1}\boldsymbol{\Phi}^T h \tag{10.20}$$

因为加权矩阵 W 正定，因此矩阵 $\boldsymbol{\Phi}^{\mathrm{T}}\boldsymbol{\Phi}+W$ 可逆。

由 w_{opt} 确定 6 个向上推力 $T_i(i=1,2,\cdots,6)$，以及 6 个直流电机的角速度：

$$\omega_i=\sqrt{\frac{T_i}{b_{\mathrm{t}}}}$$

这些 $\omega_i(i=1,2,3,4,5,6)$ 将作为电机控制系统的给定信号 ω_i^*。

10.2.4　进一步思考

(1) 哪些变量用于定义多旋翼无人机的姿态？

(2) 忽略驱动器动力学特性，多旋翼无人机姿态控制的输入和输出变量是什么？考虑驱动器动力学特性，输入和输出变量是什么？

(3) 对于直流电机控制问题，如果电池电压低于预期，电机驱动器会增加或减少占空比来补偿差异吗？

(4) 从数学建模来看，你认为用 PI 控制器来控制每个电机的速度重要吗？

(5) 为了实现控制系统，需要确定哪些常数？姿态控制系统设计需要确定哪些常数？

(6) 六旋翼飞行器的驱动器有冗余吗？

10.3　多旋翼无人机的串级姿态控制

要使无人机飞行，必须对三个欧拉角 ϕ、θ、ψ 进行闭环控制。式(10.2)中角速度和式(10.3)中正弦函数的乘积决定了多旋翼无人机是一个非线性系统。

理论上，把式(10.2)和式(10.3)结合起来，会产生 3 个二阶非线性系统。因此，3 个 PID 控制器对于姿态控制应用是足够的。然而，在实践中，串级 PI 或 PID 控制器结构能够提供更好的性能，原因如下。

(1) 如果多旋翼无人机携有效负载[见式(10.2)]，由于负载扰动发生于副控制对象，所以串级控制系统结构可对其进行有效抑制(见第 7 章)。

(2) 从欧拉运动方程(10.1)来看，如果多旋翼无人机设计合理，负载平衡，则 x 轴和 y 轴的转动惯量彼此相等，即 $I_{xx}=I_{yy}$，但一般 $I_{\hat{z}\hat{z}}\neq I_{xx}$。变量 p 和 q 之间存在相互作用，在 PID 控制系统中，这种相互作用将被转化为干扰信号。如果参数 I_{xx}、I_{yy}、$I_{\hat{z}\hat{z}}$ 可获得且精度合适，则可以使用 3.6 节所示的前馈控制来补偿，或者简单地在 PID 控制器设计中忽略它们，由高增益反馈控制自动补偿。显然，式(10.1)中双线性项作用于扭矩 τ_x、τ_y、$\tau_{\hat{z}}$，它们被视为多旋翼无人机系统的输入扰动。7.3 节表明，串级控制系统扰动抑制性能有很大提高。式(10.1)中双线性项的存在是选择串级控制系统的一个考虑因素。

(3) 由于扭矩 τ_x、τ_y、$\tau_{\hat{z}}$ 由安装在多旋翼无人机上的电机实现，并且电机动力学特性未在运动方程中体现，因此数学模型中存在模型的不确定性，这将对闭环控制产生影响，副控制对象中的这些不确定性由串级控制结构来处理较好。

(4) 最重要的是，串联控制结构提供了更简单的控制器设计框架，因为对于每个阶段，只涉及一阶模型或一阶延迟模型。

图 10.3 给出了多旋翼无人机姿态控制的串级控制系统结构，其中机身沿 x、y、$\hat{z}$ 方向

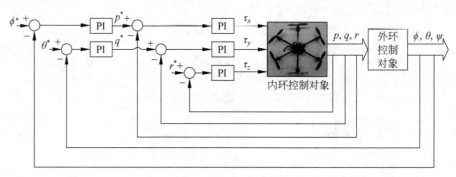

图 10.3 姿态控制系统结构

的角速度 p、q、r 为副变量。对于这种结构,副系统由式(10.1)中给出的微分方程描述,主系统由式(10.3)描述。为了控制多旋翼无人机的角速度,基于各自的给定信号 p^*、q^* 和 r^*,由 3 个 PI 控制器来计算控制信号。此外,还有两个 PI 控制器来控制滚转角和俯仰角,给定信号分别为 ϕ^* 和 θ^*。

10.3.1 副控制对象的线性化模型

式(10.1)中用于副控制器设计的动态模型表示为:

$$\dot{p} = \frac{1}{I_{xx}}((I_{yy} - I_{\hat{z}\hat{z}})qr + \tau_x)$$

$$\dot{q} = \frac{1}{I_{yy}}((I_{\hat{z}\hat{z}} - I_{xx})pr + \tau_y) \tag{10.21}$$

$$\dot{r} = \frac{1}{I_{\hat{z}\hat{z}}}((I_{xx} - I_{yy})pq + \tau_{\hat{z}})$$

其中忽略了负载扰动。显然,副控制对象为非自衡系统,其增益与转动惯量成反比。

若要使用 3.6 节中的前馈补偿,则定义中间变量为:

$$\tilde{\tau}_x = (I_{yy} - I_{\hat{z}\hat{z}})qr + \tau_x; \quad \tilde{\tau}_y = (I_{\hat{z}\hat{z}} - I_{xx})pr + \tau_y; \quad \tilde{\tau}_{\hat{z}} = (I_{xx} - I_{yy})pq + \tau_{\hat{z}}$$

定义这些变量后,副控制对象的动态模型式(10.21)变为:

$$\dot{p} = \frac{1}{I_{xx}}\tilde{\tau}_x$$

$$\dot{q} = \frac{1}{I_{yy}}\tilde{\tau}_y \tag{10.22}$$

$$\dot{r} = \frac{1}{I_{\hat{z}\hat{z}}}\tilde{\tau}_{\hat{z}}$$

由于与副控制对象的动态特性相比,驱动器(即旋翼)时间常数相对较小,因此,驱动器动力学特性可以模型化为增益 γ_{m} 和时延 d。简而言之,多旋翼无人机系统中的副控制对象由 3 个积分器加时延模型近似。

10.3.2 主控制对象的线性化模型

对于姿态控制问题,三个欧拉角的非线性控制对象需要在工作点附近线性化。为了保证稳定飞行,在稳态运行条件下,设滚转角和俯仰角的给定信号(ϕ 和 θ)为零,而偏航角的给定信号可以根据多旋翼无人机的位置给定信号而变化。因此,在稳态运行条件下($\phi^0 = \theta^0 = 0$),将非线性方程(10.3)线性化如下:

$$\begin{bmatrix} \dot{\phi} \\ \dot{\theta} \\ \dot{\psi} \end{bmatrix} = \begin{bmatrix} p \\ q \\ r \end{bmatrix} \tag{10.23}$$

考虑到来自副闭环系统的时延,使用积分延迟模型对控制对象进行近似建模。

取决于系统中存在的时延,如果闭环控制性能可以通过微分作用得到改善,则考虑对主控制对象或副控制对象使用 PID 控制器。

10.3.3 进一步思考

(1) 在串级控制结构中,ϕ 和 θ 的给定信号为什么可确保稳定飞行?

(2) 如果多旋翼无人机的位置由操作员控制,如何生成偏航角速度 r 的给定信号?

(3) 在串级姿态控制系统中需要使用总推力 T 吗?

(4) 虽然 τ_x、τ_y、$\tau_{\hat{z}}$ 是操纵变量,但是不能直接改变,这种说法正确吗?如果正确,可以改变哪些变量以使 τ_x、τ_y、$\tau_{\hat{z}}$ 发生变化?

(5) 副控制对象的动态模型不准确是因为没有考虑驱动器——这样说对吗?

(6) 对于串级控制结构,仍然面临每个环的 P、PI 或 PID 控制器的选择问题。在为每个单独回路选择控制器结构时,你会考虑哪些因素和准则?

10.4 姿态控制系统的自整定

姿态控制系统的动态模型相对简单,其参数来自转动惯量 I_{xx}、I_{yy}、$I_{\hat{z}\hat{z}}$。但是,如果希望精确测量与驱动器相关的参数,就更加复杂了。姿态控制系统使用自动调谐器的目的是节约为主控制对象和副控制对象以及驱动器寻找物理参数的时间。此外,通过串级自动调谐器的应用,在主控制系统中考虑副闭环系统的动力学特性。

为了实现多旋翼无人机自动调谐器的串联 PI 控制系统,应预先确定系数 b_t、k_d、d_{mm},这样,在四旋翼无人机例子中,旋翼的给定信号使用下式计算:

$$\begin{bmatrix} (\omega_1^*)^2 \\ (\omega_2^*)^2 \\ (\omega_3^*)^2 \\ (\omega_4^*)^2 \end{bmatrix} = \begin{bmatrix} \dfrac{1}{4b_t} & 0 & -\dfrac{1}{2d_{mm}b_t} & -\dfrac{1}{4k_d} \\[2mm] \dfrac{1}{4b_t} & -\dfrac{1}{2d_{mm}b_t} & 0 & \dfrac{1}{4k_d} \\[2mm] \dfrac{1}{4b_t} & 0 & \dfrac{1}{2d_{mm}b_t} & -\dfrac{1}{4k_d} \\[2mm] \dfrac{1}{4b_t} & \dfrac{1}{2d_{mm}b_t} & 0 & \dfrac{1}{4k_d} \end{bmatrix} \begin{bmatrix} T \\ \tau_x \\ \tau_y \\ \tau_{\hat{z}} \end{bmatrix} \tag{10.24}$$

其中,T、τ_x、τ_y、$\tau_{\hat{z}}$ 为姿态控制器输出,用于产生旋翼的期望速度。对于商用驱动器驱动的直流电机,通常使用 PI 控制器控制速度,其中每个电机期望的速度给定信号为 ω_i^*($i=1,2,3,4$)。

与此类似,六旋翼飞行器由式(10.18)计算期望的旋翼速度。

9.7节提出了积分延迟系统的自整定算法,在多旋翼无人机应用中可不加修改地用于整定主控制器和副控制器。

10.4.1 多旋翼无人机串级 PI 控制器自整定试验台

为了在受控环境中进行辨识实验,将四旋翼飞行器固定在机械平台上模拟地面测试,以确保测试过程中电子设备的安全。试验台如图 10.4 所示,用于继电实验,以辨识四旋翼飞行器的双轴动态特性。例如,为了辨识滚转角积分延迟模型,将沿 x 轴的 2 个四旋翼臂固定在支架上,使四旋翼飞行器只能绕 x 轴旋转。此外,试验台经过仔细调整,使旋转轴与四旋翼飞行器的机体坐标对齐,从而将重力产生的扭矩降至最低。由于四旋翼平台非常轻,并且两个旋转轴非常平滑,因此在实验中的摩擦力可以忽略不计。

如图 10.5 所示,也为六旋翼飞行器建造了类似的试验台。

图 10.4 四旋翼试验台

图 10.5 六旋翼飞行器的实验装置

10.4.2 四旋翼无人机的实验结果

四旋翼飞行器由 5 个主要部件组成:遥控(RC)发射器/接收器、惯性测量单元(IMU)传感器板、数据记录器、微处理器和驱动器。RC 发射器/接收器用于发送和接收给定信号;IMU 传感器板用于测量欧拉角和角速度;数据记录器用于记录飞行数据,如欧拉角和给定信号;微处理器用于产生控制信号,以稳定无人机姿态。驱动器产生推力和扭矩,包括电机驱动、直流电机、齿轮箱和叶片。实验测试中使用的四旋翼飞行器硬件列于表 10.1。

表 10.1 四旋翼飞行器硬件列表

功　能	型　号
直流电机驱动	DRV8833 双电机驱动
传感器板	MPU6050
微处理器	STM32F103C8T6
RC 接收器	WFLY065
直流电动机	820 无铁心电机
RC 发射器	WFTO6X-A
数据记录仪	SparkFun OpenLog

主控制器、副控制器、继电测试的采样间隔 Δt 均取 0.01s,这是 IMU 传感器的最大更新速率。四旋翼飞行器的其他物理参数如表 10.2 所示。

表 10.2 四旋翼飞行器物理参数

参　　数	描　　述	数　　值	单　　位
I_{xx}	x 轴转动惯量	3.2×10^{-4}	$kg \cdot m^2$
I_{yy}	y 轴转动惯量	3.2×10^{-4}	$kg \cdot m^2$
I_{zz}	z 轴转动惯量	4.6×10^{-4}	$kg \cdot m^2$
b_t	推力常数	9.7×10^{-7}	N/A
k_d	阻力常数	2.5×10^{-9}	N/A
m	四旋翼总质量	0.145	kg
d_{mm}	电机到质心的距离	0.110	m
V_{bat}	电池电压	8.28	V
r_{wv}	电机直流增益	137.6571	$rad \cdot V^{-1} s^{-1}$
ω_0	转子正常速度	606.2469	$rad \cdot s^{-1}$
d_m	电机延迟	0.032	s
ε_m	电机时间常数	0.072	s

串级 PI 控制系统的自整定从内环开始。在继电器控制实验之前,选择比例控制器 $K_{T_1} = 0.06$ 来稳定副系统。速度传感器测量值 $\dot{\theta}(t)$ 包含噪声,因此,取继电器幅值 0.8、滞环 0.1 来反映测量噪声。图 10.6 给出了一段继电器反馈控制数据。从内环、闭环控制系统的输入信号来看,持续振荡的周期为 $N = 28$,得到频率采样滤波器的基频为 $\frac{2\pi}{N}$(rad)。基于频率采样滤波器估计算法给出了内环、闭环频率响应:

$$T(e^{j\frac{2\pi}{N}}) = -1.225 - j0.5137$$

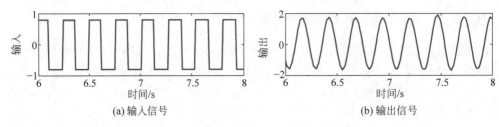

图 10.6 内环系统的继电反馈控制信号

将该离散时间频率转换为连续时间频率,即 $\omega_1 = \dfrac{2\pi}{N\Delta t} = 22.44(\text{rad} \cdot \text{s}^{-1})$,结合继电器实验中使用的比例控制器的值($K_{T_1} = 0.06$),内环控制对象的连续时间频率响应计算如下:

$$G_1(j\omega_1) = \frac{1}{K_{T_1}} \frac{T(e^{j\frac{2\pi}{N}})}{1 - T(e^{j\frac{2\pi}{N}})} = -9.551 - j1.6421$$

由该频率信息,辨识积分延迟模型为:

$$G_1(s) = \frac{217.5589 e^{-0.0624s}}{s}$$

根据 8.4.3 节所示的经验规则,通过将期望的闭环时间常数设为估计时延的 3 倍,即 $\tau_{cl} = \beta d = 3d = 0.1872s$,取阻尼系数为 1,可得到内环控制系统的 PI 控制器参数为 $K_c = 0.0343$ 和 $\tau_1 = 0.4487$。这组 PI 控制器参数给出了积分延迟模型闭环系统的增益裕度约为 3,相位裕度为 48°。

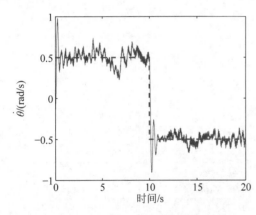

图 10.7 闭环控制中的内环阶跃响应
其中,虚线为给定信号;实线为输出

图 10.7 给出了 $\dot{\theta}(t)$ 的闭环阶跃响应,其中给定信号的幅值为 $0.5(\text{rad} \cdot \text{s}^{-1})$。由该图可以看出,闭环速度响应无稳态误差跟踪给定信号,但存在较大超调量和轻微振荡。此外,内环系统存在扰动噪声和测量噪声。对于串级控制系统,要求内环控制系统具有较快的响应速度,此设计可以实现。

自整定串级控制系统的第二步是求外环控制器。在外环实验中,采用比例控制器 $K_{T_2} = 2$ 使积分延迟系统稳定。继电器的幅值取 0.4,滞环取 0.05,以防止继电器随机切换。图 10.8 给出了一段输入和输出数据,这些数据是在比例控制下由主控制对象的继电反馈控制产生的。持续振荡的平均周期为 $N = 59$,推出离散时间内的基频为 $\dfrac{2\pi}{59}$ rad。基于图 10.8 所示的一组输入数据和输出数据,使用频率采样滤波器模型来估计闭环频率响应,得出:

$$T(e^{j\frac{2\pi}{N}}) = -0.1317 - j0.3130$$

当比例控制器 $K_{T_2} = 2$ 时,外环系统在 $\omega_1 = \dfrac{2\pi}{N\Delta t} = 10.649\text{rad} \cdot \text{s}^{-1}$ 处的频率响应为:

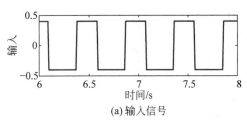

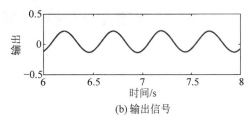

(a) 输入信号   (b) 输出信号

图 10.8　外环系统的继电反馈控制信号

$$G_2(\mathrm{j}\omega_1) = \frac{1}{K_{\mathrm{T}_2}} \frac{T(\mathrm{e}^{\mathrm{j}\frac{2\pi}{N}})}{1 - T(\mathrm{e}^{\mathrm{j}\frac{2\pi}{N}})}$$

$$= -0.0896 - \mathrm{j}0.1135$$

由频率信息,计算主系统的积分延迟模型为:

$$G_2(s) = \frac{1.54\mathrm{e}^{-0.0627s}}{s} \qquad (10.25)$$

对于典型的串级控制系统设计,外环控制系统的期望闭环响应应该比内环控制系统更慢。取期望闭环时间常数为时延的 8 倍,即 $\tau_{\mathrm{cl}} = \beta d = 8.5d$,取阻尼系数 $\xi = 1$,得增益裕度约为 7,相位裕度约为 $63°$(见 8.4.3 节)。由经验规则计算 PI 控制器参数,得:

$$K_{\mathrm{c}} = 2.095; \quad \tau_{\mathrm{I}} = 1.137$$

为了进行比较,对于快的期望闭环时间常数 $\tau_{\mathrm{cl}} = 5d$ 和较慢的期望闭环时间常数 $\tau_{\mathrm{cl}} = 10d$,分别计算得到两组 PI 控制器参数为:

$$K_{\mathrm{c}} = 3.27, \quad \tau_{\mathrm{I}} = 0.7006; \quad K_{\mathrm{c}} = 1.8155, \quad \tau_{\mathrm{I}} = 1.3244$$

图 10.9 给出了 3 种情况下闭环响应的结果比较。从比较结果可以看出,3 个 PI 控制器都使闭环系统稳定。显然,当 $\beta = 5$ 时,闭环响应最快的。将阶跃参考序列作用于滚转角,进一步实验测试如图 10.10 所示,结果表明该响应快速但存在超调。

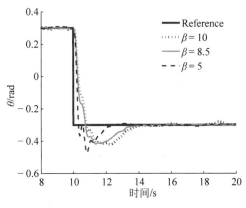

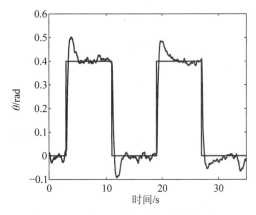

图 10.9　闭环控制中不同滚转角   图 10.10　利用试验台研究四旋翼飞行器
　　　　　阶跃响应比较   的滚转角阶跃响应

注意到,式(10.25)辨识出的滚转角积分延迟模型增益为 1.54,这比副闭环系统在 PI 控制下期望的增益 1 大得多。这可能是由于系统存在非线性或者在滚转角大幅摆动时,IMU 传感器的性能造成的。

10.4.3　六旋翼飞行器的实验结果

构建六旋翼飞行器用于自整定和串级姿态控制系统的实验测试[Poksawat 和 Wang (2017)]。表10.3给出了飞行控制器规格和航空电子元件。物理参数如表10.4所示。

表10.3　飞行控制器和航空电子元件

元　件	描　　述
机身	Turnigy Talon 六旋翼飞行器
微处理器	ATMega 2560
惯性测量单元	MPU6050
电子速度控制器	Turnigy 25A 速度控制器
无刷直流电动机	NTM Prop Drive 28-26 235W
螺旋桨	10×4.5 SF Props
RC 接收器	OrangeRX R815X 2.4GHz 接收器
RC 发射器	Turnigy 9XR PRO 发射器
数据记录仪	CleanFlight Blackbox 数据记录仪

表10.4　六旋翼飞行器的物理规格

参　　数	数　　值
质量(m)	1.61kg
臂长(l)	0.3125m
叶片半径(r)	0.127m
转动惯量(I_{xx})	0.2503kg·m^2
转动惯量(I_{yy})	0.2914kg·m^2
转动惯量(I_{zz})	0.6177kg·m^2
推力常数(b_t)	1.562e^{-5}
扭矩常数(k_d)	0.0209

为了验证所提出的策略,在六旋翼飞行器上进行了自整定实验,并给出了实验结果。首先,通过继电试验整定滚转角速率控制器参数。假设机体对称,则俯仰控制器参数选择与从滚转实验中获得的参数相同。对于偏航角速率环,整定过程方法相同。采样间隔 Δt 取 0.006s。

对于副控制器,即滚转角速率的自整定,继电测试中使用的比例增益取 $K_t=0.3$,以稳定积分系统。继电器给定信号的幅值必须在六旋翼无人机的运行条件范围,取 $50°\mathrm{s}^{-1}$。滞环取 $\varepsilon=30°\mathrm{s}^{-1}$,以防止继电器由于测量噪声产生切换。

继电反馈实验数据的一部分如图10.11所示。计算出持续振荡的周期 $N=70$,得出采样滤波器基频为 $\dfrac{2\pi}{N}=0.0898\mathrm{rad}$。

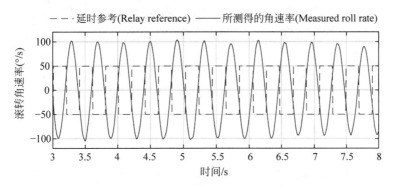

图 10.11　内环继电测试结果

然后使用频率采样滤波器估计算法估计内环频率响应,如下所示:

$$T(e^{j\frac{2\pi}{N}}) = -1.382 - j0.6641$$

计算出连续时间频率为 $\omega_1 = \dfrac{2\pi}{N\Delta t} = 14.96\text{rad} \cdot \text{s}^{-1}$。由此,副控制对象的连续时间频率响应为:

$$G(j\omega_1) = \frac{1}{K_t}\frac{T(e^{j\frac{2\pi}{N}})}{1 - T(e^{j\frac{2\pi}{N}})} = -2.035 - j0.362$$

得出积分延迟传递函数为:

$$G(s) \approx \frac{K_p e^{-ds}}{s} = \frac{30.92 e^{-0.09s}}{s}$$

由于六旋翼飞行的延迟非常大,所以使用 PID 控制器代替 PI 控制器,其中微分提高了闭环响应速度。为了实现系统的快速闭环响应,期望的闭环时间常数取相对较小的值,这里 β 取 1,得增益裕度 2,相位裕度约为 37°。然后,使用 8.4.3 节中给出的经验规则,获得滚转角速率系统的控制器参数为 $K_c = 0.33$,$\tau_I = 0.26$,$\tau_d = 0.03$。

一旦内环控制器整定完成,外环控制器的参数可以通过以下步骤进行。代替主控制器的自整定,主控制器的数学模型由以下积分延迟系统近似:

$$G(s) = \frac{e^{-(\tau_{cl}+d)s}}{s}$$

其中积分器由主控制对象(滚转角速率到滚转角)产生,时延源自副闭环系统的近似,其中 τ_{cl} 为闭环时间常数,d 为内环时延。图 10.12 给出了主控制系统。

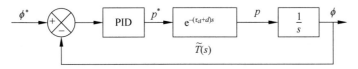

图 10.12　内环近似后的姿态控制系统

通常,对于具有串级结构的控制系统,外环响应时间应比内环慢。因此,取外环时间常数为延迟时间的两倍,得到角位置环的控制器参数 $K_c = 3.3$,$\tau_I = 0.63$,$\tau_d = 0.013$。

为了验证无人机实际飞行中在外部扰动(如湍流)下的稳定性,进行了一次室外飞行试验(见图10.13)。飞行试验中获得的滚转、俯仰、偏航数据分别由图10.14、图10.15、图10.16给出。虚线代表给定信号,实线代表测量的飞行数据。

图10.13　室外飞行测试

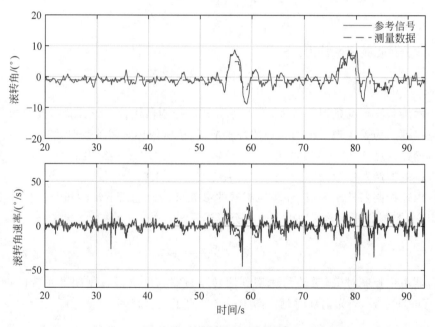

图10.14　滚转轴的飞行数据

可以清楚地看到,输出与给定值接近,表明六旋翼飞行器能够跟踪飞行员指令。此外,飞行器能够实现悬停、滚转、俯仰、偏航,同时保持稳定。

10.4.4　进一步思考

(1) 实现自动调谐器需要哪些步骤?

(2) 相较于多旋翼无人机现有的串级控制结构,通过反馈控制器 K_T 形成闭环的继电

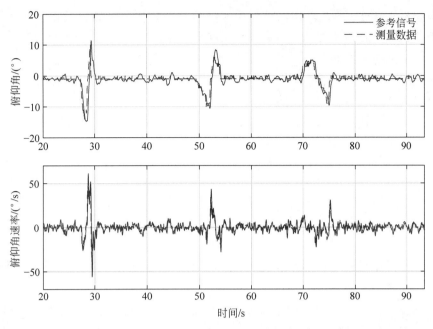

图 10.15　俯仰轴的飞行数据

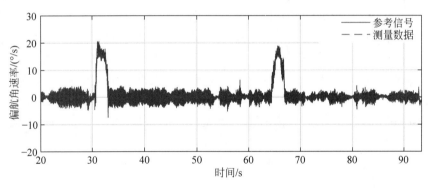

图 10.16　偏航轴的飞行数据

实验更简单——这种说法正确吗?

（3）如果不能精确测量参数 k_d、k_t、d_{mm}，自动调谐器是否会补偿由于实际物理系统实验产生的误差?

（4）副控制对象积分延迟模型是否包括驱动器动力学方程?

（5）如果副控制对象的控制器包含一个积分器，那么主控制对象的稳态增益是多少?主控制对象估计的时延最小值是多少?

（6）PD 控制器是否足以控制多旋翼无人机的主、副控制对象? 你认为会出现什么问题?

10.5　小结

本章讨论了多旋翼无人机的 PID 控制。从控制系统设计的角度讨论了四旋翼无人机和六旋翼无人机的动力学模型。提出了四旋翼和六旋翼无人机的串级控制系统结构。使用

第9章中介绍的自整定算法求出试验台无人机的 PID 控制器参数。通过室外飞行试验对串级 PID 控制系统进行了评估。本章的其他重要内容总结如下。

- 无人机的内环和外环系统均采用积分延迟系统建模。
- 在实现自动调谐器之前,先由比例控制器使闭环系统稳定。
- 无人机 PID 控制器和自动调谐器均使用了微控制器。基于教程 4.1 实现了具有抗饱和机制 PID 程序,基于教程 9.1 的继电反馈控制实现了自动调谐器。
- 基于教程 9.4 完成了无人机频率响应的估计。
- 在获得频率响应的估计后,可以按照第 9.7 节中给出的计算示例来计算 PID 控制器参数。

10.6　进一步阅读

（1）无人机的书籍包括 Beard 和 McLain(2012)、Fahlstrom 和 Gleason(2012)、Austin(2011)和 Gundlach(2012)。

（2）Alaimo 等(2013 年)介绍了六旋翼飞行器的数学建模和控制。Bangura 和 Mahony(2012 年)详细介绍了非线性建模和控制。Goodarzi 等(2013)提出了四旋翼无人机的非线性控制。Li 和 Song(2012 年)对控制方法进行了综述。

（3）Chen 和 Wang(2016)以及 Chen(2017)设计并实验验证了本章提出的四旋翼无人机姿态控制系统的自整定。基于闭环传递函数的系统辨识,使用相同的试验台评估闭环性能[Chen 和 Wang(2015)]。本章介绍的六旋翼飞行器姿态控制系统的自整定方法在 Poksawat 和 Wang(2017)中进行了设计和实验验证。微型固定翼无人机的 PID 姿态控制系统的自整定参见 Poksawat 等(2016)、Poksawat 等(2017)和 Poksawat(2018)。

（4）采用基于优化的整定方法为固定翼无人机的自动驾驶仪寻找控制器[Ahsan 等(2013)]。

（5）设计并验证本章介绍的六轴飞行器模型预测控制系统[Ligthart 等(2017)]。

问题

10.1　不考虑驱动器动态特性的多旋翼无人机动力学模型由以下微分方程表示[见式(10.2)～式(10.3)]:

$$I_{xx}\dot{p} = (I_{yy} - I_{\hat{z}\hat{z}})qr + \tau_x - \tau_x^{\mathrm{d}}$$
$$I_{yy}\dot{q} = (I_{\hat{z}\hat{z}} - I_{xx})pr + \tau_y - \tau_y^{\mathrm{d}}$$
$$I_{\hat{z}z}\dot{r} = (I_{xx} - I_{yy})pq + \tau_{\hat{z}} - \tau_{\hat{z}}^{\mathrm{d}} \tag{10.26}$$

且

$$\begin{bmatrix} \dot{\phi} \\ \dot{\theta} \\ \dot{\psi} \end{bmatrix} = \begin{bmatrix} 1 & \sin(\phi)\tan(\theta) & \cos(\phi)\tan(\theta) \\ 0 & \cos(\phi) & -\sin(\phi) \\ 0 & \sin(\phi)/\cos(\theta) & \cos(\phi)/\cos(\theta) \end{bmatrix} \begin{bmatrix} p \\ q \\ r \end{bmatrix} \tag{10.27}$$

其中转动惯量为：$I_{xx} = 3.6 \times 10^{-2} \text{kg} \cdot \text{m}^2$，$I_{yy} = 3.8 \times 10^{-2} \text{kg} \cdot \text{m}^2$，$I_{zz} = 4.6 \times 10^{-2} \text{kg} \cdot \text{m}^2$。

（1）建立不考虑驱动器动态特性的多旋翼无人机 Simulink 仿真模型。

（2）在所有状态变量 θ、ϕ、ψ 和 p、q、r 的初始条件为零的情况下，计算状态对负载扰动的开环响应 $\tau_x^{\text{d}} = 0.01$，$\tau_y^{\text{d}} = 0.02$，$\tau_z^{\text{d}} = 0.2$。这里假设开环系统的给定信号为 $\theta^* = \phi^* = \psi^* = 0$，采样间隔为 $\Delta t = 0.0001\text{s}$。

（3）从这个开环仿真练习中，你对系统动力学有什么发现？

10.2　继续问题10.1。设计多旋翼无人机串级 PI 控制系统。取副控制对象期望闭环极点均位于 -100，取主控制对象期望的闭环极点均位于 -20。使用第 3 章中基于模型的 PI 控制器设计方法求出 PI 控制器参数。

（1）取给定信号 $\theta^* = \phi^* = 0$，$\psi^* = \dfrac{\pi}{3}$，对串级闭环控制系统的给定值跟踪和扰动抑制性能进行仿真。可以使用较小的采样间隔来提高仿真的数值稳定性。

（2）将负载扭矩 τ_z^{d} 增加到 0.4，并观察控制信号 τ_x、τ_y、τ_z，与 τ_z^{d} 为 0.2 的负载响应相比有何变化。

（3）改变主控制系统和副控制系统期望的闭环极点，观察控制信号 τ_x、τ_y、τ_z 以及输出信号 θ、ϕ、ψ 的变化。

10.3　继续问题10.1。使用式（10.26）和式（10.27）中的线性化模型设计 3 个非串级控制结构的 PID 控制器。为简单起见，取所有闭环极点均位于 $-\lambda$，并通过非线性控制系统仿真调整参数 λ 以使闭环稳定。采用第 3 章介绍的极点配置控制器设计求出带滤波器的 PID 控制器的参数。

（1）哪些 λ 值可以使闭环稳定且响应无振荡？

（2）将该控制系统与之前的串级控制系统进行比较，你对两种方法中的扰动抑制有什么看法？

10.4　考虑驱动器动态特性，修改问题10.1构建的 Simulink 仿真模型。为简单起见，每个轴的驱动器动态特性使用延迟模型 $k\text{e}^{-ds}$ 建模。取 $d = 0.007\text{s}$，通过非线性系统仿真确定使串级控制系统闭环稳定的 k 范围。

10.5　利用表 10.2 中的物理参数，建立四旋翼无人机的 Simulink 仿真模型。对四旋翼飞行器 PID 控制器的自整定进行仿真研究。副控制器的闭环时间常数取 $2d$，主控制器取 $4d$，其中 d 为估计的时延。

思考题参考答案

请扫描下方二维码,获取思考题参考答案。

参 考 文 献

请扫描下方二维码,获取参考文献。

图书资源支持

感谢您一直以来对清华大学出版社图书的支持和爱护。为了配合本书的使用，本书提供配套的资源，有需求的读者请扫描下方的"书圈"微信公众号二维码，在图书专区下载，也可以拨打电话或发送电子邮件咨询。

如果您在使用本书的过程中遇到了什么问题，或者有相关图书出版计划，也请您发邮件告诉我们，以便我们更好地为您服务。

我们的联系方式：

教学资源·教学样书·新书信息

地　　址：北京市海淀区双清路学研大厦 A 座 714

邮　　编：100084

电　　话：010-83470236　010-83470237

人工智能科学与技术
人工智能|电子通信|自动控制

资源下载：http://www.tup.com.cn

资料下载·样书申请

客服邮箱：tupjsj@vip.163.com

QQ：2301891038（请写明您的单位和姓名）

书圈

用微信扫一扫右边的二维码，即可关注清华大学出版社公众号。